CNC 선반
프로그램과 가공

29TH INTERNATIONAL VOCATIONAL TRAINING COMPETITION
SKILL OLYMPICS
88

배종외 지음

- 기능올림픽 금메달 기술 전수
- 컴퓨터응용가공산업기사, 수치제어선반기능사 대비
- 현장 실무자의 지침서

CNC 사이버 정보
인터넷 홈페이지
www.cncbank.co.kr

BM (주)도서출판 성안당

머 리 말

최근 급속히 확산되고 있는 공장자동화(Factory Automation)의 바람과 생산성 향상을 위하여 CNC 공작기계와 주변장치들이 소프트웨어(Soft Ware)에서 하드웨어(Hard Ware)에 이르기까지 하루가 다르게 발전되고 있다.

우리나라 CNC 공작기계는 각 공작기계 전문회사의 적극적인 국산화 노력으로 기계본체(Machine Body)와 볼스크류(Ball Screw)등 대부분의 기계장치들은 국산화 되었다. 하지만 아직도 CNC 공작기계의 핵심 부품인 CNC 장치(Controller)는 대부분 수입에 의존하고 있는 현실이다.

그 대표적인 CNC 장치가 일본 FANUC 제품이다. '80년대 초에는 FANUC-6 Series가 대부분이었고, 최근에는 FANUC-0 Series CNC 장치가 대부분을 차지하고 있다. 그러나 지금까지 개발된 교재는 FANUC-0 Series 이전의 것들이 주종을 이루고, 실제 현장경험을 통해 저술한 교재가 없는 것 같다.

본 저자는 10년전에 NC를 처음 배울때나 현재 NC 교육을 담당하면서 현장실무 교재의 필요성을 절감하고, NC를 처음 배우는 분들을 위하여 국제기능올림픽대회 훈련과정과 후배선수 지도과정에서 터득한 Know-How를 쉽게 익힐 수 있도록 강의식으로 정리하였다.

본 교재의 특징은 NC를 정확하게 이해할 수 있는 하나의 방법으로 프로그램은 물론이고 기계구조와 전자장치들을 이해할 수 있도록 경험을 통하여 확인된 내용들을 응용하여 기록했다. 나름대로의 현장실무 경험을 통하여 정리한 이론들이 NC를 배우고자하는 당신에게 조금이나마 도움이 되었으면 좋겠다.

밀링계의 NC 교재 "머시닝센타 프로그램과 가공"를 선보일 것을 약속 드리면서 끝으로 한국공작기계기술연구회 회장이신 윤종학 교수님, 기술지도를 맡아주신 만도기계 음재진 이사님과 도움을 주신 여러분들께 진심으로 감사드립니다.

저자 씀.

차 례

제 1 장 개 요

1.1 수치제어(NC)의 정의 ·· 10

1.2 NC 공작기계의 정보처리 과정 ·· 10

1.3 NC 공작기계의 구성 ·· 10

1.4 NC의 정보처리 ··· 11

1.5 NC의 분류 ··· 12

1.6 NC 공작기계란 ·· 13

1.7 NC 공작기계의 제어방법 ··· 14

1.8 서보기구의 구동방식 ·· 17

1.9 서보기구의 구조와 Encoder ··· 18

1.10 볼스크류(Ball Screw) ·· 19

1.11 동력전달 방법 ·· 21

1.12 NC의 역사 ··· 22

1.13 시스템의 구성 ·· 26

1.14 자동화 시스템 ·· 30

1.15 NC 프로그램의 개요 ·· 34

    (1) 수동 프로그래밍(Manual Programming) ·························· 34

    (2) 자동 프로그래밍(Auto Programming) ····························· 35

1.16 NC 사양(참고) ·· 36

제 2 장 프로그래밍

2.1 프로그래밍의 기초 ·· 42

2.2 프로그램의 구성 ·· 50

    (1) Word의 구성 ·· 50

    (2) Block의 구성 ··· 50

    (3) 프로그램의 구성 ·· 51

    (4) 보조 프로그램(Sub Program)의 구성 ···························· 53

2.3 기본 어드레스및 지령치 범위 ··· 54

2.4 준비기능(G 기능) ··· 55

2.4.1 준비기능의 개요 ··· 55

2.4.2 보간기능 ··· 58

　(1) 급속 위치결정(G00) ··· 58

　(2) 직선보간(G01) ··· 61

　(3) 원호보간(G02, G03) ··· 65

　(4) 자동면취및 코너 R기능 ··· 67

　(5) 나사절삭(G32) ··· 70

2.4.3 이송기능 ··· 73

　(1) 회전당 이송(G99) ·· 73

　(2) 분당 이송(G98) ··· 74

　(3) Dwell Time 지령(G04) ··· 76

2.4.4 기계원점(Reference Point) ··· 77

　(1) 기계 원점복귀 ··· 77

　　① 수동 원점복귀 ··· 77

　　② 자동 원점복귀(G28) ··· 78

　　③ 원점복귀 CHECK(G27) ·· 79

　　④ 제2, 제3, 제4원점복귀(G30) ··· 80

2.4.5 공작물(Work) 좌표계 설정(G50) ······································· 84

　(1) 좌표계 설정 ··· 84

　(2) 좌표계 Shift ·· 86

　(3) 자동좌표계 설정 ··· 86

2.4.6 Inch, Metric 변환(G20, G21) ··· 87

2.4.7 주축기능 ··· 88

　(1) 주속일정제어 ON(G96) ·· 88

　(2) 주속일정제어 OFF(G97) ··· 89

　(3) 주축 최고회전수 지정(G50) ··· 90

2.4.8 공구기능및 보정기능 ··· 91

　(1) 공구기능 ·· 91

　(2) 보정기능 ·· 93

　　① 공구 위치보정(길이보정) ··· 93

　　② 공구 인선 R보정(G40, G41, G42) ··································· 94

(3) 보정량 입력 방법 ·· 103

　① Offset 화면에 직접 입력 ·· 103

　② 프로그램에 의한 Offset 입력(G10) ·· 103

(4) 금지영역 설정 ··· 105

(5) 프로그램에 의한 금지영역(제 2 Limit) 설정(G22, G23) ············· 106

2.4.9 고정 Cycle ·· 110

(1) 단일형 고정 Cycle(G90, G92, G94) ·· 110

　① 내외경절삭 Cycle(G90) ·· 110

　② 나사절삭 Cycle(G92) ··· 116

　③ 단면절삭 Cycle(G94) ··· 121

(2) 복합형 고정 Cycle ·· 123

　① 내외경황삭 Cycle(G71) ·· 123

　② 단면황삭 Cycle(G72) ··· 128

　③ 모방절삭 Cycle(G73) ··· 130

　④ 정삭 Cycle(G70) ··· 132

　⑤ 단면홈(Drill) 가공 Cycle(G74) ··· 136

　⑥ 내외경홈 가공 Cycle(G75) ··· 140

　⑦ 자동나사 가공 Cycle(G76) ··· 144

2.4.10 측정기능 ·· 150

(1) Skip 기능(G31) ··· 150

(2) 자동 공구보정(G36, G37) ·· 151

2.4.11 대향공구대 좌표계(Mirror Image G68, G69) ······························ 152

2.4.12 보조기능(M 기능) ··· 154

제 3 장 응용 프로그래밍

3.1 프로그래밍의 순서 ·· 162

3.2 직선절삭 프로그램 1 ··· 164

3.3 직선절삭 프로그램 2 ··· 167

3.4 원호절삭 프로그램 1 ··· 169

3.5 원호절삭 프로그램 2 ··· 171

3.6 나사절삭 프로그램 1 ··· 173

3.7 나사절삭 프로그램 2 ··· 176

3.8 내외경절삭(G90 Cycle) 프로그램 1 ·············· 178

3.9 내외경절삭(G90 Cycle) 프로그램 2 ·············· 179

3.10 단면절삭(G94 Cycle) 프로그램 1 ·············· 181

3.11 외경홈가공 프로그램 1 ·············· 183

3.12 응용과제 1 ·············· 186

3.13 응용과제 2 ·············· 202

제 4 장 조 작

4.1 Fanuc 0T/0M 조작 일람표 ·············· 224

4.2 System의 조작 상세 ·············· 226

(1) 프로그램 메모리에 등록 ·············· 226

(2) 프로그램 번호 찾기 ·············· 227

(3) 프로그램의 삭제 ·············· 228

(4) 전 프로그램의 삭제 ·············· 228

(5) 프로그램의 Punch ·············· 229

(6) 전 프로그램의 Punch ·············· 229

(7) Word의 찾기 ·············· 230

(8) Word의 삽입 ·············· 231

(9) Word의 변경 ·············· 231

(10) Word의 삭제 ·············· 231

(11) EOB까지 삭제 ·············· 232

(12) 수 Block의 삭제 ·············· 232

(13) Sequence 번호의 자동 삽입 ·············· 232

(14) Back Ground 편집 ·············· 233

4.3 조작판 기능 설명 ·············· 234

4.4 공작물 좌표계 설정 방법 1 ·············· 241

4.5 파라메타 입력 방법 ·············· 245

4.6 공구 Offset 방법 1 ·············· 246

4.7 공작물 좌표계 설정 방법 2 ·············· 253

4.8 공작물 좌표계 설정 방법 3 ·············· 257

4.9 SENTROL 시스템의 조작 상세 ·············· 263

4.10 공작물 좌표계 설정 방법 4(SENTROL-L 시스템) ·············· 274

4.11 공구 Offset 방법 2(SENTROL-L 시스템) ················· 280

4.12 Test 운전 방법 ··· 282

4.13 시제품 가공 방법 ··· 282

4.14 공작물 연속 가공 ··· 283

제 5 장 기술자료

5.1 Insert Tip 규격 선정법 ·· 286

5.2 선반 외경용 Tool Holder 규격 선정법 ························· 288

5.3 선반 내경용 Tool Holder 규격 선정법 ························· 290

5.4 Tool Holder 규격선정 풀이 ·· 291

5.5 공구선택(Tooling) ·· 293

5.6 가공시간(Cycle Time) 계산 ······································· 300

5.7 이론 조도 ··· 304

5.8 나사가공 절입 조건표 ··· 305

5.9 좌표계산 공식 1 ·· 306

5.10 좌표계산 공식 2 ·· 307

5.11 절삭속도, 절삭시간, 소요동력 계산공식 ······················ 309

5.12 소프트 죠우(Soft Jaw) 가공 방법 ······························ 310

5.13 정밀하게 센타를 찾는 방법 ·· 319

5.14 공작기계의 정밀도와 열변형 ······································· 321

제 6 장 부 록

6.1 수치제어 선반/밀링 기능사 출제 기준 ·························· 326

6.2 수치제어 선반/밀링 기능사 채점 기준 ·························· 329

6.3 수치제어 선반/밀링 기능사 예상문제 ··························· 330

6.4 기계 조작시 많이 사용하는 파라메타 ··························· 350

6.5 기계 일상 점검 ·· 351

6.6 일반적으로 많이 발생하는 알람 해제 방법 ···················· 352

6.7 NC 일반에 대한 규정 ·· 353

6.8 FANUC 0T/0M 일반 일람표 ·· 362

차 례

찾아보기 ⋯⋯⋯⋯⋯⋯⋯⋯⋯⋯⋯⋯⋯⋯⋯⋯⋯⋯⋯⋯⋯⋯⋯⋯⋯⋯⋯⋯⋯⋯⋯⋯⋯ 386

참고 1) 국내 CNC 공작기계의 역사 ⋯⋯⋯⋯⋯⋯⋯⋯⋯⋯⋯⋯⋯⋯⋯ 23
참고 2) NC 장치와의 통신 조건 ⋯⋯⋯⋯⋯⋯⋯⋯⋯⋯⋯⋯⋯⋯⋯⋯ 29
참고 3) 선반, 밀링계의 절대, 증분지령 ⋯⋯⋯⋯⋯⋯⋯⋯⋯⋯⋯ 48
참고 4) 절대, 증분(상대) 지령의 구분 ⋯⋯⋯⋯⋯⋯⋯⋯⋯⋯⋯ 49
참고 5) 급속속도 ⋯⋯⋯⋯⋯⋯⋯⋯⋯⋯⋯⋯⋯⋯⋯⋯⋯⋯⋯⋯⋯⋯⋯⋯⋯⋯ 59
참고 6) 소숫점 사용에 관하여 ⋯⋯⋯⋯⋯⋯⋯⋯⋯⋯⋯⋯⋯⋯⋯⋯⋯ 60
참고 7) 원호보간에서 R지령과 I, K지령의 차이 ⋯⋯⋯⋯⋯ 66
참고 8) 나사가공 절입량 ⋯⋯⋯⋯⋯⋯⋯⋯⋯⋯⋯⋯⋯⋯⋯⋯⋯⋯⋯⋯ 73
참고 9) G99 기능의 응용 ⋯⋯⋯⋯⋯⋯⋯⋯⋯⋯⋯⋯⋯⋯⋯⋯⋯⋯⋯⋯ 75
참고 10) 자동원점복귀 방법 ⋯⋯⋯⋯⋯⋯⋯⋯⋯⋯⋯⋯⋯⋯⋯⋯⋯⋯ 79
참고 11) Sequence 번호 ⋯⋯⋯⋯⋯⋯⋯⋯⋯⋯⋯⋯⋯⋯⋯⋯⋯⋯⋯⋯ 83
참고 12) 공작물 좌표계 설정의 상세 ⋯⋯⋯⋯⋯⋯⋯⋯⋯⋯⋯⋯ 85
참고 13) Leading Zero 생략 ⋯⋯⋯⋯⋯⋯⋯⋯⋯⋯⋯⋯⋯⋯⋯⋯⋯ 92
참고 14) Backlash 보정과 Pitch Error 보정 ⋯⋯⋯⋯⋯⋯ 104
참고 15) 주역부 ⋯⋯⋯⋯⋯⋯⋯⋯⋯⋯⋯⋯⋯⋯⋯⋯⋯⋯⋯⋯⋯⋯⋯⋯⋯⋯ 109
참고 16) 나사가공 시작점 ⋯⋯⋯⋯⋯⋯⋯⋯⋯⋯⋯⋯⋯⋯⋯⋯⋯⋯⋯ 119
참고 17) 최대 절삭이송 속도 ⋯⋯⋯⋯⋯⋯⋯⋯⋯⋯⋯⋯⋯⋯⋯⋯⋯ 120
참고 18) 내, 외경절삭과 단면절삭의 구분 ⋯⋯⋯⋯⋯⋯⋯⋯⋯ 122
참고 19) 고정 Cycle 프로그램과 일반 프로그램의 차이 ⋯ 148
참고 20) 프로그램 작성시 유의사항 ⋯⋯⋯⋯⋯⋯⋯⋯⋯⋯⋯⋯⋯ 163
참고 21) 프로그램 번호 표시 ⋯⋯⋯⋯⋯⋯⋯⋯⋯⋯⋯⋯⋯⋯⋯⋯⋯ 232
참고 22) Offset량 직접 입력기능의 장점 ⋯⋯⋯⋯⋯⋯⋯⋯⋯ 252
참고 23) 공구대 중심 구하기 ⋯⋯⋯⋯⋯⋯⋯⋯⋯⋯⋯⋯⋯⋯⋯⋯⋯ 320
참고 24) 가공중 치수 변화 ⋯⋯⋯⋯⋯⋯⋯⋯⋯⋯⋯⋯⋯⋯⋯⋯⋯⋯⋯ 323
참고 25) 볼스크류 온도 평창 ⋯⋯⋯⋯⋯⋯⋯⋯⋯⋯⋯⋯⋯⋯⋯⋯⋯ 323

제 1 장

개   요

1.1 수치제어(NC)의 정의

1.2 NC 공작기계의 정보처리 과정

1.3 NC 공작기계의 구성

1.4 NC의 정보처리

1.5 NC의 분류

1.6 NC 공작기계란

1.7 NC 공작기계의 제어 방법

1.8 서보기구의 구동방식

1.9 서보기구의 구조와 Encoder

1.10 볼스크류(Ball Screw)

1.11 동력전달 방법

1.12 NC의 역사

1.13 시스템의 구성

1.14 자동화 시스템

1.15 NC 프로그램의 개요

1.16 NC 사양(참고)

1.1 수치제어(NC)의 정의

(1) NC란

Numerical Control의 약자로서 "공작물에 대한 공구의 위치를 그것에 대응하는 수치정보로 지령하는 제어"를 말한다. 즉 가공물의 형상이나 가공조건의 정보를 펀치한 지령테이프(NC 프로그램)를 만들고 이것을 정보처리회로가 읽어들여 지령펄스를 발생시켜 서보기구를 구동 시킴으로서 지령한대로 가공을 자동적으로 실행하는 제어방식이다.

(2) CNC란

Computer Numerical Control의 약자로서 Computer를 내장한 NC를 말한다.

NC와 CNC는 다소 차이는 있으나 최근 생산되는 CNC를 통상 NC라 부르고, NC와 CNC를 쉽게 구별하는 방법으로 모니터가 있는 것과 없는 것으로 구별할 수 있다.

1.2 NC 공작기계의 정보처리 과정

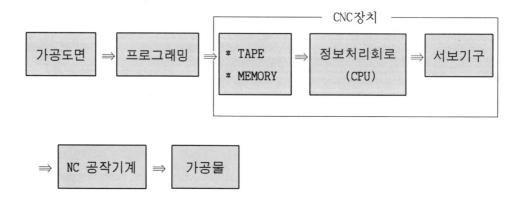

1.3 NC 공작기계의 구성

일반적으로 범용 공작기계는 사람의 두뇌로서 도면을 이해하고, 눈으로 끊임없이 공구의 끝을 감시하며 손과 발로서 기계를 운전하여 원하는 가공물을 완성한다. 그러나 NC 공작기계는 범용 공작기계에서 사람이 하는일을 Computer

가 대신 한다.

아래<그림 1-1>에서 보는바와 같이 사람의 두뇌가 하는 일을 정보처리회로에서 하며, 사람의 수족(손, 발)이 하는 일은 서보기구에서 한다.

즉 일반 범용 공작기계에 정보처리회로와 서보기구를 붙인것이 NC 공작기계이다.

그림 1-1 NC 공작기계의 구성

1.4 NC의 정보처리

NC의 정보처리회로에서는 사람의 두뇌와 같이 외부에서 주어지는 모든 자료들을 계산하고 순서대로 진행시켜 원하는 가공물이 조금도 틀림 없이 가공될 수 있도록 한다.

아래의 <그림 1-2>와 같이 외부에서 NC로 주어지는 모든 자료들이 Data bus를 통하여 CPU(중앙제어장치 : Central Processing Unit)에 들어가면 CPU에서 정보처리를 하고, 기계의 모든 작동원리및 순서등을 기억하고 있는 ROM에게 어떻게 어떠한 순서대로 출력할 것인가 자문을 얻은 다음 Address bus를 통하여 정보처리된 결과를 출력한다.

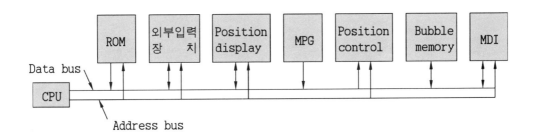

그림 1-2 NC 정보의 흐름

1.5 NC의 분류

NC는 공구 이동 경로와 형상에 따라 다음 3가지로 분류할 수 있다.

(1) 위치결정 NC(Positioning NC)

공구의 최후 위치만을 제어하는 것으로 도중의 경로는 무시하고 다음 위치까지 얼마나 빠르게, 정확하게 이동시킬 수 있는가 하는것이 문제가 된다. 정보처리회로는 간단하고 프로그램이 지령하는 이동거리 기억회로와 테이블의 현재위치 기억회로, 그리고 이 두가지를 비교하는 회로로 구성되어 있다.

(2) 직선절삭 NC(Straight Cutting Control NC)

위치결정 NC와 비슷하지만 이동중에 소재를 절삭하기 때문에 도중의 경로가 문제 된다. 단 그 경로는 직선에만 해당된다. 공구치수의 보정, 주축의 속도변화, 공구의 선택등과 같은 기능이 추가되기 때문에 정보처리회로는 위치결정 NC보다 복잡하게 구성되어 있다.

(3) 연속절삭 NC(Contouring Control NC)

S자형 경로나 크랭크형 경로등 어떠한 경로라도 자유자재로 공구를 이동시켜 연속절삭을 한다. 위치결정 NC, 직선절삭 NC의 정보처리회로는 가감산을 할 수

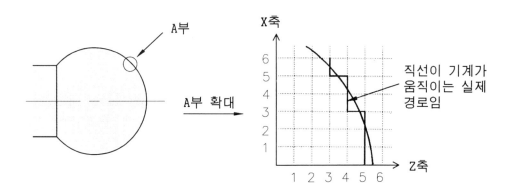

그림 1-3 연속절삭시 공구이동(펄스분배)

있는 회로에 불과하지만 연속절삭 NC는 가감산은 물론 승제산까지 할 수 있는 회로를 갖추고 있다.

그러므로 일종의 컴퓨터가 필요하게 되었고 그러한 연산을 하면서 항상 공구의 이동을 감시하고 있으므로 S자형과 같은 복잡한 경로를 이동시킬수 있는 것이다. <그림 1-3>과 같은 곡면을 가공하는 경우 정보처리회로가 X축과 Z축에 펄스를 분배(기계가 연속적으로 움직이는 것 같지만 실제는 미세한 0.01~0.001mm의 직선운동을 하고 있다.)를 함으로써 공구는 X축 방향의 움직임과 Z축 방향의 움직임이 적절한 균형을 유지하며 이동할 수 있다.

1.6 NC 공작기계란

종래의 공작기계에서 공구의 움직임은 수동핸들 조작에 의해 이루어졌지만 NC 공작기계는 그 움직임을 가공 지령정보(NC 프로그램)에 의해 자동 제어한다. 또한 종래의 기계는 복잡한 2차원, 3차원 형상을 가공할 때 동시에 2개 혹은 3개의 핸들을 서로 관련을 유지하면서 조작 해야만 했다. 때문에 작업이 어려울 뿐 아니라 정밀도도 좋지않고 작업시간도 많이 소모되었다.

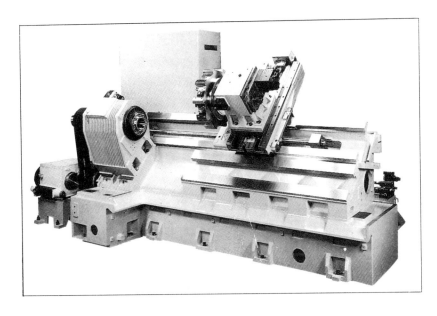

사진 1-4 NC 공작기계의 내부구조

그러나 NC 공작기계는 수동핸들 대신 서보모터(Servo Motor)를 구동시켜 2축, 3축을 동시에 제어하여 복잡한 형상도 정밀하게 단시간 내에 가공할 수 있다.

(1) NC 공작기계의 변화

NC 공작기계의 초기 목적은 복잡한 형상의 것을 높은 정밀도로 가공하기 위해 밀링이나 선반등에 많이 적용되었지만 최근에는 생산성 향상의 목적으로 NC 공작기계를 사용하며 적용 기종도 선반이나 머시닝센타 외에 대부분의 공작기계에 적용된다. 특히 최근에는 Wire Cut, 방전가공기등 특수기계에도 NC가 많이 적용되고, 이외에 Laser 가공기, GAS 절단기, 목공기계, 측정기등 모든 산업기계 분야에 적용되는 현상이 나타나고 있다.

(2) NC 공작기계의 이점

① 제품의 균일성을 향상시킬 수 있다.
② 생산능률 증대를 꾀할 수 있다.
③ 제조원가및 인건비를 절감할 수 있다.
④ 특수공구 제작의 불필요등 공구 관리비를 절감할 수 있다.
⑤ 작업자의 피로감소를 꾀할 수 있다.
⑥ 제품의 난이성과 비례로 가공성을 증대시킬 수 있다.

1.7 NC 공작기계의 제어방법

NC 공작기계의 경우 위치검출기는 테이블(Table)등 가동부에 부착되어 있고 단위 이동량 마다 펄스나 정형파등을 발생하게 된다. 공작기계의 동작 결과는 이들이 피드백(Feed Back)을 통하여 입력측에 되돌아온 동작 결과를 계속 감시하면서 제어한다. 피드백을 하는 방법은 검출기를 부착하는 위치에 따라 다음 4 가지 제어 방법으로 분류할 수 있다.

(1) 개방회로 제어방식(Open Loop 제어)

이 회로의 구동모터로는 스테핑모터(Stepping Motor)가 사용된다. 1펄스에 대해 1단계 회전(예를 들면 모터축이 1° 회전)하는 것을 이용하여 테이블이나 새들(왕복대)등을 수치로 지령된 펄스 수 만큼 이동시킨다.

검출기나 피드백회로를 가지지 않기 때문에 구성은 간단하지만 스테핑모터의 회전정밀도, 변속기및 볼스크류(Ball Screw)의 정밀도등 구동계의 정밀도에 직접 영향을 받는다.

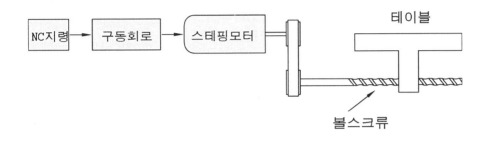

그림 1-5   개방회로 제어방식

(2) 반폐쇄회로 제어방식(Semi Closed Loop 제어)

이 방식의 위치검출은 서보모터의 축 또는 볼스크류의 회전각도로 한다. 즉 테이블 직선운동을 회전운동으로 바꾸어 검출한다.

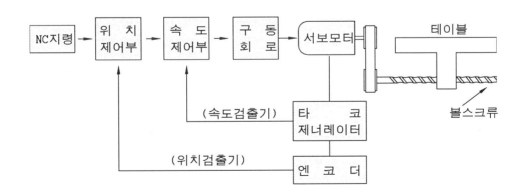

그림 1-6   반폐쇄회로 제어방식

볼스크류의 피치오차나 Backlash가 있으면 테이블의 실제 이동량은 볼스크류의 회전각도에 정확히 비례하지 않고 오차가 생긴다. 그러나 최근에는 높은 정밀도의 볼스크류가 개발되어 피치오차 보정이나 Backlash 보정 때문에 실용상에 문제 되는 정밀도는 해결되어 대부분의 NC 공작기계에 이 방식을 사용한다.

(3) 폐쇄회로 제어방식(Closed Loop 제어)

이 방식은 테이블에 스케일(Scale)을 부착하여 위치를 검출한 후 위치편차를 피드백하여 사용한다.

특별히 정도를 필요로 하는 정밀 공작기계나 대형기계에 사용된다.

정확히 따지면 이 방식은 볼스크류의 Backlash량이 공작물의 중량에 의해 변하기도하고 누적된 피치오차가 온도에 의해 변하기도 한다. 볼스크류 사용이 불가능한 대형기계의 경우는 피니언 기어로 구동이 가능하지만 위치결정의 정밀도에 문제가 있다.

바로 이런 문제를 해결하는 것이 폐쇄회로 제어방식인데 정밀도에서는 반폐쇄회로 제어방식보다 우수하지만 위치결정 서보 안에 기계본체가 포함되기 때문에 공진주파수가 낮으면 불안전해지고 스틱슬립(Stick Slip : 미끄러짐이나 비틀림), 헌팅(Hunting : 난조-정지해야하는 곳에 정지하지 않거나 그냥 통과하는 것을 반복하는 것)등의 원인이 되기도 한다.

때문에 공진주파수를 높이기 위해 기계의 강성을 높이고 마찰상태를 원활하게 하여 비틀림이 없는 것이 요구된다.

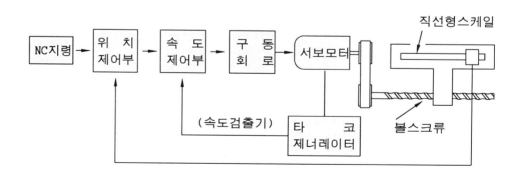

그림 1-7 폐쇄회로 제어방식

(4) 복합 제어방식(Hybrid 제어)

이 방식은 반폐쇄회로 제어방식, 폐쇄회로 제어방식을 절충한 것으로 반폐쇄회로의 높은 게인(Gain : 수신기, 증폭기등의 입력에 대한 출력의 비율)으로 제어하며 기계의 오차를 직선형 스케일(Linear Scale)에 의한 폐쇄회로로써 보정하여 정밀도를 향상시킬 수 있다. 이 폐쇄회로의 부분은 오차만 보정하면 되므로 낮은 게인으로도 충분히 오차보정이 가능하다. 대형 공작기계와 같이 강성을 충분히 높일수 없는 기계에 적합하다.

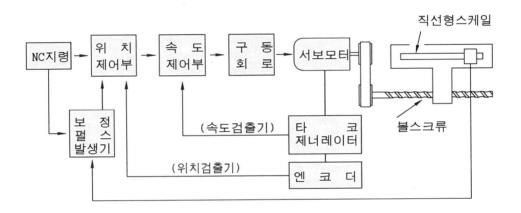

그림 1-8 복합 제어방식

1.8 서보기구의 구동방식

1) 전기식 -- * 전기펄스 모터
       * 직류(DC)서보 모터
       * 교류(AC)서보 모터

2) 유압식 -- * 유압 모터
       * 유압 실린더

3) 전기, 유압식 -- * 서보밸브와 유압 모터
          * 전기유압 펄스 모터

1.9 서보기구의 구조와 Encoder

　서보기구는 범용기계와 비교해 보면 핸들을 돌리는 손에 해당하는 부분으로 머리에 해당되는 정보처리회로(CPU)의 명령에 따라 공작기계 테이블(Table)등을 움직이게 하는 모터(Motor)이다.

　일반 3상모터와는 달리 저속에서도 큰 토크(Torque)와 가속성, 응답성이 우수한 모터로서 속도와 위치를 동시에 제어한다.

　속도제어와 위치검출을 하는 장치를 엔코더(Encoder)라 하고 일반적으로 모터 뒤쪽에 붙어있다.

　아래 <그림 1-9>은 서보모터의 본체와 Encoder의 구조를 보여 준다.

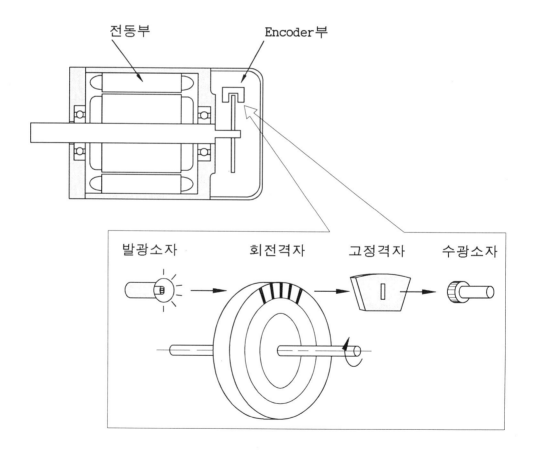

그림 1-9 광학식 Encoder의 원리

<그림 1-9>의 광학식 Encoder의 구조는 발광소자에서 나오는 빛은 회전격자와 고정격자를 통과하고 수광소자에서 검출한다. 회전격자는 유리로된 원판에 등간격으로 분할이 되어 있다. 분할의 갯수는 모터의 명판에 있는 펄스(Pulse)로 알수 있다.

예) 2500, 3000, 3500 Pulse 등이 많이 사용된다.

1.10 볼스크류(Ball Screw)

볼스크류란<사진 1-10> 회전운동을 직선운동으로 바꿀때 사용된다. 그 구성은 숫나사와 암나사 사이에 강구(Steel Ball)을 넣어 구를수 있게 한것으로 강구가 숫나사와 암나사 사이를 구르면서 나사를 2회반 또는 3회반정도 돌다 튜브속을 통해 시작점으로 되돌아 오는 것을 반복한다.

숫나사와 암나사 사이에 강구가 구르기 때문에 마찰계수가 적고 높은 정밀도를 갖고있다. 특히 더블너트 방식의 경우는 볼스크류 자체의 Backlash를 없게 하는 기능이 있다.

사진 1-10 볼스크류의 내부구조

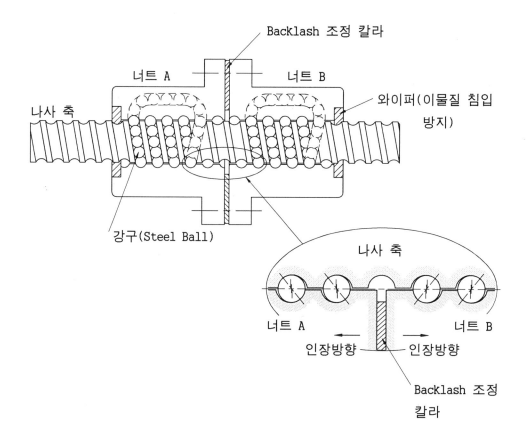

그림 1-11 더블너트 방식 볼스크류의 Backlash 조정

더블너트 방식의 Backlash 조정은 Backlash 조정용 칼라의 두께를 정밀하게
조정(연삭)하여 볼스크류 너트를 위 <그림 1-11>의 인장방향으로 밀착시켜 정,
역회전할 때 발생하는 Backlash를 제거한다.

1.11 동력전달 방법(서보모터에서 볼스크류까지)

　　NC 기계의 동력전달 방법(서보모터에서 볼스크류까지의 동력)은 보통 3가지 방법으로 동력을 전달한다.

① 타이밍 벨트(Timing Belt)

② 기어(Gear)

③ 커플링(Coupling) : 서보모터와 볼스크류는 일직선상에 위치한다.

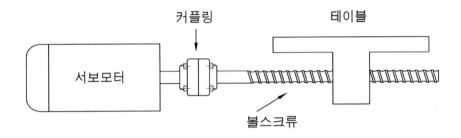

그림 1-12 커플링 방식 동력전달

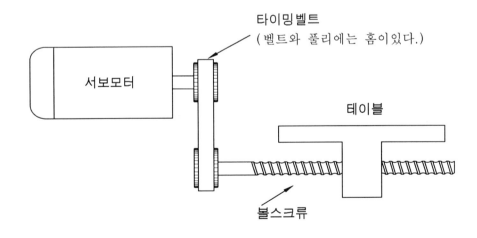

그림 1-13 타이밍벨트 방식 동력전달

1.12 NC의 역사

(1) 수치제어(NC)의 발달사

년 도	미국, 유럽	일 본	한 국	비 고
1775	범용밀링 탄생 (월킨스, 영)			
1797	범용선반 탄생 (모즈레)			
1947	NC의 발명 (JOHN T 파슨즈,미)			
1952	NC밀링 개발 (메사추세츠공대)			연구기간 3년
1952.10		사이언티픽아메리칸 잡지에 NC밀링 소개 (연구의 시초)		동경공대 동경대 공동연구
1955.6	레트로피트 개발 (하드로텔 밀링)			
1957		동경공과대학 NC선반 전시		
1957.12		NC타렛 NC펀쳐프레스 전시 (후지쯔 사)		
1958	머시닝센타 탄생 (카니트랙카 사)	NC밀링 탄생 (오사카 국제전시회 마키노 프라이스)		
1959		전기유압 펄스모터 대수연산방식 Pulse 보간회로 개발 (후지쯔 사)		
1976			NC선반 개발 (KIST)	국내 첫 NC기계
1977			NC선반 탄생 (화천기계)	NC수입 (화낙 사)
1981			머시닝센타 탄생 (통일)	

참고 1) 국내 CNC 공작기계의 역사

> * 화천기계 1977년 NC 공작기계 국산1호기 NC 선반 개발, 대우중공업(주) 일본 도시바와 기술제휴를 맺고 1980년 부터 NC 선반 생산.
> * 1981년 통일산업에서 머시닝센타를 개발했다.

1. NC 기계 국내 총생산 : 1만4천대(90년 말까지)
2. 국산 NC 기계 총생산 : 1200여대(90년 말까지)

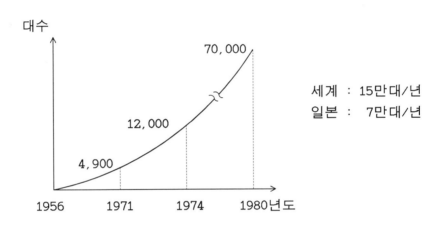

그림 1-14 일본 X사 NC 생산 대수

(2) 수치제어 장치의 최신 기술동향

최근의 NC 장치는 마이크로프로세서와 메모리에 의해 컴퓨터화 되었고 이를 CNC(Computerized NC 혹은 Computer NC)라고 한다. 반도체 기술이 놀라울 정도로 빠르게 발전하여 전자부품이 접적화 되어 부품의 갯수가 적어지고 신뢰성이 향상되는 동시에 각종 전자장치 자체도 소형화 되고 있다. 또 소프트웨어 기술의 발전에 의해 복잡한 제어나 고급 기능을 쉽게 추가할 수 있게 되었다. 따라서 최신 기술동향을 보면 다음과 같다.

① 프로그램 시간의 단축

최근의 NC에는 내부에 대량의 메모리가 있기 때문에 기존처럼 지령테이프를 작성할 필요가 없고 작업자는 G코드 등의 NC 언어를 이용하여 프로그램을 NC 기계에 부착된 키보드에서 입력한다.

그러나 프로그램을 작성하는 것은 그리 쉬운일이 아니다. 또한 복잡한 가공물의 프로그램 입력에는 많은 시간이 소비되는 문제가 있다. 때문에 NC코드를 잘 모르더라도 프로그램을 쉽게 작성할 수 있고 입력시간을 단축할 수 있는 대화형 프로그램장치가 개발되었다.

이런 대화형에는 단지 G코드로 프로그램 작성을 유도하는 단순한 것에서 부터 소재형상과 마무리 가공형상의 도형을 입력하면 가공순서, 공구의 선택, 가공조건등을 자동으로 결정하는 인공지능(Expert System)기능까지 종류가 다양하다. 또한 프로그램 작성 후 그래픽에 의해 공작물의 공구경로와 가공부의 형상을 쉽게 확인할 수 있고 프로그램 수정도 쉽게할 수 있는 장점이 있다.

② 세팅(Setting) 시간의 단축

자동 공구 교환장치, 공작물 자동 공급장치, 가공물 자동 교환장치, 공구수명 검출장치등이 있고 그외 센서 기술을 이용한 자동 공구보정, 가공물 좌표원점의 자동설정 기능이 있다.

사진 1-15 자동 공구길이 측정장치

③ 절삭가공의 고속 고정밀화

고속연산 마이크로프로세서의 이용과 서보제어 기술및 각종 보정제어 기술에 의해 고속 고정밀화가 가능하게 되었다. 2개의 공구를 동시에 이동시키는 복합가공 기술도 실용화 되어있다.

④ 보전기능의 충실

자기진단 기능에 의해 고장부분을 작업자에게 알려주는 것과 보수할 때 안내 화면이 표시되어 수리방법을 유도하는 것이 있다. 또 "리모우트(Remote) 진단" 이라고하여 전화회선을 이용하여 NC 장치의 상태나 기계의 상태를 외부에서 체크 하는 기능이 연구되고 있다.

⑤ FA화의 대응

외부 컴퓨터나 로봇, 자동 반송장치등 주변장치 와의 통신기능은 공장 자동화나 컴퓨터에 의한 생산관리에 반드시 필요한 기능이다. 최근에는 통신방법의 표준화나 고속통신을 추진하는 경향이 있다.

사진 1-16 공작물을 착탈하는 로봇

1.13 시스템의 구성

(1) CNC 시스템 구성

초기의 NC는 개별 전자부품으로 조립된 전자회로로 구성되어 있었으나 그후 소형 컴퓨터를 내장하여 NC 기능을 소프트웨어로 실현하게 되었다. 이러한 컴퓨터를 내장한 NC를 CNC라 부르며 반도체 기술이 발달함에 따라 소형화되고 고속화되었다.

CNC의 기본 구성은 다음과 같다.

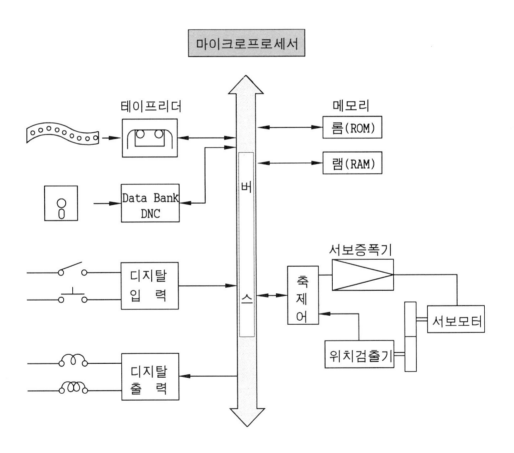

그림 1-17 CNC 시스템의 기본 구성

(2) 외부 기억장치

① 천공 테이프

NC 공작기계로 공작물을 가공하기 위해서는 그 가공에 필요한 프로그램을 외부에서 입력해야 한다. NC 프로그램은 천공 테이프에 기억시키고 테이프 판독기(Tape Reader)로 입력한다. NC 테이프는 폭 1인치 8트랙의 천공 테이프가 사용되고 있으며 그 코드로는 EIA 코드 방식과 ISO 코드 방식이 있다.

우리나라에서는 일본과 같이 관습상 EIA 코드를 널리 사용하고 있으나 KS에는 ISO와 같이 규정되어 있으므로 ISO 코드도 점차 사용이 증가 될 것이다.

최근에는 CNC 장치의 내부 기억장치의 확장과 개인용 컴퓨터에서 DNC를 통하여 NC 프로그램을 전송하고 관리하는 기술의 발달로 천공 테이프는 그 사용이 점차 줄어들고 있다.

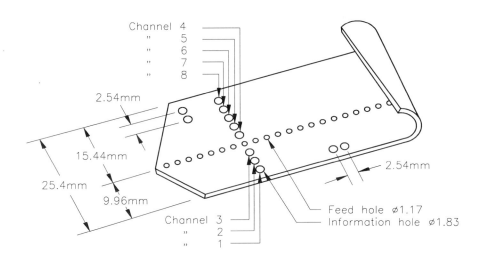

그림 1-18 천공 테이프의 규격

ⓐ EIA Code

미국 전기규격협회(EIA : Electronic Industries Association)의 약칭으로 테이

프에 천공되는 가로 방향의 구멍 갯수가 홀수이다. (단 이송 공(Feed Hole)은 제외)

ⓑ **ISO Code**

국제 표준화기구(ISO : International Organization of Standardization)의 약칭으로 테이프에 천공되는 가로 방향의 구멍 갯수가 짝수이다.(단 이송 공(Feed Hole)은 제외)

② **Diskette Data 입력**

수동이나 CAM(자동 프로그램 작성기)에서 작성된 NC 프로그램을 Data Bank, DNC(컴퓨터와 NC 장치의 통신용 Soft Ware)를 통하여 프로그램을 신속하고 정확하게 내부 기억장치에 등록시킨다.

최근에 많이 사용하는 방법으로 프로그램의 크기에 제한 받지않고 보관및 관리가 편리하다.

아래 <그림 1-19>는 외부 기억장치에서 NC 장치(내부 기억장치)로 프로그램을 입, 출력하는 방법을 보여준다.

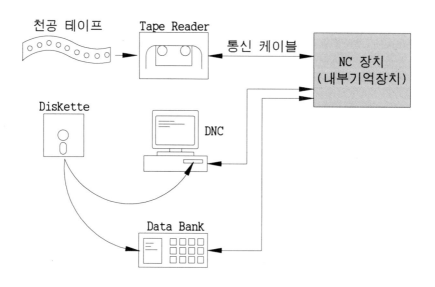

그림 1-19 외부 기억장치에서 프로그램 입력

참고 2) NC 장치와의 통신조건

NC의 외부 기억장치(천공 테이프, Diskette)를 통하여 NC 프로그램을 내부 기억 장치와 입, 출력하기 위해서는 다음과 같은 조건(파라메타)을 설정한다.

1) 전송속도(Baud Rate)

1초에 전송가능한 최대 비트(Bit)수를 BPS(Bits Per Second)로 나타낸다. NC 장치의 통신에 많이 사용하는 전송속도는 1200, 2400, 4800, 9600BPS 등 이다. 일반적으로 **4800**BPS의 속도를 많이 사용한다.

2) Interface의 종류

① **RS-232C**

RS-232C는 총 25핀으로 구성되어 있으며, RS-232C가 사용하는 전송속도는 0 ~20000BPS 이고 사용가능한 거리는 15m 이내로 권장한다.

② RS-422

RS-232C로 전송하기 먼곳으로 약 100m 까지 전송한다.

3) 패리티 비트(Parity Bit)

데이터 통신중 외적인 요인에 의하여 정확한 데이타를 전달하지 못할 수 있 다. 이렇게 잘못 전달되는 것을 발견하기 위하여 패리티 비트를 첨가하여 전송 한다. 패리티 비트를 무시하는 것이 "NONE" 이고, 전체 8비트에서 1의 개수가 짝수가 되도록 설정하는 것이 "EVEN" 이며, 전체 8비트에서 1의 개수가 홀수가 되도록 설정하는 것이 "ODD" 이다. 보통 **"NONE"** 으로 설정하면 된다.

4) 데이터 비트(Data Bit)

데이터 비트는 7비트와 8비트 두 가지가 있다. 텍스트 파일 또는 ASCII 문자 를 전송하는 경우는 **7비트**를 사용하고, 프로그램 파일(Binary File)이나 한글 텍스트 파일을 전송하는 경우는 8비트를 사용한다.

5) 정지 비트(Stop Bit)

통신에서 데이터의 정지 비트를 선택하는 기능으로 데이터의 끝을 알리는 기 능이다. 보통 "**1**" 로 설정하면 된다.

※ 통신에서 중요한 것은 입, 출력할 때 받고자하는 쪽에서 입력준비를 하고 보내 는 쪽에서 출력기능을 실행시킨다.

먼저 보내는 쪽에서 실행하면 앞쪽의 일부 데이터가 없어지는 경우가 있다.

(3) 내부 기억장치

① 램(RAM : Random Access Memory)

읽기(Read)및 쓰기(Write)가 가능한 메모리이며 입, 출력 정보나 계산결과를 기록하는데 쓰인다.

일반적으로 작업자가 작성하는 NC 프로그램, 파라메타(Parameter), Offset등 이 RAM 반도체 칩에 저장 된다.

② 롬(ROM : Read Only Memory)

제조 공장에서 소프트웨어를 입력시켜 기억시킬 수 있으나 오직 읽고(Read) 행할뿐 사용자가 그 내용을 변경할 수 없는 반도체 메모리를 말한다.

기계 제작회사에서 NC 내부 프로그램, PLC 프로그램등을 입력한다.

1.14 자동화 시스템

(1) DNC(Direct Numerical Control)

① 여러대의 NC 공작기계를 한대의 컴퓨터에 결합시켜 제어하는 시스템으로 개개 의 NC 공작기계의 작업성, 생산성을 개선함과 동시에 그것을 조합하여 NC 공작 기계 군으로 운영을 제어, 관리하는 것이다.

② 컴퓨터에서 NC 공작기계로 직접 프로그램을 전송하면서 가공하는 것으로 금 형가공 프로그램등 프로그램의 량이 많은 경우(한개의 프로그램이 NC 장치에 기 억시킬수 있는 메모리 양보다 클때)에 주로 사용한다.

컴퓨터와 DNC용 소프트웨어(컴퓨터에서 NC 장치로 Data 전송)가 필요하다.

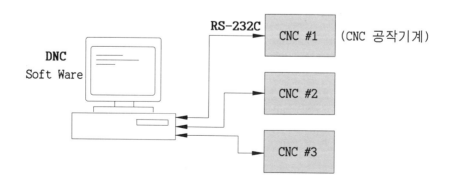

(2) FMS(Flexible Manufacturing System)

CNC 공작기계와 산업용 로봇, 자동반송 시스템, 자동창고등을 총괄하여 중앙의 컴퓨터로 제어하면서 소재의 공급 투입으로부터 가공, 조립, 출고까지 관리하는 생산방식으로 공장전체 시스템을 무인화하여 생산관리의 효율을 높이는 차원 높은 시스템이다.

* 무인운전을 위해 NC 장비가 갖추어야할 사항
  ① 고정 지그의 표준화
  ② 공구의 집중관리및 표준화
  ③ 절삭자료의 표준화
  ④ 자동 칩 제거장치
  ⑤ 자동 계측 보정기능
  ⑥ 자동 과부하 검출기능
  ⑦ 자동운전상태 이상유무 검출기능
  ⑧ 자동 공작물 반입장치
  ⑨ 자동 화재 진압장치

사진 1-20 FMS 공장 전경

(3) CAD/CAM

① CAD(Computer Aided Design)

컴퓨터를 이용한 설계로써 컴퓨터의 빠른 계산능력과 방대한 메모리 등을 이용하여 설계하고자 하는 형상을 구체적으로 모니터에 묘사한다.

확대, 축소, 회전, 채색 등을 이용하여 형상을 쉽게 구상할 수 있고 구조물의 강도해석, 열 유동해석등 사람이 수동으로 계산하기 복잡한 것들을 아주 빠르고 정확하게 처리할 수 있는 기능과 보조장치와 연결하여 설계된 도면을 자동으로 그려낼 수 있다.

② CAM(Computer Aided Manufacturing)

컴퓨터에 의하여 Design된 Model을 이용 가공및 생산에 필요한 여러가지 자료를 얻어내고 실행시키는 기능으로 NC에서는 공작기계를 제어하여 원하는 제품을 만들어 내기위한 프로그램을 작성하는데 이용된다.

이밖에도 CAM의 이용은 자동 공정계획수립, 공정별 표준작업시간, 산출, 생산 일정계획, 자재수급계획, 공장의 흐름제어등을 수립하는데 이용된다. NC에서 CAM이라 하는 것은 자동 프로그램장치를 포함한 자동 NC 프로그램 작성기를 말한다.

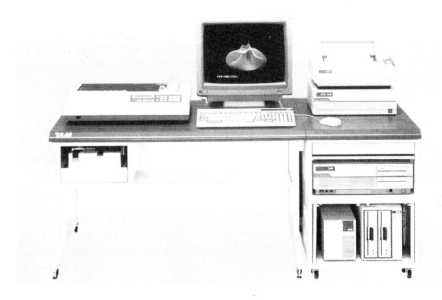

사진 1-21 CAD/CAM System

③ CAD/CAM의 용도

여러 설계 제조 업무분야에 도입되고 있고, 공장자동화 구축을 위한 하나의 요건이 되었다.

CAD는 기본 설계부터 시작해서 제도판(Draft Table) 대신 컴퓨터를 이용하여 그래픽 화면상에서 제품 설계작업을 하고 구조해석과 도면작성을 한다. CAD에서 만들어진 설계 자료를 토대로 CAM에서는 부품전개나 각부품의 가공공정 해석, NC 가공 프로그램 작성(자동프로그램) NC 가공까지 일련의 과정을 컴퓨터 내부처리로 자동화 한다.

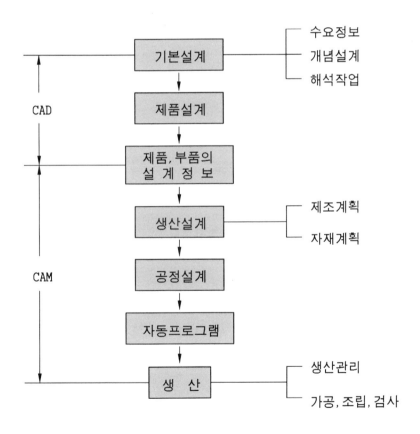

그림 1-22 CAD/CAM의 구조

1.15 NC 프로그램의 개요

일반적인 공작기계의 조작은 인간이 행하는 것으로 기계만 있으면 누구나 충분히 작동할 수 있다.

그러나 NC 공작기계는 작동이 대부분 자동적이고 그 작동 지령은 NC 프로그램에 의하여 주어진다. 따라서 NC 프로그램 없이는 NC 기계를 원활히 사용할 수 없다. 그러므로 NC 공작기계를 사용하기 위해서는 부품 도면으로 부터 NC 프로그램을 작성하는 새로운 작업이 필요하게 된다.

이 작업을 프로그래밍(Programming)이라 말하고 이 일을 하는 사람을 Programmer라고 부른다.

* 프로그램을 작성하는 방법은 다음과 같이 2가지가 있다.

(1) 수동 프로그래밍(Manual Programming)

수동 프로그래밍은 부품도면으로 부터 NC 프로그램 작성까지의 과정을 사람의 손으로 일일이 작업하는 방식을 말한다.

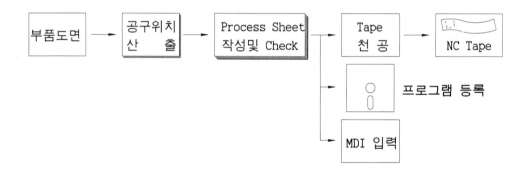

위 도표에 표시하는 것과 같이 수동 프로그래밍은 Programmer가 부품도면을 보고 공구위치를 하나하나 계산하여 Process Sheet를 작성하고 잘못을 확인 한 다음 NC 테이프 펀칭기에서 테이프 천공을 하여 또 다시 오타를 체크 해야만 비로소 천공 테이프 하나가 제작되는 노력과 시간을 많이 필요로 하는 까다로운 프로그램 방법이다. 최근에는 천공 테이프를 만들지 않고 바로 NC 장치에 반자동(MDI)으로 입력하는 경우가 많다.

(2) 자동 프로그래밍(Auto Programming)

수동 프로그래밍에서는 부품의 형상이 복잡해지면 공구위치의 산출및 프로그래밍에 많은 노력이 필요하게 된다. 또 계산의 잘못이나 테이프의 펀칭 잘못도 있기 때문에 정확한 프로그램을 작성하는데 많은 시간이 소요된다.

이와 같은 수동 프로그래밍의 단점을 보완하기 위하여 컴퓨터및 소프트웨어를 사용하는데 이것이 바로 자동 프로그래밍이다. 일반적으로 자동 프로그램 작성용 소프트웨어를 "CAM"이라 하고 CAM 소프트웨어는 종류와 사용방법이 다른 것들이 많이있다.

* 자동 프로그래밍의 이점

① NC 프로그램 작성까지의 노력과 시간이 적게든다.

② 신뢰도가 높은 NC 프로그램을 작성할 수 있다.

③ 인간의 능력으로는 해결하기 어려운 복잡한 계산을 하는 프로그램도 쉽게 작성할 수 있다.

④ 프로그램 작성과 연관된 여러가지 계산을 병행할 수 있다.

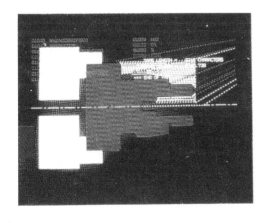
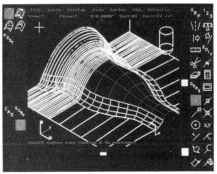

사진 1-22 CAM 시스템

1.16 NC 사양(참고)

항 목	사 양	비 고
제어축	2축	B
동시 제어축	동시 2축(급속, 절삭이송)	B
위치결정	G00지령으로 X, Z축 각각 독립으로 급속이 가능하다.	B
원호보간	G02, G03에서 F-코드로 지령된 이송속도로 0°～360°까지 임의의 원호보간을 지령할 수 있다.	B
반경 R지령	원호보간에 있어서 반경을 반경치 R로 직접 지정할 수 있다.	B
Dwell	G04 지령으로 다음 Block의 동작으로 이동하는 것을 지령시간 만큼 정지시킬 수 있다.	B
Stored Stroke Check	파라메타나 프로그램으로 설정한 영역의 내, 외부를 금지영역으로 하여 그 영역에 들어가면 축의 동작을 감속정지 하고 Overtravel 알람을 표시한다.	B
원점복귀	G28로 자동적으로 기계원점으로 이동할 수 있다. 수동으로 공구를 기계원점에 이동할 수 있다. G30으로 자동적으로 제2원점까지 이동할 수 있다.	B
자동좌표계 설정	수동으로 원점복귀할 때 원점복귀 완료시 자동적으로 파라메타에 미리 설정된 공작물 좌표계가 설정된다.	B
인선 R보정	G40,G41,G42로 인선 R보정 무시, 좌측, 우측보정을 한다.	B
Offset량 프로그램 입력	G10으로 프로그램에서 Offset량을 입력할 수 있다.	O
Offset량의 증분치 입력	Offset량을 증분치로 입력할 수 있다.	B

항 목	사 양	비고
공작물 좌표계 설정	G50으로 X, Z축의 현재공구 위치를 입력된 수치로 공작물 좌표계 설정을 한다.	B
상대좌표 Reset	간단한 조작으로 현재의 상대좌표 위치를 0(Zero)으로 할 수 있다.	B
주축기능	주축속도를 S-코드로 직접 지령한다. (예 S1200)	B
공구기능	T4단 지령으로 공구및 Offset를 지령한다. (예 T0202)	B
보조기능	M2단의 숫자로 기계측 ON/OFF 조작을 지령할 수 있다.	B
설정단위	최소설정 단위 0.001 mm, 0.0001 inch 까지 지령한다.	B
Inch 입력	G20/G21지령으로 Inch/Metric계로 선택할 수 있다.	B
최대 지령치	± 8 자리 (예 99999.999mm, 9999.9999inch)	B
소숫점 입력	소숫점을 사용하여 숫치를 입력할 수 있다. 소숫점 사용 가능한 어드레스는 X,Z,U,W,I,K,R,C,F등 이다.	B
절대/증분지령	(X, Z), (U, W)지령으로 각각 절대, 증분지령을 한다.	B
보조 프로그램	보조 프로그램(Sub Program)을 작성하고 주 프로그램(Main Program)에서 보조 프로그램을 호출할 수 있다.	B
가변 Block형식	한 Block 안의 Word 수는 제한이 없다.	B
Sequence 번호 화면표시	어드레스 N과 5단 숫자로 Sequence 번호(블록 이름)를 사용할 수 있다.	B
위치표시	기계좌표계, Work 좌표계, 상대좌표계의 좌표및 잔여량을CRT에 표시한다.	B
프로그램 기억 편집	최대 200개(총 320mm)까지 프로그램을 등록, 기억하고 필요할 때 간단하게 수정, 편집, 사용할 수 있다.	B

항　목	사　　　　　　양	비고
Word 찾기	편집모드의 프로그램 화면에서 문자열 검색을 할 수 있다.	B
프로그램 Protect	조작판상의 프로그램 Protect Key를 ON하지 않으면 프로그램을 등록, 편집을 할 수 없다.	B
가동시간 표시	전원 ON 시간, 주축회전시간, 자동운전 시간을 표시한다.	B
자기진단 기능	다음과 같은 내용을 Check한다. (검출계통, 위치제어부, Servo계, 과열, CPU, ROM, RAM 이상 등.)	B
급속이송 Override	4단계의 급속속도를 사용할 수 있다.	B
Dry Run	프로그램으로 지령된 이송 속도를 무시하고 지령된 JOG 속도로 이송 동작을 한다.	B
Single Block	프로그램을 자동실행중 한 Block 단위로 실행후 정지한다.	B
Optional Block Skip	프로그램상의 "/"를 포함한 Block에서 "/"부터 EOB까지의 지령을 무시(Skip)할 수 있다.	B
Machine Lock	기계(이동 축)를 이동시키지 않고 마치 기계가 동작하는 것과 같이 NC 내부에서 동작만하고 축은 동작하지 안는다.	B
Auxiliary Function Lock	축 이동은 실행할 수 있지만 M, S및 T기능은 지령이 내려져도 실행하지 않는다.(단 M00, M01, M02, M30, M98, M99는 실행 한다.)	B
Feed Override	지령된 이송속도에 Override를 시킬 수 있다. (0~150%까지 가능하다.)	B
Spindle Override	지령된 주축회전 속도에 Override를 시킬 수 있다. (50~120%까지 가능하다.)	B
Override Cancel	지령된 Override(Feed)를 Cancel 하며 100%에 고정시킨다.	B

항 목	사 양	비고
Feed Hold (자동정지)	전축의 이동을 일시적으로 멈출수 있다. 다시 자동개시 (Cycle Start) 버튼을 누르면 재개한다.(단 나사가공시 예외)	B
수동 연속이송	버튼을 눌러 축의 수동 연속이송을 할 수 있다. (이송속도는 0~1260mm/min까지 사용 가능하다.)	B
Manual Absolute	자동운전중에 수동이동을 개입했을 때 수동이동량을 좌 표치로 가산할지 않을지 선택할 수 있다.	B
MDI(반자동) 개입	자동운전중(단 Single Block 완료후 정지상태)에 MDI 조 작개입을 할 수 있다.	B
Overtravel	기계 각축의 Stroke 끝에 도달한 신호를 받아 축의 동작 을 감속 정지하며 알람(Alarm) 상태로 된다.	B
Backlash 보정	각 축에 있는 Backlash를 보정하는 기능이다. (보정 Data는 파라메타로 보정량을 설정한다.)	B
Pitch 오차보정	이송나사의 기계적인 마모에 따른 Pitch 오차를 보정하는 것이며 가공정도의 향상과 수명을 연장시킨다. (보정 Data는 파라메타로 설정한다.)	O
수동 Pulse 발생기(MPG)	기계측 조작판에 수동 Pulse 발생기가 있고, 기계의 미세 이동이 가능하다. 1회 회전으로 100개의 Pulse를 발생하 고 한 Pulse당 이동량은 파라메타로 설정한다.	O
외부 Cycle Start	외부 Cycle Start Switch에 의하여 Cycle Start를 할 수 있다.	O

MEMO

제 2 장

프로그래밍

2.1 프로그래밍의 기초

2.2 프로그램의 구성

2.3 기본 어드레스및 지령치 범위

2.4 준비기능(G 기능)

2.4.1 준비기능의 개요

2.4.2 보간기능

2.4.3 이송기능

2.4.4 기계원점(Reference Point)

2.4.5 공작물(Work) 좌표계 설정

2.4.6 Inch, Metric변환

2.4.7 주축기능

2.4.8 공구기능및 보정기능

2.4.9 고정 Cycle

2.4.10 측정기능

2.4.11 대향 공구대 좌표계(Mirror Miage)

2.4.12 보조기능(M 기능)

2.1 프로그래밍의 기초

NC 프로그래밍(Programming) 이란 사람이 이해하기 쉽도록 되어 있는 도면을 NC 장치가 이해할 수 있도록 NC 언어(G00, G01, M02, T0101등)를 이용하여 표현방식을 바꾸어 주는 작업을 말한다.

(1) 가공계획

부품의 도면이 주어졌을 때 제일 먼저 필요한 것이 가공계획이다.

이것은 NC 프로그램을 작성할 때 필요한 조건을 미리 결정하여 놓는 것이며 다음과 같다.

① NC 기계로 가공하는 범위와 사용하는 공작기계의 선정

② 소재의 고정 방법및 필요한 지그의 선정

③ 절삭순서(공정의 분할, 공구출발점, 황삭과 정삭의 절입량과 공구경로)

④ 절삭공구, Tool Holder의 선정및 Chucking 방법의 결정(Tooling Sheet의 작성)

⑤ 절삭조건의 결정(주축 회전속도, 이송속도, 절삭유의 사용 유무 등)

⑥ 프로그램의 작성

(2) 프로그래밍의 순서

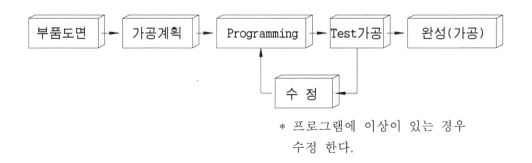

부품도면 → 가공계획 → Programming → Test가공 → 완성(가공)

수 정

* 프로그램에 이상이 있는 경우
수정 한다.

(3) 좌표계

NC 공작기계의 좌표계는 통상 우수 직교좌표계를 사용하고 있다. 축(Axis)의 구분은 선반의 경우 주축 방향과 평행한 축이 Z축이고, Z축과 직교한 축을 X축이라 한다. 일반적인 범용선반에서는 앞쪽에 공구대가 있다. 그러나 NC 선반의 경우는 앞쪽, 뒷쪽 양 방향에 공구대(Turret)가 있는 기계도 생산되고 있지만 최근에 생산되는 NC 선반들은 대부분이 뒷쪽에 공구대가 있다.

앞쪽이나 뒷쪽의 공구대 위치에 관계없이 기본 프로그램은 동일하다. 본 교재에서는 뒷쪽과 위쪽에 공구대가 있는 것으로 생각하고 설명한다. 일반적으로 X, Z축의 기계원점 방향이 +(Plus)방향이다.

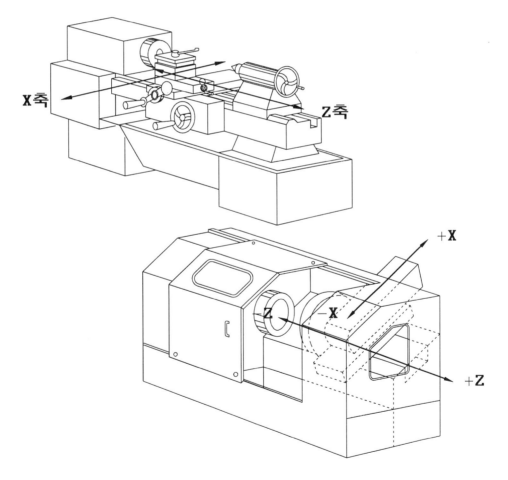

그림 2-1 범용선반과 NC선반의 좌표축 방향

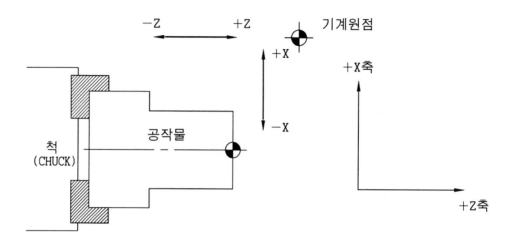

그림 2-2 우수 직교좌표계의 축 방향

(4) 좌표계의 종류

① 기계 좌표계

* 기계의 원점을 기준으로 정한 좌표계
* 기계좌표의 설정은 전원 투입 후 원점복귀 완료시 이루어진다.
  (최근에 생산되는 기계는 원점복귀에 관계없이 기계원점을 기억하고 있는 종류도 있다.)
* 기계에 고정되어 있는 좌표계이고 금지영역(Stored Stroke Limit, Over Travel, 제 2원점)등의 설정 기준이 되며 기계 원점에서 기계 좌표치는 X0, Z0 이다.
* 공구의 현재 위치와 기계원점과의 거리를 알려고 할 때 사용할 수 있다.

② 절대 좌표계(공작물 좌표계)

* 가공 프로그램을 쉽게 작성하기 위하여 공작물 센타(중심) 임의의 점을 원점으로 정한 좌표계 이다.
* 좌표어는 X, Z를 표시한다.
* G50을 이용해서 각 공작물마다 설정.(공작물 좌표계 설정편 참고 하십시오.)
* 소재의 좌측 또는 우측 끝단에 설정하지만 통상 우측 끝단을 X0, Z0로 설정한다.

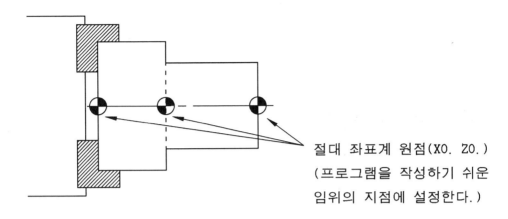

절대 좌표계 원점(XO. ZO.)
(프로그램을 작성하기 쉬운
임위의 지점에 설정한다.)

그림 2-3 절대 좌표계의 원점

③ 상대 좌표계

　　* 일시적으로 좌표를 0(Zero)로 설정할 때 사용한다.

　　* 좌표어는 U, W를 표시한다.

　　* 공구 Setting, 간단한 핸들 이동, 좌표계 설정등에 이용 된다.

좌표계 화면

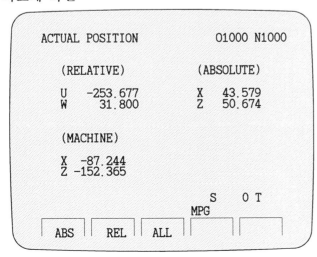

```
ACTUAL POSITION            O1000 N1000

   (RELATIVE)            (ABSOLUTE)
   U   -253.677          X    43.579
   W     31.800          Z    50.674

   (MACHINE)
   X   -87.244
   Z  -152.365

                              S    O T
                          MPG
    ABS     REL     ALL
```

* **REL**ATIVE(상대좌표)
* **ABS**OLUTE(절대좌표)
* MACHINE(기계좌표)

* ABS, REL의 좌표는 아
래 Soft Key를 누르면
좌표가 크게표시 된다.

* 기계 좌표계와 절대 좌표계를 사용한 프로그램 비교

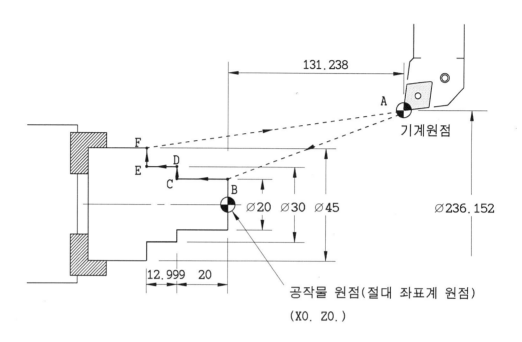

공작물 원점(절대 좌표계 원점)

(X0. Z0.)

* **기계 좌표계를 사용한 프로그램**

(기계 원점을 기준하여 프로그램의 치수가 지령된다.)

	기계원점에서 B,C,D,E,F점까지의 거리를 지령한다.
A ⇒ B G00 X-216.152 Z-131.238 ;	-- B점 X좌표는 (236.152-20)이고 Z좌표는(-131.238)이다.
B ⇒ C G01 Z-151.238 ;	-- C점 Z좌표는(-131.238)+(-20)이다.
C ⇒ D G01 X-206.152 ;	-- D점 X좌표는(236.152-30)이다.
D ⇒ E G01 Z-164.237 ;	-- E점 Z좌표는(-131.238)+(-12.999)이다.
E ⇒ F G01 X-191.152	-- F점 X좌표는(236.152-45)이다.
F ⇒ A G00 X0. Z0. ;	

* **절대 좌표계를 사용한 프로그램**
(임의의 공작물 원점을 기준하여 프로그램의 치수가 지령된다.)

		공작물원점에서 B,C,D,E,F점까지의 좌표를 지령한다.
A ⇒ B	G00 X20. Z0 ;	-- B점 X좌표는 20이고 B점 Z좌표는 0 (Zero)이다.
B ⇒ C	G01 Z-20. ;	
C ⇒ D	G01 X30. ;	
D ⇒ E	G01 Z-32.999 ;	
E ⇒ F	G01 X45.	
F ⇒ A	G00 X236.152 Z131.238 ;	

※ 위에 작성된 두가지의 프로그램을 비교해 보면 기계 좌표계를 사용한 방법은 공작물의 선단과 기계 원점까지의 거리를 먼저 알아야 프로그램을 작성할 수 있다.

하지만 절대 좌표계를 사용한 방법은 공작물의 임의의 원점(공작물 원점)을 기준으로 프로그램을 작성하기 때문에 도면치수를 보면서 프로그램을 쉽게 작성할 수 있다.

기본적으로 **기계 좌표계를 사용한 프로그램은 사용하지 않는다.** 절대 좌표계의 편리함을 설명하기 위하여 예로서 설명하였다.

(5) 지령방법의 종류
① 절대지령과 증분지령
ⓐ 절대지령(Absolute)
<u>이동 종점의 위치를 절대 좌표계의 위치(Work 좌표계 위치)로 지령</u>하는 방식이며 보정치 유무에 상관없이 지령 가능하다.

지령하는 좌표어는 X, Z를 사용한다.

예) G00 X10. Z-20. ;

ⓑ 증분지령(Incremental)

　　이동 시작점부터 종점까지의 이동량으로 지령하는 방식이며 절대지령과 같은 방법으로 보정치 유무에 상관없이 지령 가능하다.

　　지령하는 좌표어는 U, W를 사용한다.

　　예) G00 U30. W-50. ;

참고 3) 선반, 밀링계의 절대, 증분지령

---

* 선반계의 프로그램은 절대, 증분, 절대 증분 혼합방식(한 블록에 절대지령과 증분지령을 동시에 지령할 수 있다.)으로 지령 한다.
　예) G00 **X100. Z100.** ; -- 절대지령
　　　G00 **U100. W100.** ; -- 증분지령(상대지령)
　　　G00 **X100. W100.** ; -- 절대 증분 혼합지령

* 밀링계의 프로그램은 절대(G90), 증분(G91)을 G-코드로 선택하는 방식으로 선반계의 프로그램 방식과는 차이가 있다.
　예) **G90** G00 X100. Y100. Z100. ; -- 절대지령
　　　G91 G00 X100. Y100. Z100. ; -- 증분지령(상대지령)

(예제 1)

　A지점에서 B지점으로 이동하는 프로그램을 작성 하시오.

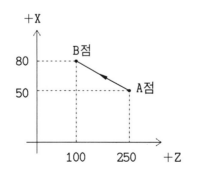

(해답 1)

① 절대지령(B점 절대좌표)
　　G00 X80. Z100. ;

② 증분지령(A에서 B까지 거리)
　　G00 U30. W-150. ;

③ 절대, 증분 혼합방식 지령
　　* G00 U30. Z100. ;
　　* G00 X80. W-150. ;

참고 4) 절대, 증분(상대)지령의 구분

> 초보자가 혼동하기 쉬운것은 **절대지령은 X, Z를 사용하여 종점좌표를 지령**하는 것과 **증분(상대)지령은 U, W를 사용하여 시점에서 종점까지의 거리를 지령**하는 것을 구분하기 어렵다.

② 반경지령과 직경지령

ⓐ 의미

일반 범용선반의 경우 공작물의 직경가공에서 핸들의 눈금을 2mm를 절입하면 직경으로 4mm가 가공된다. 이 방법을 NC 선반에 적용하면 직경 40.24mm를 가공하기 위하여 X20.12mm를 지령해야 한다. 따라서 반경치수 계산에 많은 시간과 복잡함이 따르므로 NC 선반에서는 일반적으로 직경지령을 파라메타로 설정하여 사용한다.

직경지령의 방법은 직경의 수치를 프로그램으로 작성한다.

> ***** 직경지령과 반경지령의 선택은 파라메타로 선택하며 NC 선반은 기본적으로 직경지령이 선택되어 있다.

ⓑ 지령구분

좌 표 어 (Address)	내 용	지 령 구 분
X, U	X 축	직경지령(반경지령)
Z, W	Z 축	-
I, K, R	원호보간의 반경 지정	반경지령
X, U	공구보정	직경지령(반경지령)

2.2 프로그램의 구성

(1) Word의 구성

NC 프로그램의 기본 단위이며 어드레스(Address)와 수치(Data)로 구성된다.
어드레스는 Alphabet(A~Z) 중 1개로 하고 다음에 수치를 지령한다.

주)① Word의 선두에는 대문자 Alphabet을 하나만 사용할 수 있다. Alphabet 소문
　　자나 Alphabet 2개 이상을 지령하면 알람이 발생된다.
　　단. 특수문자는 하나의 Word로 인식한다.
　② 어드레스 다음 수치의 갯수는 "어드레스와 지령치 범위"편을 참고 하십시
　　오.

(2) Block의 구성

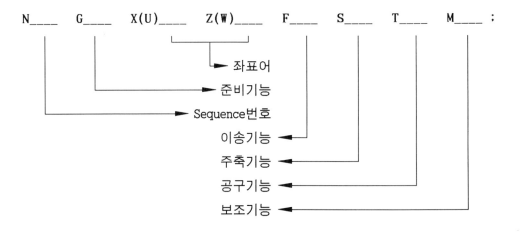

주)① 한 Block에서의 Word의 갯수는 제한이 없다.(가변 Word방식)

② Sequence 번호는 생략 가능하며 순서에 제한이 없다.

③ 한 Block내에서 같은 내용의 Word를 2개 이상 지령하면 앞에 지령된 Word은 무시되고 뒤에 지령된 Word가 실행된다. (예 N01 G00 X10. M08 M09 ; 가 실행되면 M08은 무시되고 M09가 실행된다.)

④ 프로그램을 작성할 때 "(2) Block의 구성"에 나열한 Word 순으로 프로그램을 작성하므로서 도중에 Word를 빼먹는 경우가 없고 다음에 수정할 때 정확하고 쉽게할 수 있다.

⑤ 기타 사용하는 R, I, K, C, P, Q등의 Word는 적당한 위치(Z와 F사이)에 입력할 수 있다.

(3) 프로그램의 구성

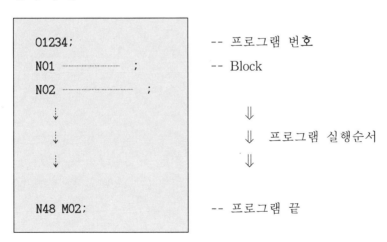

주)① 프로그램의 실행은 Block 단위로 이루어지며 한 Block의 실행이 완료되면 다음 Block을 실행한다. 즉 프로그램은 Block 단위의 순차적인 실행 순으로 작성하면 된다.

② 하나의 프로그램은 어드레스 "O____"부터 "M02"까지이며 Block의 갯수는 제한이 없다.

③ 일반적으로 프로그램의 마지막에는 M02를 사용하지만 M30이나 M99를 사

용할 수 있다.

단. 보조 프로그램의 마지막에는 M99 이외는 사용할 수 없다.

* Block을 나누는 조건

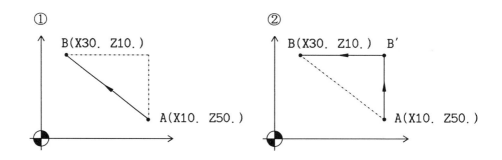

A⇒B N01 G01 X30. Z10. ; B점 A⇒B' N01 G01 X30. ; B'점

B'⇒B N02 G01 Z10. ; B점

위 그림에서 A점에서 B점으로 이동하는 방법은 ①과 ② 방법 2가지를 생각할 수 있다. ①의 방법은 테이퍼(Taper)가공이 되고, ②의 방법은 직각을 가공하는 형상이다. 이와 같이 Block을 나누는 것과 나누지 않는 것은 많은 차이를 가진다.

Block을 나누는 기준은 일반적으로 공구가 움직이는 순서에 따라서 결정된다.

①의 방법은 A지점에서 B지점으로 바로 이동하고(N01 G01 X30. Z10. ;과 같이 한 Block에 X, Z지령을 동시에 한다.)

②의 방법은 A지점에서 B'지점으로 이동하고 다음에 B지점으로 이동한다.

　　N01 G01 X30. ;

　　N02 G01 Z10. ; 와 같이 Block을 나누어 지령한다.

절삭가공의 Block을 나누는 조건은 공구경로에 따라서 결정된다.

(4) 보조 프로그램(Sub Program)의 구성

프로그램을 간단히 하는 기능으로 가공할 형태가 반복해서 있을 경우 이 반복되는 가공부분을 하나의 프로그램으로 작성하고(이것을 보조 프로그램(Sub Program) 이라 한다.) 원래의 프로그램(주 프로그램(Main Program))에서 보조 프로그램 형태의 가공이 있을때 호출하여 반복 가공을 쉽게할 수 있다.

이와 같이 반복되는 부분의 가공 프로그램을 "O___"부터 "M99"까지를 작성하는데 주 프로그램(Main Program)에서 볼때 이것을 보조 프로그램(Sub Program)이라 한다.

보조 프로그램을 사용하는 방법은 다음과 같다.

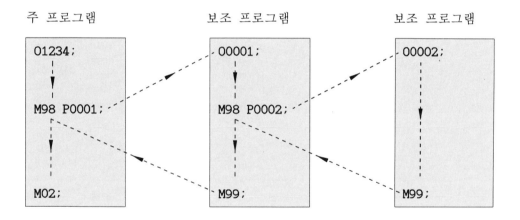

주)① 보조 프로그램의 마지막에는 M99가 필요하다.

② M99가 없으면 알람이 발생한다.

③ 보조 프로그램과 주 프로그램의 작성방법에는 특별한 제한이 없다.

　　예) 공작물 좌표계 설정이나 공구교환등 모든 지령을 보조 프로그램에서도 지령할 수 있다.

④ 보조 프로그램에서 또 보조 프로그램 호출할 수 있고, 복귀할 때는 역순으로 주 프로그램으로 되돌아 간다.

⑤ 보조 프로그램 활용 예제는 보조기능 M98, M99 편에 있습니다.

2.3 기본 어드레스및 지령치 범위

(1) 기본 어드레스의 의미

어드레스	기 능	의 미
O	프로그램(Program) 번호	프로그램 번호(이름)
N	시퀀스(Sequence) 번호	시퀀스 번호(블록의 이름)
G	준비기능	동작의 조건(직선, 원호등)을 지정
X,Z,U,W	좌표어	좌표축의 이동 지령
R	좌표어	원호 반경, 코너 R
I,K	좌표어	원호중심의 위치, 면취량
C	좌표어	면취량
F	이송기능	이송속도의 지정, 나사의 Lead지정
S	주축기능	주축 회전속도 지정
T	공구기능	공구번호, 공구보정번호 지정
M	보조기능	기계의 보조장치 ON/OFF 제어지령
P,U,X	Dwell	Dwell 시간의 지정
P	보조 프로그램 호출번호	보조 프로그램 번호및 횟수 지정
P,Q,R	파라메타	고정 Cycle 파라메타

(2) 어드레스와 지령치 범위

기 능	어드레스	MM 입력단위	INCH 입력단위
프로그램번호	O	0001~9999	0001~9999
Sequence번호	N	1~9999	1~9999
준비기능	G	0~99	0~99
좌표어	X,Z,U,W R,I,K,C	±99999.999mm	±9999.9999inch
분당이송	F	1~100000mm/min	0.01~400.00inch/min
회전당이송	F	0.01~500.000mm/rev	0.0001~9.9999inch/rev
주축기능	S	0~9999	0~9999
공구기능	T	0~99	0~99
보조기능	M	0~99	0~99
Dwell	X,U,P	0~99999.999sec	0~99999.999sec
고정 Cycle Sequence번호	P,Q	1~9999	1~9999

2.4 준비기능(G 기능)
2.4.1 준비기능의 개요
G 기능 이라고 하며 어드레스 "G" 이하 2단의 수치로서 구성 되어 그 Block 의 명령이나 어떤 의미를 지시한다.

① G-코드의 종류

구 분	의 미	구 별
One Shot G-코드	지령된 Block에 한해서만 유효한 기능	"00" Group
Modal G-코드	동일 Group의 다른 G-코드가 나올 때까지 유효한 기능	"00" 이외의 Group

② One Shot G-코드와 Modal G-코드의 사용 방법

```
G01   X100.  F0.25 ;  ┐
      Z50. ;           ├ -- 이 범위에서는 G01 유효
      X150.  Z100. ;  ┘
G00   X200. ;          -- G00 유효
G04   P1000 ;          -- 이 Block에서만 G04 유효(One Shot G-코드)
      X100.  Z0. ;     -- G00을 지령하지 않아도 G00 상태이다.
```

주기) B:표준
O:선택사양

③ G-코드 일람표

G-코 드	그룹	기 능	구 분
★ G00	01	급속 위치결정 (급속이송)	B
G01		직선보간 (직선가공)	B
G02		원호보간 C.W (시계방향 원호가공)	B
G03		원호보간 C.C.W (반시계방향 원호가공)	B
G04	00	Dwell	B
G10		Data 설정	O

G-코 드	그룹	기 능	구 분
G20 G21	06	Inch Data 입력 Metric Data 입력	O O
★ G22 G23	09	금지영역 설정 ON 금지영역 설정 OFF	B B
★ G25 G26	08	주축속도 변동 검출 OFF 주축속도 변동 검출 ON	O O
G27 G28 G30 G31	00	원점복귀 Check 자동원점 복귀(제 1원점 복귀) 제 2원점 복귀 Skip 기능	B B B B
G32 G34	01	나사절삭 가변리드 나사절삭	B O
G36 G37	00	자동공구 보정(X) 자동공구 보정(Z)	O O
★ G40 G41 G42	07	인선 R보정 말소 인선 R보정 좌측 인선 R보정 우측	O O O
G50 G65	00	공작물 좌표계 설정, 주축 최고회전수 설정 Macro 호출	B O
G66 G67	12	Macro Modal 호출 Macro Modal 호출 말소	O O
G68 ★ G69	04	대향공구대 좌표 ON 대향공구대 좌표 OFF	O O

G-코 드	그룹	기 능	구 분
G70		정삭가공 Cycle	O
G71		내외경 황삭가공 Cycle	O
G72		단면가공 Cycle	O
G73	00	모방가공 Cycle	O
G74		단면 홈가공 Cycle	O
G75		내외경 홈가공 Cycle	O
G76		자동 나사가공 Cycle	O
G90		내외경 절삭 Cycle	B
G92	01	나사 절삭 Cycle	B
G94		단면 절삭 Cycle	B
G96		주속일정제어 ON	O
★ G97	02	주속일정제어 OFF	O
G98		분당이송	B
★ G99	05	회전당이송	B

주)① ★ 표시기호는 전원투입시 ★ 표시기호의 기능 상태로 된다.

② G-코드 일람표에 없는 G-코드를 지령하면 Alarm이 발생 한다.(P/S 10)

③ G-코드는 Group이 서로 다르면 몇개라도 동일 Block에 지령할 수 있다.

④ 동일 Group의 G-코드를 같은 Block에 2개이상 지령한 경우 뒤에 지령된 G-코드가 유효하다.

⑤ G-코드는 각각 Group 번호 별로 표시되어 있다.

> NC 프로그램을 빨리 이해하기 위해서는 G-코드를 암기해야 한다. 예를 들면 G00은 급송 위치결정, G01은 직선보간 등과 같이 암기하고, 그룹은 One Shot G-코드("00"그룹)만 암기하고 Modal G-코드는 암기를 하지 않아도 프로그램을 이해 하면서 자동적으로 그룹별로 구분할 수 있을 것이다.

2.4.2 보간기능

(1) 급속 위치결정 (G00)

* 의   미 : X(U), Z(W)에 지령된 위치(종점)를 향해 급속속도로 이동한다.

* 지령방법 :   **G00   X(U)＿＿   Z(W)＿＿   ;**

* 지령 WORD의 의미

  X(U) : X축 급속 이동 종점

  Z(W) : Z축 급속 이동 종점

* 공구이동 경로

  통상 비직선 보간형(각축이 독립적으로 종점까지 이동)으로 위치결정 되며, 시작점과 종점에서 자동가감속을 하여 종점에서는 Inposition Check를 한다.

  <그림 2-4>의 급속 위치결정 지령 G00 X50. Z0. :

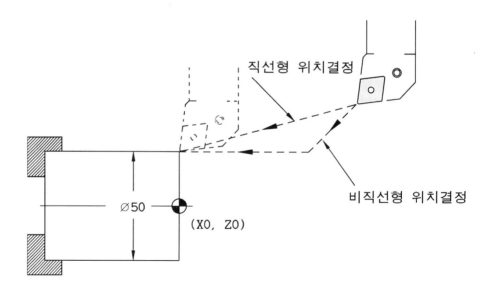

그림 2-4 급속 위치결정의 예

* **급속속도** : 파라메타에 입력된 기계 최고 속도이고, 1분간의 이송속도로 표시 한다.

　　예) 12 m/min, 24 m/min, 30m/min

참고 5) 급속속도

> 급속속도는 기계설계시 기계제작회사에서 결정하는데, 기계의 정밀도와 수 명에 많은 영향을 준다.
> 작업자는 급속속도의 파라메타를 수정해서는 않된다.
> ※ 필요한 경우 기계제작회사와 상담 하십시오.

* **자동가감속**

　어떤 물체를 정지 상태에서 순간적으로 이동시키거나 이동하는 물체를 순간적 으로 정지시키려면 그 물체는 많은 충격과, 관성을 받으므로 정지시키려고 하는 위치에 정확히 멈추게 하는 것은 쉽지 않을것 이다.

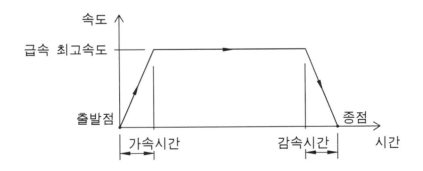

그림 2-5　자동가감속의 속도와 시간의 그래프

　이와 같은 이론은 공작기계의 테이블에도 적용된다. 급속으로 테이블을 가공 하고자 하는 위치까지 이동시키면 정밀한 위치에 정지했다고 생각할 수 없다. 이와 같은 문제점을 보완하기 위해서 정지점 앞에서 감속을 한다면 보다 높은 정밀도의 위치결정을 할 수 있다.

이동할 때 가속하고, 정지할 때 감속하는 기능을 자동가감속 기능이라 한다. 기계의 위치정밀도를 향상하기 위하여 기계의 종류와 크기에 따라서 설정하는 파라메타 값은 다르다.

✽ Inposition Check 란

NC 기계는 자동작업을 시작하면 실제 가공하는 다음 한 Block 이상을 먼저 읽어들인 상태에서 현재 Block이 정확하게 종점에 도달 하기전에 다음 Block으로 이동할려는 기능을 가지고 있다. 이와 같이 먼저 다음 Block으로 이동할려는 기능 때문에 발생하는 위치의 편차가 있는데 이 편차의 폭 내에 있는지를 확인하고 다음 Block으로 진행하는 기능이다.

Inposition Check의 량은 파라메타에 입력되어 있고 보통 0.02mm를 설정한다. 이 기능은 절삭보간에는 적용되지 않고 급속 이송에서, 급속 이송이 있는 Block 에서만 적용된다.

참고 6) 소숫점 사용에 관하여

> NC 프로그램을 작성할 때 소숫점을 어디에 어떻게 사용해야 할지 초보자는 사용 방법이 쉽지 않을 것이다.
>
> 소숫점 사용에 관하여 살펴보면 소숫점을 사용할 수 있는 어드레스(Address)는 **X, Z, U, W, I, K, R, C, F**이다.
> (이들 이외의 어드레스에 소숫점을 사용하면 알람이 발생된다.)
>
> 소숫점사용 예)
>   X10. -- 10mm
>   Z100 -- 0.1mm (최소 지령단위가 0.001mm 이므로 소숫점이 없으면 뒤쪽에서 3번째 앞에. 소숫점이 있는 것으로 간주한다.)
>   S2000. -- 알람 발생(소숫점 입력 에라)
>
> ※ 소숫점 사용은 "어드레스와 지령치 범위"편을 참고 하십시오.

* 급속위치 결정의 예

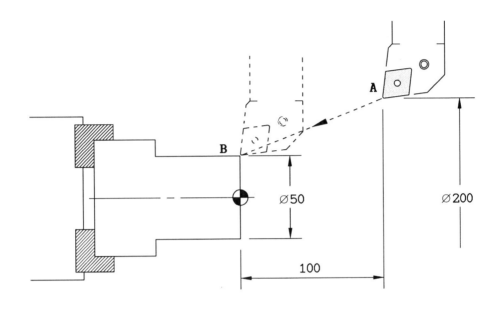

그림 2-6 급속위치 결정

* 위 그림의 A점에서 B점 까지의 위치결정 프로그램은 다음과 같다.
   절대지령 (ABS) : G00 X50. Z0.;   ---- 직경지령
   증분지령 (INC) : G00 U-150. W-100.;   ---- 직경지령

절대지령은 공작물좌표계 원점에서 이동하고자 하는 위치를 지령하는 것이고 상대지령은 현재위치에서 이동 하고자 하는 지점까지의 거리를 지령한다.
(절대지령은 X, Z를 사용하고 증분지령은 U, W를 사용 한다.)

(2) 직선보간 (G01)

* **의   미** : 지령된 종점으로 F의 이송속도에 따라 직선(테이퍼나 면취도 직선
에 포함된다.)으로 가공한다.

* **지령방법** :   **G01   X(U)_____   Z(W)_____   F_____ ;**

* **지령 WORD의 의미**

X(U) : X축 가공 종점의 좌표

Z(W) : Z축 가공 종점의 좌표

F   : 이송속도 (이송속도에는 회전당이송과 분당이송이 있지만 선반에서
는 보통 회전당이송을 사용한다. 회전당이송과 분당이송의 상세한 설
명은 G98, G99 기능에서 설명한다.)

예) F0.2,   F0.25

* **공구이동 경로**

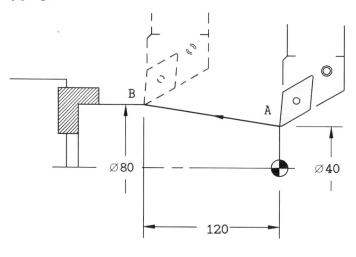

그림 2-7 직선보간

* <그림 2-7>의 A점에서 B점 까지 직선보간(직선가공) 프로그램은 다음과 같다.

절대지령 (ABS) : G01 X80. Z-120. F0.2 ;

증분지령 (INC) : G01 U40. W-120. F0.2 ;

* 워드(Word)생략에 관하여(Modal지령 생략에 관하여)

   아래 도형의 프로그램을 설명한다.

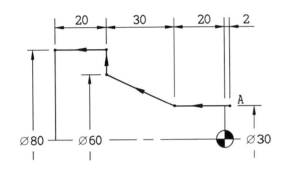

프로그램

X30. Z2. ;	-- A점(가공 시작점)
N01 G01 (X30.) Z-20. F0.2 ;	-- 직선보간 X30.mm Z-20.mm 지점까지 F0.2 이송속도로 가공, X30. 지령은 생략한다. (현재 이동할 축만을 지령한다.)
N02 (G01) X60. Z-50. (F0.2) ;	-- G01은 Modal G-코드 이므로 같은 그룹의 G-코드가 나올때까지 생략한다. 이송속도도 Modal지령 이므로 생략할 수 있다. (X, Z축을 한 Block에 동시 지령하면 테이퍼 가공이 된다.)
N03 (G01) X80. (Z-50.) (F0.2) ;	-- X축만 이동하기 때문에 Z축 지령은 생략한다.
N04 (G01) (X80.) Z-70. (F0.2) ;	-- Z축만 이동하기 때문에 X축 지령은생략한다.
	** **Modal 지령이나 동일한 좌표를 다시 지령해도 잘못된 프로그램은 아니지만 기본적으로 생략한다.**

* 바이트 중심 높이에 의한 가공치수 변화

    NC 선반에서 공작물을 가공할 때 직경치수와 비율적으로 가공오차(Error)가
발생하는 현상이 나타나면 먼저 프로그램을 의심하고 프로그램에 이상이 없으면
기계 문제를 생각하기 쉽다.

    직경치수의 비율적 변화(직경 20mm는 20.222mm 이고 직경 30mm는 30.15mm)는
아래 〈그림 2-8〉과 같이 바이트의 중심 높이가 맞지 않을 때 발생한다.

    특히 정삭공구의 바이트 중심은 정밀도와 밀접한 관계가 있기 때문에 바이트
장착시 주의가 필요하다.

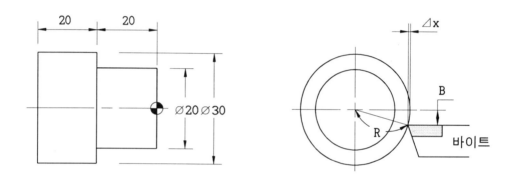

그림 2-8 바이트 중심 높이

위 그림의 가공 오차 계산방법

①   R = 10mm(직경 20mm)

    B = 1.5mm일때

$$\Delta x = R - (\sqrt{R^2 - B^2}) = 10 - (\sqrt{10^2 - 1.5^2})$$

    = 0.111mm이고 직경으로는 0.222mm 가공 오차가 발생한다.

②   R = 15mm(직경 30mm)

    B = 1.5mm일때

$$\Delta x = R - (\sqrt{R^2 - B^2}) = 15 - (\sqrt{15^2 - 1.5^2})$$

    = 0.075mm이고 직경으로는 0.15mm 가공 오차가 발생한다.

(3) 원호보간 (G02, G03)

* **의 미** : 지령된 시점에서 종점까지 반경 R크기로 시계방향(Clock Wise)과
반시계방향(Counter Clock Wise)으로 원호가공 한다.

* **가공방향** : G02 -- 시계방향 원호가공 (C.W)

G03 -- 반시계방향 원호가공 (C.C.W)

* **지령방법** : $\left.\begin{array}{c}\textbf{G02}\\\textbf{G03}\end{array}\right\}\textbf{X(U)}\_\_\ \ \textbf{Z(W)}\_\_\left\{\begin{array}{c}\textbf{R}\_\_\_\\\textbf{I}\_\_\ \textbf{K}\_\_\end{array}\right.\textbf{F}\_\_\ ;$

* **지령 WORD의 의미**

X(U), Z(W) : 원호가공 종점의 좌표

F : 이송속도

R : 원호반경

I, K : R지령 대신에 사용하며 원호의 시점에서 중심까지의 거리(반경 지정)

* **회전방향 구분**

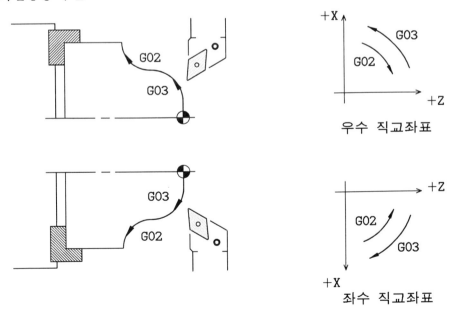

그림 2-9 G02, G03 회전방향

* 반경 R의 지령범위는 180° 이하 이다. 180° 이상의 원호가공에는 I, K로 지령
  한다.
* 좌수 직교좌표계의 원호방향과 우수 직교좌표계의 원호방향은 반대이지만 프로
  그램을 작성할 때는 우수 직교좌표로 생각하고 작성하면 된다.

참고 7) 원호보간에서 R지령과 I, K지령의 차이

> R지령은 시점에서 종점까지를 반경 R량 만큼 연결시켜 주는 가공이 되고
> I, K지령은 시점과 종점좌표및 원호의 중심점을 서로 연결하여 내부적으로
> 원호가 성립 되는지를 판별하여 가공하고 원호가 성립되지 않을 경우 알람
> 을 발생시켜서 불량을 방지할 수 있다.
> 다시 말해서 R지령을 할 경우는 시점과 종점의 좌표가 정확하지 않으면
> 눈으로 확인 하기 어려운 R형상의 불량이 발생된다.
> R지령과 I, K지령은 시점과 종점의 좌표가 같으면 가공 정밀도는 동일하
> 다.

* I, K의 부호및 값을 정하는 방법은 **시점에서 원호의 중심이 (＋) 방향 인가
  (－)방향 인가에 따라 부호가 결정되며 시점에서 원호중심까지의 거리가 값**
  이 된다.

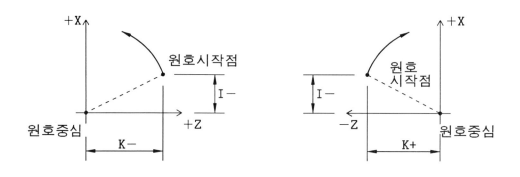

그림 2-10 원호보간에서의 I, K부호 결정하는 방법

(예제 2) A 지점에서 B, C, D 지점으로 가공하는 절대, 증분, I, K지령 원호 보간 프로그램을 작성 하시오.

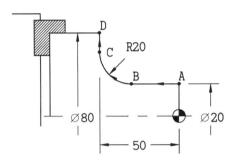

(해답 2)

① R지령 (절대지령)

A ⇒ B N01 G01 Z-30. F0.3;

B ⇒ C N02 G02 X60. Z-50. R20.;

C ⇒ D N03 G01 X80.;

② R지령 (증분지령)

A ⇒ B N01 G01 W-30. F0.3;

B ⇒ C N02 G02 U40. W-20. R20.;

C ⇒ D N03 G01 U20.;

③ I, K지령 원호보간

A ⇒ B N01 G01 Z-30. F0.3;

B ⇒ C N02 G02 X60. Z-50. I20.;

C ⇒ D N03 G01 X80.;

(4) 자동면취및 코너 R기능

직각으로 이루어진 두 Block 사이에 면취및 코너 R이(90° 원호)있는 경우 두 Block으로 프로그램 하지 않고, G01 한 Block으로 간단히 프로그램할 수 있다.

자동면취, 코너 R의 프로그램은 어느 축이 먼저 이동하는지 확인하고 **먼저 이동하는 축의 종점을 지령하면서 나머지 한 축은 면취나 코너 R로 생각**하되 면취나 코너 R의 끝점이 "+, -"방향인지 확인하여 면취나 코너 R량과 같이 지령 하면 된다.

ⓐ 자동면취 가공(Chamfering)

* **지령방법 :** $\text{G01} \quad \text{Z(W)} \underline{\ \ b\ \ } \quad \begin{cases} \text{C} \pm \text{i} \\ \text{I} \pm \text{i} \end{cases} \quad \text{F} \underline{\quad} \ ;$

* 공구경로 : Z축이 이동하면서 종점에서 면취가공

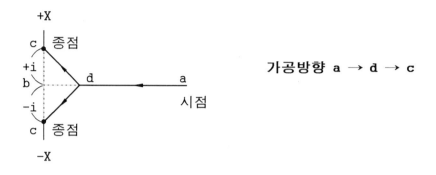

가공방향 a → d → c

* 지령방법 : G01   X(U)_b_ $\begin{cases} C \underline{\pm k} \\ K \underline{\pm k} \end{cases}$ F____ ;

* 공구경로 : X축이 이동하면서 종점에서 면취가공

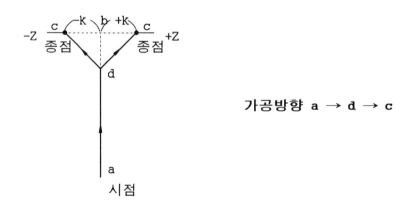

가공방향 a → d → c

주)① C와 I, K 지령은 같은 Block에서는 사용할 수 없다.

　② 파라메타를 수정하여 C 지령과 I, K 지령을 변경할 수 있다.

ⓑ 자동코너 R가공

* 지령방법 : **G01   Z(W)_b_   R ±r   F___ ;**

* 공구경로 : Z축이 이동하면서 종점에서 코너 R가공

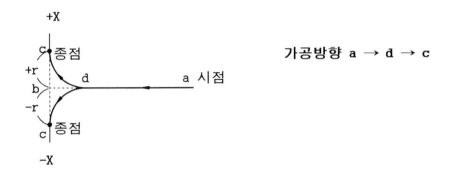

가공방향 a → d → c

* 지령방법 : **G01   X(U)_b_   R ±r   F___ ;**

* 공구경로 : X축이 이동하면서 종점에서 코너 R가공

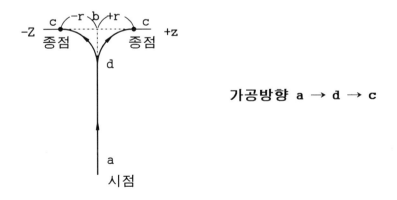

가공방향 a → d → c

(예제 3) A 지점에서 B, C, D, E 지점 으로 가공하는 원호보간 프로그램과 자동면취 코너 R기능을 사용한 프로그램을 작성하고 비교하시오.

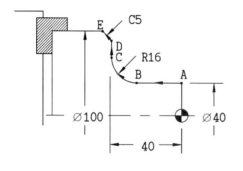

(해답 3)

① 직선및 원호보간 지령

A ⟹ B N10 G01 Z-24. F0.25;

B ⟹ C N20 G02 X72. Z-40. R16.;

C ⟹ D N30 G01 X90.;

D ⟹ E N40 X100. Z-45.;

② 자동면취 코너 R지령

A ⟹ C N10 G01 Z-40. R16. F0.25;

C ⟹ E N20 X100. C-5.;

N20 Block의 C지령대신 I, K지령

N20 X100. K-5.;

(5) 나사절삭 (G32)

* **의   미** : 일정 Lead의 직선, 테이퍼및 정면나사를 가공한다.

* **지령방법** : **G32 X(U)＿＿ Z(W)＿＿ F＿＿ ;**

* **지령 WORD의 의미**

   X(U), Z(W) : 나사가공의 종점 좌표

   F : 나사의 Lead

* 나사절삭의 시작은 Position Coder로부터 시작점을 검출하기 때문에 몇번의 나사 절삭을 해도 나사의 시작점은 변하지 않는다.

* 공구경로
① 직선나사

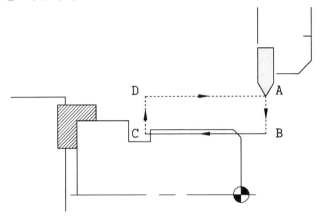

A ⇒ B : G00 지령(나사가공 절입)

B ⇒ C : G32 나사절삭 지령(Z축 방향으로 나사가공)

C ⇒ D : G00 지령(X축 후퇴)

D ⇒ A : G00 지령(Z축 초기점 복귀)

② 테이퍼 나사

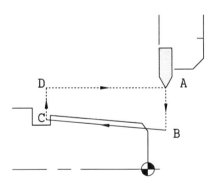

A ⇒ B : G00 지령(나사가공 절입)

B ⇒ C : G32 나사절삭 지령(X, Z축 동시
　　　　　이동)

C ⇒ D : G00 지령(X축 후퇴)

D ⇒ A : G00 지령(Z축 초기점 복귀)

주)① 나사가공시 이송속도 Override는 100%로 고정된다.

　② 자동정지(Feed Hold)는 나사가공 도중에는 무효(나사 불량 방지)

　③ 나사가공시 Single Block 스위치를 ON하면 나사절삭이 없는 첫 Block 실행
　　 후 정지한다.

(예제 4) 아래 도면을 보고 나사가공
프로그램을 작성하시오.

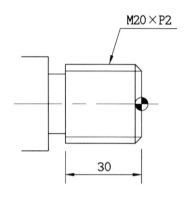

M20×P2

30

(해답 4)

↓

N01 G00 X22. Z2. ;   -- 나사가공 시작점
N02   X19.3 ;   -- 나사 시작점 절입
N03 G32 Z-31. F2. ; -- 최초 나사가공
N04 G00 X22. ;   -- X축 후퇴
N05   Z2. ;   -- Z축 초기점복귀
N06   X18.8 ;   -- 나사 시작점 절입
N07 G32 Z-31. ;   -- F지령은 모달지령
N08 G00 X22. ;   이므로 생략 가능
N09   Z2. ;   -- Z축 초기점복귀
N10   X18.42 ;
N11 G32 Z-31. ;
N12 G00 X22. ;
N13   Z2. ;
N14   X18.18 ;
N15 G32 Z-31. ;
N16 G00 X22. ;
N17   Z2. ;
N18   X17.98 ;
N19 G32 Z-31. ;
N20 G00 X22. ;
N21   Z2. ;
N22   X17.82 ;
N23 G32 Z-31. ;
N24 G00 X22. ;
N25   Z2. ;
N26   X17.72 ;
N27 G32 Z-31. ;
N28 G00 X22. ;
N29   Z2. ;
N30   X17.62 ;   -- 나사 골경
N31 G32 Z-31. ;
N32 G00 X22. ;
N33   Z2. ;   -- (나사가공 완성)

↓

참고 8) 나사가공 절입량

> 나사가공은 피치에 따라 차이는 있지만 여러번의 반복 가공으로 완성된다. (예제 4)에서 작성된 나사가공 프로그램의 매회 절입량은 제5장 기술자료편의 "나사가공 절입조건표"를 참고 하십시오.
>
> 나사가공 절입조건표에 기록된 절입량은 공작물의 재질과 절삭조건에 따라 차이는 있지만 최종 절입 깊이는 H_2의 수치를 2배(직경치)로 하고, 매회 절입시 절입량은 매회 절입의 2배의 수치로 환산하여 사용하십시오.

* **Position Coder**

NC 선반의 나사가공은 범용선반과 달리 나사절삭 후 초기점(나사 가공시작점)으로 복귀할 때 급속이송으로 복귀하여 다음 절입을하고 다시 나사절삭을 한다. 이때 나사의 시작점(원주상의 한지점)을 어떻게 맞추어 주느냐가 문제인데 이 시작점을 결정하는 것이 Position Coder이다.

주축 스핀들과 같이 회전하면서 주축의 실제 회전수를 검출하는 기능과 나사가공시 나사의 시작점을 결정하는 기능을 한다. 그러므로 Position Coder가 없는 기계나 Position Coder가 고장 일때는 나사가공을 할 수 없다.

보통 주축대 안쪽에 부착되어 있고 외형이 소형 모타와 비슷하다.

Position Coder의 구조는 서보모타의 Encoder와 같다.

2.4.3 이송 기능

(1) 회전당이송(G99)

* 의   미 : 공구를 주축 1회전당 얼마만큼 이동 하는가를 F로 지령 한다.

　　　　　　 일반 범용선반과 같은 방법으로 주축이 회전하지 않으면 이송 축이

　　　　　　 이동 하지 않는다. 피치가 작은 나사가공과 같이 생각할 수 있다.

* 지령방법 :   **G99　　F＿＿ ;**

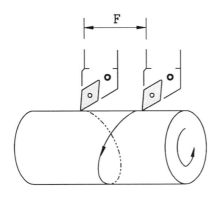

그림 2-11 회전당이송

* **지령 WORD의 의미**

  F : 1회전에 해당하는 이동량.

* **이송단위** : mm/rev

* **지령범위** : F0.0001 ~ F500. mm/rev

* 주축 Position Coder에서 회전수를 검출하여 실제 회전수를 인식 함과 동시에
  이송속도를 결정하게 된다.

  같은 F값으로 지령해도 주축 회전수가 다르면 가공속도(가공시간)는 다르다.

예) G99 G01 Z-50. F0.3 ;   -- 직선절삭 하면서 주축 1회전할 때 0.3mm씩
                                    Z축이 -50mm까지 이동하는 지령이다.

(2) 분당이송 (G98)

* **의   미** : 공구를 분당 얼마만큼 이동 하는가를 F로서 지령한다.

  주축의 정지상태에서 공구를 절삭이송 시킬 수 있으며 밀링계의 종
  류에 많이 사용한다.

* **지령방법** :   **G98   F___ ;**

* 지령 WORD의 의미

    F : 1분간에 해당하는 이동량.
* 이송단위 : mm/min
* 지령범위 : F1 ~ F100000 mm/min

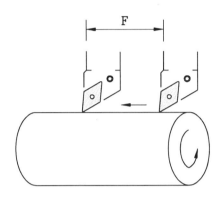

* 관계식   : F = f × N

  F : 분당이송(mm/min)
  f : 회전당이송(mm/rev)
  N : 주축 회전수(rpm)

그림 2-12 분당이송

주)① 전원을 투입하면 선반계는 회전당이송(G99), 밀링계는 분당이송(G98) 지령
이 자동으로 선택 된다.

참고 9) G99기능의 응용

  프로그램에서 최초 절삭지령이 나오기전 G98, G99의 선택이 있어야 한다.
하지만 일반적으로 현장에서 작성되는 프로그램을 보면 G98, G99기능이 없
는 경우가 많다. 그래도 프로그램이 정상적으로 실행되는 것은 전원을 투입
하면 선반에서는 자동적으로 G99기능이 실행되기 때문이다.
  그래서 프로그램에는 G99기능을 생략해도 지령한 것과 같은 상태로 된다.
  경우에 따라서 작업중 반자동 MODE에서 G98기능을 실행하여 사용하는
경우가 있는데 G99기능을 바꾸지 않고 자동작업을 할 때 최초 절삭지령에
G99가 없으면 G98 상태의 이송속도로 인식하게 되어 알람이 발생된다.
  이와 같은 실수를 하지 않기 위해서 최초 절삭지령 앞에 G99기능을 사용
하는 것이 초보자인 경우에 필요하다.

(3) Dwell Time 지령 (G04)

* **의   미** : 지령된 시간동안 프로그램의 진행을 정지 시킬 수 있는 기능이다.
     상세히 설명하면 절삭이송의 경우 Block간 이동시 현재 Block을 종료
     하지 않고 다음 Block으로 진행 할려는 성질때문에 코너부가 둥글게
     가공 된다. (아주 미세하기 때문에 실제 가공에는 문제가 없음)
     이때 뽀족한 제품을 가공하기 위해서 적당한 시간을 지정하여 일시
     정지시킨 후 다음 Block을 이동 시킬 수 있다.

* **지령방법** :

$$
\text{G04} \begin{cases} \text{X}\underline{\qquad} ; \\ \text{U}\underline{\qquad} ; \quad \text{3개중 선택} \\ \text{P}\underline{\qquad} ; \end{cases}
$$

* **지령 WORD의 의미**
   X, U, : 정지 시간을 지정 소숫점 사용가능
   P   : 정지 시간을 지정 소숫점 사용할 수 없다.
        X2.= U2.= P2000

* **최대지령 시간** : 9999.999초

* **Dwell 지령 홈가공 프로그램**

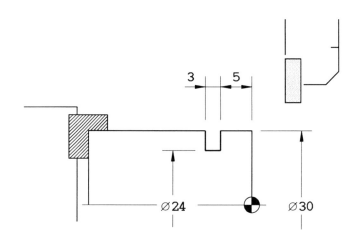

프로그램

```
       ⋮
N01 G00 X32. Z-8.;          -- 홈 가공 시작점으로 이동
N02 G01 X24. F0.06;         -- 홈 가공
N03 G04 X2.;                -- 현재 Block에서 2초 동안 정지
                               (축의 이동만 정지하고 주축은 계속 회전하
                               기 때문에 홈 밑면을 깨끗하게 한다.)
                               P는 소숫점을 사용할 수 없기 때문에 P2000
                               을 지령한다.
N04 G00 X32.;               -- X축 후퇴
       ⋮
```

＊ 일반적으로 G04지령은 홈가공 바닥면을 정삭할 때 많이 사용한다.

2.4.4 기계원점(Reference Point)

기계원점이란 기계상에 고정된 임위의 지점이고, 간단한 조작으로 쉽게 이 지점에 복귀시킬 수 있으며 기계제작시 기계 제조회사에서 위치를 설정한다. 프로그램및 기계조작시 기준이 되는 위치이므로 제조회사의 A/S Man 이외는 위치를 변경하지 않는것이 좋다.

전원을 투입하고 최초 한번은 기계원점복귀를 해야만 기계좌표계가 성립된다. (기계원점복귀가 완료되면 기계원점의 위치를 인식 한다.)

(1) 기계원점복귀

① 수동원점복귀

Mode 스위치를 "원점복귀"에 위치시키고 JOG 버튼을 이용하여 각축을 기계원점으로 복귀 시킬수 있다. 보통 전원투입후 제일먼저 실시하며 비상 스위치를 사용했을때도 마찬가지로 기계원점복귀를 해야 한다.

② 자동원점복귀 (G28)

　　　Mode 스위치를 "자동"혹은 "반자동"에 위치 시키고 G28을 이용 하여 각축을 기계원점까지 복귀시킬 수 있다.

* 의　　미 : 급속이송으로 중간점을 경유 기계원점까지 자동복귀 한다.
　　　　　　단, Machine Lock ON 상태에서는 기계원점복귀할 수 없다.

* 지령방법 :　**G28　　X(U)＿＿＿＿　　　Z(W)＿＿＿　;**

* 지령 WORD의 의미
　　　X(U), Z(W) : 기계원점복귀를 하고자 하는 축을 지령하며 어드레스 뒤에
　　　　　　　　　지령된 Data는 중간점의 좌표가 된다.
　　　　　　　　　U, W지령(증분지령)은 현재 위치에서 이동거리이고 X, Z(절
　　　　　　　　　대지령)은 공작물 좌표계 원점에서의 위치이므로 절대지령의
　　　　　　　　　방식은 주의를 해야 한다.(G28 X0. Z0. ;를 지령하면 공작
　　　　　　　　　물의 X0. Z0.까지 이동하고 기계원점으로 복귀한다.)

* 자동원점복귀의 예

　　G28 X150. Z-50. ;

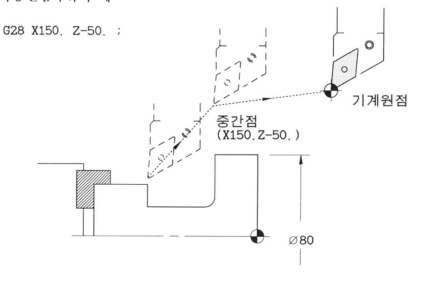

그림 2-13　자동원점복귀

참고 10) 자동원점복귀 방법

자동원점복귀는 두가지로 구분할 수 있다. 자동, 반자동 운전에서 G28 U0. W0. ;를 지령하면 전원 투입 후 원점복귀 했는지 하지 않았는지에 따라서 원점복귀 방법이 달라진다.

① 전원 투입 후 원점복귀를 하지않은 경우

수동원점복귀 방법과 같이 급속으로 이동하다가 원점 스위치(DOG)를 Touch하면 감속 한다. 계속 감속 속도로 이동하다가 원점 스위치의 신호가 떨어지면 서보모터 Encoder의 원점이 나올때까지 이동하고 Encoder의 원점신호가 입력되면 기계원점복귀가 완료 된다.

② 전원 투입 후 원점복귀를 했을 때

수동원점복귀 방법과는 다르게 먼저 원점복귀를 했기 때문에 기계원점을 NC 장치가 알고있다.

급속으로 기계원점의 위치로 감속을 하지 않고 복귀한다.

이 방법은 프로그램에 지령된 G28기능의 자동원점복귀 시간을 절약할 수 있다.

③ 원점복귀 CHECK (G27)

* **의   미** : 기계원점에 복귀 하도록 작성된 프로그램이 정확하게 기계원점에 복귀 했는지를 Check하는 기능이다.

지령된 위치가 원점이 되면 원점복귀 Lamp가 점등하고 지령된 위치가 원점위치에 있지 않으면 알람이 발생된다.

* **지령방법** :   G27   X(U)＿＿＿＿   Z(W)＿＿＿＿ ;

* **지령 WORD의 의미**

X(U), Z(W) : 원점복귀를 하고자 하는 축을 지령하며 어드레스 뒤에 지령된 Data는 중간점의 좌표가 된다.

U, W지령(증분지령)은 현재 위치에서 이동거리이고 X, Z(절대지령)은 공작물 좌표계 원점에서의 위치이므로 절대지령의 방식은 주의를 해야 한다.(중간점의 내용은 기계원점복귀 기능과 같다.)

④ 제2, 제3, 제4 원점복귀 (G30)

* 의   미 : 중간점을 경유해서 파라메타에 설정된 제2원점의 위치로 급속속도로 복귀 한다.

* 지령방법 : **G30   P____   X(U)_____   Z(W)_____ ;**

* 지령 WORD의 의미

    P2, P3, P4 : 제2, 3, 4원점을 선택하고 P를 생략하면 제2원점이 선택된다.

    X(U), Z(W) : 원점복귀를 하고자 하는 축을 지령하며 어드레스 뒤에 지령된 Data는 중간점의 좌표가 된다.

    U, W지령(증분지령)은 현재 위치에서 이동거리이고 X, Z(절대지령)은 공작물 좌표계 원점에서의 위치 이므로 절대지령의 방식은 주의를 해야 한다.(중간점의 내용은 기계원점복귀 기능과 같다.)

주)① G30 기능은 기계원점복귀 완료 후 사용 가능하다. 왜냐 하면 제2원점의 파라메타는 기계원점을 기준하여 제2원점까지의 거리를 입력하기 때문이다.

  ② 제2원점의 파라메타는 제4장 조작 "공작물 좌표계 설정"편을 참고 하십시오.

  ③ 통상 공구 교환지점으로 활용한다.

  ④ G27, G28, G30기능은 Single Block 운전에서는 중간점에서 정지한다.

    (먼저 중간점을 이동하고 기계원점이나 제2원점에 이동한다.)

  ⑤ G27, G28, G30에서 한 축만 지령하면 지령된 축만 원점복귀한다.

    예) G28 U0. ; -- X축만 원점복귀한다.

* 파라메타(Parameter)에 관하여

파라메타는 NC 장치와 기계를 결합함에 있어서 그 기계가 최고의 성능을 갖도록 어떤 값을 변경하는 것이다.

예를 들면 같은 NC 장치를 사용하여 소형기계와 대형기계를 제작한다고 하자, 소형기계와 대형기계의 기계구조를 비교해보면 소형기계는 테이블이 작고 대형기계는 테이블이 크다. 테이블이 작고 큰 차이는 중량과도 비례한다.

작은 테이블과 큰 테이블을 급속이동할 때 작은 테이블은 빠르게 이동시킬 수 있고 큰 테이블은 천천히 이동해야 한다. 이와 같은 속도의 조건들을 그 기계에서 제일 좋은 조건이 될수 있도록 변화시킬 수 있는 것을 파라메타라고 한다.

파라메타의 종류를 보면 Setting, 축제어, 서보, 프로그램, 공구보정 관계등 많은 내용들이 있다.

1)파라메타의 형태
① 실수형 파라메타

번호 700 ---------   500

번호 705 ---------   -320000

위와 같이 실수값을 입력하는 방법이다.

주)① 파라메타에는 소숫점을 사용할 수 없기 때문에 소숫점 아래 수치를 버리면 안된다.

예) 500의 수치는 0.5mm 이고

-320000의 수치는 -320.000mm 이다.

② 비트(Bit)형 파라메타

	7 BIT	6 BIT	5 BIT	4 BIT	3 BIT	2 BIT	1 BIT	0 BIT
번호 010	0	0	1	0	0	0	0	0
번호 040	0	0	0	1	0	0	0	1

위와 같이 2진수(0과 1)로 표시하고 "0"일때와 "1"일때는 서로 상반되는 의미

를 가진다.

주)① Data를 입력할 때 숫자의 갯수를 오른쪽(0 Bit)에서 부터 맞추어 입력한
   다.
예) 번호 010과 같이 입력하기 위해서는 다음과 같이 등록한다.
   00100000 입력한다.
   만약에 0010000을 입력하면 00010000 이 되는것을 주의 하십시오.(오른쪽
   이 기준으로 등록된다.)

2) 파라메타의 수정 방법

① 반자동(MDI) Mode 선택후 ⇒ [PARAM DGNOS] 버튼을 사용하여 파라메타를 선택
한다.

　PAGE 버튼을 사용하여 Setting 2 화면을 찾고 PWE 에 Cursor (캄박캄박하는
막대 모양의 표시)를 이동 시킨다. 숫자 "1"를 타자하고 [INPUT] 버튼을 누
른다.

파라메타 화면

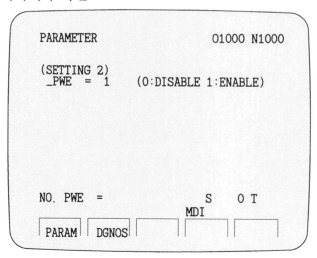

```
PARAMETER                    O1000 N1000

(SETTING 2)
_PWE  =  1    (0:DISABLE 1:ENABLE)




NO. PWE  =              S    O T
                    MDI
 | PARAM | DGNOS |    |      |      |
```

이때 P/S 100번 알람이 발생된다. 해제 방법은 $\boxed{\text{CAN}}$ 버튼과 $\boxed{\text{RESET}}$ 버튼을 동시에 누른다.

다시 $\boxed{\text{PARAM DGNOS}}$ 버튼을 누르고 $\boxed{\text{NO V J Q P}}$ 버튼을 누른후 수정하고자 하는 파라메타 번호를 타자 하고,

$\boxed{\text{INPUT}}$ 버튼을 누르면 Cursor가 선택한 번호의 위치로 이동할 것이다. 이때 수정하고자 하는 수치를 입력 하면 된다. 수정을 완료하면 다시 PWE를 "0"으로 수정한다.

참고 11) Sequence 번호

Sequence 번호는 Block의 이름이다.

Program 이름과는 달리 생략이 가능하고 순서에 제한을 받지 않지만 꼭 필요한 기능이 있다. 이것이 복합형고정 Cycle의 G70, G71, G72, G73 네가지 기능이다.

이 네가지 기능 외에는 Sequence 번호를 생략해도 된다.

위에 설명한 순서에 제한을 받지 않는 다는 내용은 아래와 같다.

01234 ;
N01 G30 U0. W0. ;
N02 G50 X200. Z100. S2500 T0100 ;
N01 G96 S180 M03 ;
G42 G00 X40. T0101 M08 ;
N07 G01 Z-20. F02 ;

가능하면 Sequence 번호는 생략하는 것이 입력하는 시간의 단축과 NC 장치의 Memory 용량을 많이 확보할 수 있는 잇점이 있다.

2.4.5 공작물(Work) 좌표계 설정(G50)

(1) 좌표계 설정

* 의   미 : 프로그램 작성시 도면이나 제품의 기준점을 설정하여 그 기준으로
부터 가공 위치를 지령하므로서 간단하게 프로그램을 작성할 뿐
아니라 실수를 줄일 수 있다.

　　　　　　그러나 공작물의 기준점이 어느 위치에 있는지 NC 기계는 모르
고 있으므로 이 기준점을 NC 기계에 알려 주는 기능이 G50이며
이 작업을 공작물 좌표계 설정이라 한다.

* 지령방법 : **G50   X____   Z____ ;**

* 지령 WORD의 의미

　　X, Z : 설정 하고자 하는 절대좌표(공작물 좌표)의 현재위치

① G50 X200. Z100. ;
② G50 X0. Z0. ;

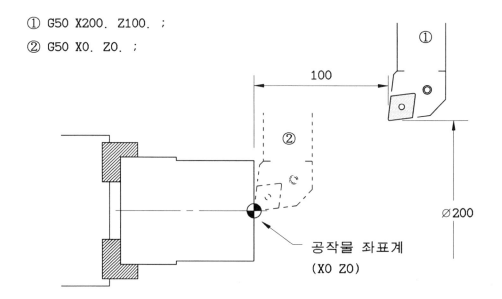

그림 2-14 공작물 좌표 원점

* ①의 경우 현재 공구의 위치가 공작물 원점으로부터 X200. Z100.인 지점에 떨어져 있기 때문에 이 값을 G50으로 설정한다.
반자동이나 자동 Mode에서 **G50 X200. Z100. ;** 으로 지령한다.

참고 12) 공작물 좌표계 설정의 상세

아래 〈그림 2-15〉와 같이 기준공구(보통 황삭가공용 1번공구)를 공작물의 단면 센타에 정확하게 위치 시키고, 반자동 MODE에서 **G50 X0 Z0 ;**를 입력한 후 자동개시를 누르면 공작물 좌표계가 설정 된다. 하지만 기준공구를 정밀하게 단면 센타에 이동하는 것은 불가능 하다. 그래서 공작물의 외경을 가공하고 또 단면을 가공하여 그 가공된 기준점을 정밀하게 측정한뒤 현재위치의 치수를 G50기능으로 지령하면 아주 정확한 공작물 좌표계를 설정할 수 있다. (공작물 좌표계 설정방법은 제4장 조작편에 상세히 설명되어 있다.)
또 하나의 응용된 내용으로 제2원점을 지정하여 원활한 가공을 할 수 있다. 제2원점을 지정하는 이유는 만약의 경우 셋팅을 마치고 가공 도중에 정전이나 공구의 파손으로 가공 시작위치가 제2원점에 있지 않다면 셋팅을 다시 해야 한다. 이와 같이 복잡해지는 것을 방지하기 위해서 제2원점을 지정해 놓고 가공 도중에 문제점이 발생하면 원인을 제거하고 바로 자동작업을 할 수 있다.

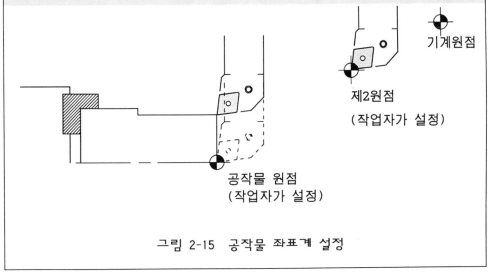

그림 2-15 공작물 좌표계 설정

(2) 좌표계 Shift

* 의   미 : 이미 설정된 공작물 좌표계의 위치를 이동 시킬 수 있다.

* 지령방법 :   **G50   U____   W____ ;**

* 지령 WORD의 의미

   U, W : 공작물 좌표계를 이동(Shift) 하고자 하는 량

(3) 자동 좌표계 설정

* 수동원점복귀를 실행하면 자동으로 공작물 좌표계가 설정된다.
* 자동 좌표계의 설정 유무는 파라메타를 변경 해야 하고, 기계원점에서 공작물 좌표계 원점까지 거리를 파라메타에 설정해야 한다.
   ("자동 좌표계 설정 방법"은 제4장 조작편에 상세히 설명되어 있다.)

* **자동 좌표계 설정 기능을 사용할 때의 예제 프로그램**

```
01234 ;
N01 G00 X150. Z100. ;          -- 좌표계가 미리설정 되어 있기 때문에 제2
                                  원점을 사용하지 않고 공작물 원점에서
                                  임의의 지점으로 이동 시킨다.(공구교환
N02 T0100 ;                       지점)
N03 G50 S2500 ;                -- 좌표계 설정은 하지않고 주축 최고회전수
N04 G96 S200 M03 ;                지정
N05 G00 X20. Z2. T0101 ;
N06 G01 Z-20. F0.25 M08 ;
          ↓
N30 M02
```

주)① 공작물 좌표계 Shift량이 설정되어 있는 상태에서 자동 좌표계 설정을 하면 Shift량을 포함한 좌표가 설정된다

2.4.6 Inch, Metric 변환(G20, G21)

* 의   미 : 도면 전체의 치수가 Inch로 되어 있을 때나 Metric으로 되어 있을 때가 있다. 이때 기계의 이동단위를 Inch나 Metric으로 변환하여 간단하게 프로그래밍(Programming)할 수 있다.

* 지령방법 :

> **G20 ; -- Inch 입력**
> **G21 ; -- Metric 입력**

* 최소설정단위

G - Code	단 위 계	최소설정단위
G20	Inch	0.0001 inch
G21	Metric	0.001 mm

* 단위계의 변화
  - ⓐ 이송속도
  - ⓑ 위치에 관한 좌표(단 기계좌표계는 변화지 않는다.)
  - ⓒ 보정량(Offset량)
  - ⓓ M.P.G(핸들)눈금의 단위
  - ⓔ 파라메타의 일부

주)① 전원 투입시는 전원 차단시의 단위계 상태이다.
   (예 G20기능 상태에서 전원을 OFF하고 ON하면 OFF전 G20기능의 상태로 되고 G21기능 상태에서 전원을 OFF하고 ON하면 OFF전 G21기능 상태로 나타 난다.)
   ② 단위계의 변환은 프로그램의 선두에 좌표계 설정을 하기전에 단독 Block으로 지령해야 한다.

한 프로그램 안에서 Inch, Metric을 변경하는 것은 좋지않다. 도면 일부가
Inch, Metric으로 되어 있는경우는 환산하여 지령한다.

(예, 도면 전체는 Metric으로 되어 있고, 나사가공만 Inch로 되어 있다면 나
사 가공시 인치당 산수의 지령을 Metric으로 환산하여 지령한다.

1/2 Inch-14산 나사가공의 Lead(Pitch)는 25.4 ÷ 14 = 1.814 이므로
F1.814로 프로그램 한다.)

③ Offset량의 표시는 단위계 변환시에도 소수점 이동만 하고 수치는 그대로
표시되기 때문에 Offset는 단위계 변환 후 설정해야 한다.

2.4.7 주축기능

(1) 주속 일정제어 ON(G96)

* 의   미 : 효과적인 절삭가공을 위해 X축 위치에 따라서 주축속도(회전수)를
변화시켜, 절삭속도를 일정하게 유지하여 공구수명도 길게하고 절
삭시간을 단축시킬 수 있는 기능이다.

소재가 프렌지 형태의 단면가공이나 단차가 큰 경우 가공부의 어디
에서나 일정한 절삭속도를 유지시킬 수 있다.

이때 주축의 회전수는 소재 가공부의 직경에 따라 자동으로 변화
한다.

G97 기능으로 주속 일정제어를 무시할 수 있다.

* 지령방법 :   G96   S____   ;

* 지령 WORD의 의미

S : 절삭속도(m/min)

(S값은 rpm지령이 아니고 절삭속도의 값이다.)

* **절삭속도** : 공구와 공작물(소재)의 상대속도를 말한다.

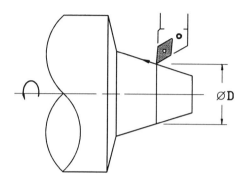

* **관계식**

$$V = \frac{\pi \times D \times N}{1000}$$

$$N = \frac{1000 \times V}{\pi \times D}$$

V : 절삭속도 (m/min)
D : 소재직경 (mm)
N : 주축회전수 (rpm)

(2) 주속 일정제어 OFF(G97)

* **의   미** : 나사가공및 직경의 차이가 크지 않은 Shaft 형태의 제품을 가공할
  때 공작물의 직경에 관계없이 일정한 회전수로 가공할 수 있다.
  보통 나사가공과 같이 공작물의 직경에 따라 회전수가 변하지 않는
  가공에 사용하고 일반적인 가공은 주속일정제어 기능을 사용하는것
  이 좋다.

* **지령방법** :   G97   S____   ;

* **지령 WORD의 의미**

  S : 주축회전수 (rpm)

(3) 주축 최고회전수 지정(G50)

* 의   미 : 주속 일정제어(G96) 사용시 회전지령의 S값은 절삭속도를 의미하
          기 때문에 소재의 직경이 작아질수록 회전수는 상대적으로 증가한
          다. 따라서 계속 회전수가 증가하면 큰 지그(JIG)를 사용하는 기
          계에서는 진동과 공작물이 회전중에 이탈할 수 있다.
          이같은 위험을 배제하기 위하여 일정한 회전수 이상의 변화를 제
          한시킬 수 있다.

* 지령방법 : **G50   S____ ;**

* 지령 WORD의 의미
     S : 주축 최고회전수 지정(rpm)

주)① 주축 최고회전수 지정은 G50기능과 같은 Block에 지령을 해야한다.
   예) G50 S2800 ; -- 최고 회전수 지정
       S2500 ;   -- 절삭속도(G96일 때)나 회전수 지정(G97일때)

* 주축기능 G50 Block에서의 S기능과 G96의 S, G97의 S기능의 사용 예
     N10   ↓
     N20 G50 X200. Z100. **S2500** ;   --주축 최고회전수 2500rpm 지정
     N30 G96 **S180** M03 ;   --절삭속도 180지정
     N40   ↓
     N50   ↓
     N60 G97 **S1200** ;   --주축회전수 1200rpm 지정
     N70   ↓
     N80   ↓

2.4.8 공구기능및 보정기능

(1) 공구기능

NC 공작기계는 공구대(Turret)에 장착된 공구를 자동으로 교환(호출)시킬 수 있다.

프로그램에서 자동으로 공구를 교환시키는 기능을 공구기능이라 하며 보정기능과 같이 지령하여 사용한다.

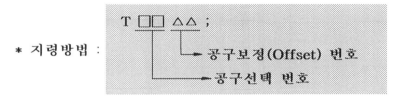

* 지령방법 :

T □□ △△ ;

→ 공구보정(Offset) 번호
→ 공구선택 번호

* 의   미 : T이하 4단지령(공구선택 번호 2단, 공구보정 번호 2단)으로 공구와 보정번호를 선택가능하며, 앞쪽 2단은 공구선택 번호로 공구대에 장착된 공구를 자동으로 교환시키는 공구번호 이다.

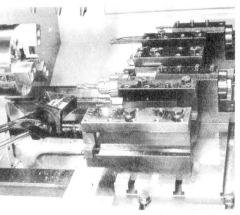

⇐ Drum Type 공구대

Gang Type 공구대 ⇒

사진 2-16 Drum Type 공구대와 Gang Type 공구대

＊ 공구기능 사용 예

    T0100 ----- 1번 공구선택

    T0505 ----- 5번 공구선택, 공구보정(Offset) 번호 5번 선택

    T0702 ----- 7번 공구선택, 공구보정(Offset) 번호 2번 선택

            (공구번호와 공구보정(Offset) 번호는 같지 않아도 되지만 같은

            번호를 사용하면 작업중에 발생하는 보정실수를 줄일수가 있다.)

주)① 공구대가 없는 기계(Gang Type)에서는 공구선택 번호 지령은 하지않고
     Offset 번호 지령만하면 된다.

참고 13) Leading Zero 생략

   Data 지령중에 앞쪽에 지령된 "0"(Zero)에 대해서는 프로그램을 간단히 하기 위하여 생략할 수 있다.

   예) G00 ⇒ G0

       G02 ⇒ G2

       M03 ⇒ M3

       T0101 ⇒ T101 등과 같은 방법으로 프로그램을 할 수 있다.

          공구기능은 2단 지령과(보통 Gang Type 공구대) 4단 지령으로 구분할 수 있다. 2단 지령은 공구보정 번호만 지령하고 4단 지령은 뒷쪽 2단은 공구보정 번호, 앞쪽 2단은 공구번호가 된다.

          항상 기준이되는 것은 뒷쪽 2단 지령이다. 그러니까 T101은 보정번호 01번과 공구번호 1번이 된다. (만약 T0101을 T11과 같이 지령하면 4단지령의 경우 알람(Alarm)이 발생되는데 공구기능은 4단 지령을 하지만 뒷쪽 2단은 공구보정 번호이고 앞쪽 2단은 공구번호이기 때문에 T11로 지령하면 공구보정 번호 11로 된다.

(2) 보정기능

프로그램을 작성할 때 공구의 길이와 형상을 고려하지 않고 프로그램을 작성하게 된다. 그러나 실제 가공을 할 때는 각각의 공구가 길이와 공구선단의 인선 R의 크기에 차이가 있으므로 이 차이의 량을 Offset 화면에 등록하고, 공작물을 가공할 때 호출하여 자동으로 보상을 받을 수 있게하는 기능을 보정기능이라 한다. 이 각각의 공구길이의 차이와 공구선단 인선 R의 크기등을 측정하여 미리 Offset 화면에 등록하여 둔다. 이 량을 측정하는 것을 Setting이라하며 이 방법에 관해서는 제4장 조작편 "공구 Offset 방법"에서 상세히 설명한다.

① 공구위치 보정(길이보정)

공구위치 Offset 란 프로그램상에서 가정한 공구(통상 기준공구)에 대하여 실제로 사용하는 공구(다음 공구)가 다른 경우에 그 차이값을 보정하는 기능이다.

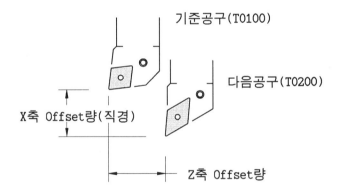

* 공구 위치보정은 공구번호와 같이 사용(Gang Type에서는 보정번호 지정)하며 보통 공구번호와 같은 번호를 사용하면 좋다.)
* 공구 위치보정의 무시(말소)는 보정번호 "00"으로 지령한다.
* **공구위치 보정의 예**

```
N10 G00 X30. Z2. T0101 ;      --- 1번 Offset량 보정
N20 G01 Z-50. F0.3 ;
N30 G00 X200. Z100. T0100 ;   --- Offset량 보정 무시
```

② 인선 R보정(G40, G41, G42)

* **의   미** : 통상 공구의 날끝에는 인선(Nose) R이 있다. 따라서 공구선단의 인
선 R때문에 테이퍼절삭과 원호절삭에서 과대절삭이나 과소절삭 부분
이 발생한다.

  왜냐 하면 NC 기계는 공구의 선단에 인선 R의 량이 얼마인지 모
를뿐 아니라 프로그램 작성시에도 이 값은 생각하지 않기 때문이다.

  인선 R때문에 발생하는 오차를 자동으로 보상하는 기능을 인선 R
보정이라 한다.

  (프로그램을 처음배우는 초보자가 가장 이해하기 어렵고 실제가공에
서 실수와 알람이 많이 발생되는 기능이기 때문에 정확하게 이해할
수 있도록 해야한다.)

* **지령방법** :

$$\left. \begin{array}{l} G40 \\ G41 \\ G42 \end{array} \right\} \quad X(U)\underline{\qquad} \quad Z(W)\underline{\qquad} \ ;$$

* **각 CODE의 의미**

G-코드	의 미	공 구 경 로 설 명
G40	공구인선 R보정 무시	프로그램 경로
G41	공구인선 R보정 좌측	공작물을 기준하여 공구진행 방향으로 보았을 때 공구가 공작물의 좌측에 있다.
G42	공구인선 R보정 우측	공작물을 기준 하여 공구진행 방향으로 보았을 때 공구가 공작물의 우측에 있다.

* 공구이동 경로

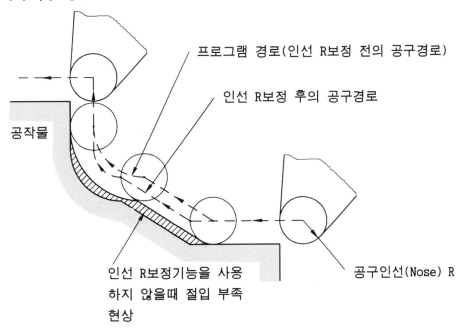

프로그램 경로(인선 R보정 전의 공구경로)

인선 R보정 후의 공구경로

공작물

인선 R보정기능을 사용
하지 않을때 절입 부족
현상

공구인선(Nose) R

그림 2-17　인선 R보정의 공구경로

* 좌표계의 종류에 따른 인선 R보정의 선택

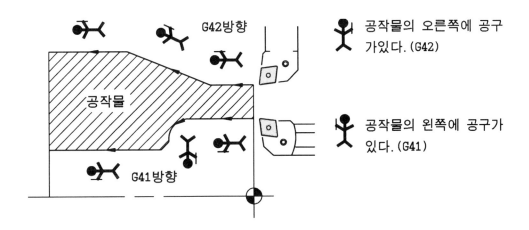

G42방향

공작물

G41방향

공작물의 오른쪽에 공구
가있다. (G42)

공작물의 왼쪽에 공구가
있다. (G41)

그림 2-18　인선 R보정의 방향

③ 가상인선

　　실제로 존재하지 않는 점이나 공구상의 기준점을 정해 프로그램 경로를 통과
하는 가상점이며 그 지점은 아래 <그림 2-19>와 같다.

　　보통의 공구는 공구선단에 인선(Nose) R이 있는데 이 인선 R이 없다고 생각
하고 프로그램을 작성하고 가공한다. 이때 발생되는 문제점은 공구선단(뾰족한
상태)의 치핑과 공구마모현상이 발생하여 정밀한 대량생산을 할 수 없다. 이러
한 문제점을 보완하는 방법으로 공구선단에 인선 R을 만들어서 가공을 하는데
테이퍼가공이나 원호가공<그림 2-17>에서 보는 바와 같이 과대절삭이나 과소절
삭 현상을 막을 수 없다.

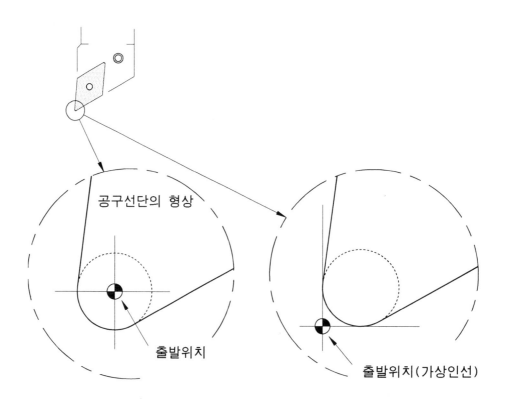

공구선단의 형상

출발위치

출발위치(가상인선)

* 인선중심을 출발 위치에
　맞춘 경우(G41 G42보정)

* 가상인선을 출발 위치에
　맞춘 경우(G40상태)

그림 2-19 가상인선

④ 가상인선 번호및 방향

공구의 종류(가공하는 방향)에 따라서 인선 R중심을 기준으로 아래 <그림 2-20>과 같이 가상인선 번호가 결정된다.

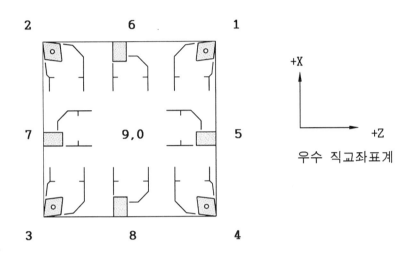

우수 직교좌표계

* 가상인선 번호 상세

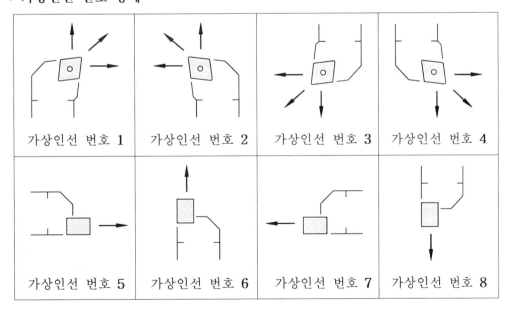

그림 2-20 가상인선 번호

④ Start-Up

* Start-Up Block

G40 Mode에서 G41이나 G42 Mode로 들어가는(보정하는) Block을 Start-Up Block이라 한다. (인선 R보정을 시작하는 Block)

↓

N10 X100. Z2. T0101 M08 ;

N20 G41 X20. ;   -- Start-Up Block

↓

Start-Up Block을 실행하면 다음 Block의 이동방향에 대해서 수직인 위치에 인선 R중심이 이동한다.

* 인선 R보정의 프로그램
  (오른쪽 그림)

↓

N11 X100. Z50. ;

N12 **G42** G00 X30. Z0. ;

N13 G01 Z-40. F0.2 ;

N14 X50. Z-70. ;

N15 **G40** G00 X100. Z50. ;

↓

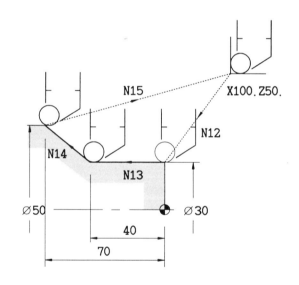

* 인선 R보정 무시

G41, G42 Mode에서 G40을 지령할 때 그 Block을 보정 무시 Block이라 한다. G40 Block에서는 공구의 가상인선 위치가 종점 위치로 된다.

주)① 내측의 면취및 코너 R이 인선 R보다 작을 경우 알람이 발생된다.

　② 자동운전 일때와 Single Block 운전 일때는 다음 Block에 수직인 위치에 이

동하는 방법의 차이가 있으나 프로그램의 문제는 아니다.

③ 테이퍼나 R형상이 있는 공작물가공시 인선 R보정 기능을 사용하면 프로그램을 간단하게하고 정밀한 가공을 할 수 있다.

④ G41, G42기능을 사용하기 위해서는 Offset 화면의 R (Nose R), T (가상인선 번호)가 입력되어 있어야 한다.

* 인선 R보정을 사용한 프로그램과 인선 R보정을 사용하지 않은 프로그램의 비교

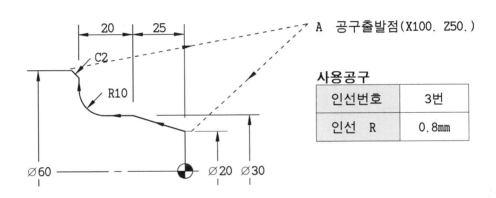

사용공구	
인선번호	3번
인선 R	0.8mm

* 인선 R보정을 사용한 프로그램

```
        ↓
    X100. Z50. ;              -- A점 공구 출발점
N01 G42 G00 X20. Z2. T0202 ;  -- 인선 R우측 보정(Start-Up Block)
                                 하면서 가공 개시점으로 이동
N02 G01 Z0. F0.2 ;            -- 가공
N03 X30. Z-25. ;
N04 Z-35. :
N05 G02 X50. Z-45. R10. ;
N06 G01 X56. ;
N07 X60. Z-47. ;
N08 G40 G00 X100. Z50. T0200 ; -- 인선 R보정 무시 하면서 공구교
                                  환점으로 후퇴
        ↓
```

* 인선 R보정을 사용하지 않은 프로그램

```
         ↓
     X100. Z50. ;
N01 G00 X19.712 Z2. T0202 ;          -- A점 공구 출발점
N02 G01 Z0. F0.2 ;                    -- 가공 개시점으로 이동
N03 X30. Z-25.721 ;                   -- 가공
N04 Z-35.8 ;
N05 G02 X48.4 Z-45. R9.2 ;
N06 G01 X55.063 ;
N07 X60. Z-45.469 ;
N08 G00 X100. Z50. T0200 ;           -- 출발점으로 후퇴
         ↓
```

* 인선 R보정을 사용하지 않은 프로그램의 좌표계산
   제5장 기술자료편의 "좌표 계산공식 2"를 참고 하십시오.

ⓐ N01 블록의 X좌표 계산

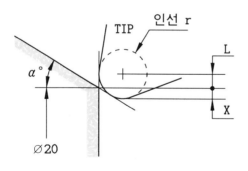

위 도면에서 $\alpha°$ 계산

$\tan \alpha° = \dfrac{5}{25}$ 에서

$\alpha° = 11.3$

$L = r \times \tan \dfrac{90° - \alpha}{2}$

$X = r - L$ 에서

$L = 0.8 \times \tan \dfrac{90° - 11.3}{2}$

$L = 0.656$

$X = 0.8 - 0.656 = 0.144$ 이다.

N01의 X좌표는 $\varnothing 20 - (2 \times 0.144)$

$= 19.712$

ⓑ **N03 블록의 Z좌표 계산**

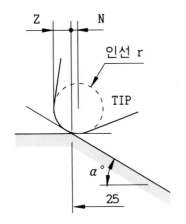

$$\alpha^\circ = 11.3$$

$$N = r \times \tan\frac{\alpha}{2}$$

$$Z = r - N \quad \text{에서}$$

$$N = 0.8 \times \tan\frac{11.3}{2}$$

$$N = 0.079$$

$$Z = 0.8 - 0.079 = 0.721 \quad \text{이다.}$$

N03의 Z좌표는 25+0.721

$$= -25.721$$

ⓒ **N05 블록의 R좌표 계산**

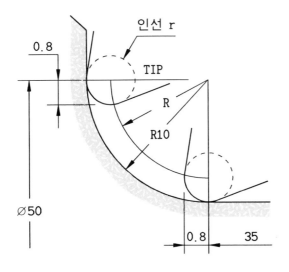

$$R = 10 - 0.8$$

N04 블록 Z좌표는 인선 R의 중심이다.
N05 블록 X좌표는 인선 R의 중심이다.

면취가공의 시작점과 종점의 좌표도 같은 방법으로 계산하여 프로그램을 작성한다.

※ 인선 R보정 기능을 사용하지 않고 테이퍼(면취 포함)나 원호가있는 공작물을 가공할 때 인선 R 때문에 발생하는 가공에라(Error)를 프로그램의 좌표를 수정하여 프로그램을 작성한다. (제5장 기술자료편의 "좌표 계산공식 1"을 참고 하시오.)

그러나 생산현장에서 중요하지 않은 테이퍼나 원호의 시작점과 종점 좌표를 수동으로 일일이 계산하기 쉽지않다.

그래서 정밀하지 않은 테이퍼나 원호는 가공하는 공구의 인선 R량을 더하거나 빼서 간단하게 프로그램을 작성하는 것도 하나의 방법이다.

(기본적으로 인선 R보정 기능을 사용하는 것을 권장한다.)

예)① 인선 R보정을 사용하지 않는 간단한 프로그램 방법

99 Page의 예제 도면에서 R10을 인선 R보정 없이 가공하면 R량이 크게 가공 된다. 그래서 프로그램을 작성할 때 10−0.8(인선R) = 9.2 이므로 R9.2로 프로그램을 작성할 수 있고, 같은 방법으로 C2를 프로그램하면 면취량이 작게 가공 되므로 면취 +(Plus) 인선 R을 하면 C2.8로서 프로그램을 작성할 수 있다.

(3) 보정량 입력방법

① Offset 화면에 직접입력

각공구의 Offset량을 측정한 후 Offset 화면에 해당하는 번호에 보정량을 직접 입력한다.

* Offset 화면

```
OFFSET                            O1000 N1000
    NO.       X          Z          R       T
    01      0.000      0.000      0.800     3
    02      3.154     -2.776      0.400     3
    03      0.000      0.000      0.000     0
    04      0.000      0.000      0.000     0
    05      0.000      0.000      0.000     0
    06      0.000      0.000      0.000     0
    07      0.000      0.000      0.000     0
    08      0.000      0.000      0.000     0
ACTUAL POSITION (RELATIVE)
    U   25.623            W   -23.155
ADRS.                         S    0 T
                        MDI
 OFFSET         W.SHFT  MACRO
```

NO: Offset번호
X : X축 Offset량
Z : Z축 Offset량
R : 공구 인선 R량
T : 가상인선 번호

② 프로그램에 의한 Offset 입력(G10)

* 의   미 : Offset량을 프로그램에 의해 입력할 수 있다.

* 지령방법 :

G10 P__ X__ Z__ R__ Q__ ; 절대지령
G10 P__ U__ W__ C__ Q__ ; 증분지령

* 지령 WORD의 의미

P : Offset번호

X, Z : X, Z축의 Offset량 (절대치)

U, W : X, Z축의 Offset량 (증분치)

R : 공구인선의 인선 R량 (절대치)

C : 공구인선의 인선 R량 (증분치)

Q : 공구의 가상인선 번호

주)① G10기능은 자동화 Line이나 정밀 대량생산 공장에서 측정장치를 부착하여 가공도중 미세하게 변하는 치수를 자동으로 보정할 때 많이 사용하고 일반 생산현장에서는 특수한 가공에 응용하여 사용한다.

참고 14) Backlash 보정과 Pitch Error 보정

범용선반은 기계가 노화되면서 스크류(Screw)의 마모현상으로 핸들의 눈금이동에 Backlash가 발생된다. 마찬가지로 NC 기계에도 기계의 마모현상이 볼스크류(Ball Screw)등과 같이 동력이 전달되는 계통을 통하여 Backlash가 발생되는데 Backlash의 발생은 한쪽방향으로 이동하다 반대방향으로 이동할 때 발생한다. 이렇게 발생되는 Backlash량을 정밀하게 측정하여 Backlsah 보정 파라메타에 입력하면 이후의 이동은 자동적으로 Backlash량을 포함한(보정한) 이동을 한다.

Backlash량은 보통 생각하는 것과 같이 간단하지 않다. 예를 들면 Backlash량은 측정할때마다 미세하게 달라지는데 이것은 기계의 상태(온도와 가동시간)와 밀접한 관계가 있고 기계의 조립 정밀도에 많은 영향을 받는다.

Backlash가 많이 발생되는 요소는 타이밍벨트(Timing Belt), 볼스크류등 이 있다.

작업자가 주기적으로(약 3개월)측정하여 파라메타에 입력하면 정밀한 공작물을 가공할 수 있을것이다.

Backlash는 반대 방향으로 이동할 때 발생하는 것이고 Pitch Error는 많이 사용하는 구역의 볼스크류의 마모현상으로 구간 구간의 위치정도가 맞지않는 것이다.

기계가 노화되면서 Pitch Error는 커지고 가공정밀도는 저하된다. 이와 같이 볼스크류의 마모된 부분을 정밀측정하여 Pitch Error보정 파라메타에 입력하면 A급의 볼스크류 처럼 정밀도를 갖게하는 첨단 기능이다.

보통 측정되는 값은 0.001 ~ 0.004mm이다.

Pitch Error보정의 측정과 조정은 기계제조회사의 전문가가 하는 것이좋다.

(4) 금지영역 설정

* **의   미** : 안전한 기계운전을 하기 위하여 공구의 일정한 영역(지역) 침입을
  금지 시킬 수 있다.

① **제 1 Limit**

* 파라메타로 영역을 설정하고, 설정한 영역의 외측이 금지영역으로 된다.
  일반적으로 기계의 최대 Stroke로 설정하며, 기계 출하시 기계 제작회사에서 설정한다.
* 제 1 Limit의 설정은 파라메타에서 할 수 있다.

② **제 2 Limit**

* 설정한 구역의 내측이나 외측을 금지영역으로 설정할 수 있다.
* 내측 외측의 선택은 파라메타로 가능하다.
* 제 2 Limit는 파라메타와 프로그램으로 입력 가능하며 프로그램으로 입력된 위치가 금지영역으로 된다.
* 제 2 Limit는 보통 척이나 척죠우의 충돌을 방지하기 위하여 많이 사용한다.

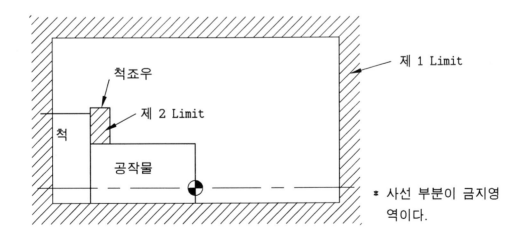

그림 2-21 금지영역의 종류

(5) 프로그램에 의한 금지영역(제 2 Limit) 설정(G22, G23)

* G22 : 금지영역 설정 ON
* G23 : 금지영역 설정 OFF

* 지령방법 :
```
G22 X___ Z___ I___ K___ ;
G23 ;
```

* 지령 WORD의 의미

X, Z, : 기계원점에서 부터 A점<그림 2-22>까지의 거리로 기계좌표계 값을 입력한다.

A점은 기계원점에서 가까운 꼭지점의 좌표를 지령한다.

I, K : B점은 A점의 대각선 방향의 꼭지점의 기계좌표를 지령한다.

* 지령치범위 : I의 값이 X값보다 커야하고 K값이 Z값보다 커야한다.

예) G22 X-120.375 Z-235.152 I-165.123 K-267.394 ;

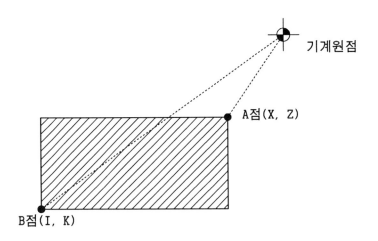

그림 2-22 제2 금지영역

주)① 금지영역의 설정은 단독 Block으로 설정하며 실행은 원점복귀 후부터 가능하
   다.

   왜냐 하면 원점복귀가 되지않은 상태에서는 기계좌표를 알수 없기 때문이다.

② 금지영역을 공구가 침범한 경우 내측이 금지영역일 때 공구가 다음으로 이동
   시 알람(Alarm)이 발생하고 외측이 금지영역일 때 즉시 알람이 발생한다.

③ 금지영역 침범을 했을 경우 반대 방향으로 축을 이동시킨 후 Reset 버튼을 누
   르면 알람(Alarm)이 해제된다.

④ 여러개의 공구를 사용할 때 각각의 Offset량이 다르기 때문에 침입하는 기계
   좌표의 위치가 다르므로 필요한 공구에 각각 설정한다.

⑤ 생산 현장에서는 제 2 Limit는 많이 사용하지 않지만 방법을 개선하여 많이 활
   용하기 바랍니다.

* 금지영역의 예제 프로그램

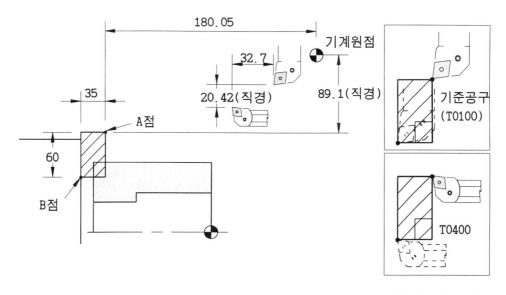

척 죠우부 상세

그림 2-23 금지영역 설정 방법

* 프로그램

```
            ⋮
    G50 X200. Z100. S2500 T0100 ;
    G96 S180 M03 ;
    G22 X-89.1 Z-180.05 I-209.1 K-215.05 ;        -- 기준공구 A, B점 지정
    G00 X50. Z2. T0101 M08 ;                          (기계원점에서 거리)
            ⋮                                          X(89.1) Z(180.05)
            ⋮                                          I(X+120) K(Z+35)
    G23 ;
    T0400 ;
    G22 X-68.68 Z-147.35 I-188.68                  -- 4번공구 A, B점 지정
        K-182.35 ;                                    (기계원점에서 거리)
    G00 X25. Z2. S170 T0404 M08 ;                     X(89.1-20.42)
            ⋮                                          Z(180.05-32.7)
            ⋮                                          I(X+120)
    G23 ;                                             K(Z+35)
    M02 ;
```

* 각 공구의 A, B좌표점은 먼저 공구를 선택하고 A지점으로 공구선단을 이동하여 기계좌표를 기록하고 B점의 좌표는 죠우의 가로, 세로(직경)치수를 A의 기계좌표 치수에 +(Plus) 한다.

다음 각각의 공구도 마찬가지로 A지점으로 공구선단을 이동하여 기계좌표를 기록하고 B점의 좌표는 A점의 좌표에 죠우폭 치수를 +(Plus)한다.

참고 15) 주역부

다음에 표시하는 "(" (Control Out)과 ")" (Control In)사이에 지령한 정보는 모두 주역으로 간주하여 읽고 Skip한다. 이 괄호 사이에는 NC 프로그램으로 간주하지 않기 때문에 특수문자, 알파벳, 숫자등을 사용하여 도면 이름이나 공구규격등 MEMO 내용을 기록한다.

주역부의 예)

01234**(MAIN SHAFT 001-00012) ;** --- 품명및 도면번호 기록

M00 ;   (프로그램번호 다음의 주역부는 프로그램 일람표에 표시된다.)

G30 U0. W0. ;

(T01 ROUGHING)   --- 1번공구 황삭가공 MEMO

G50 X150. Z100. S2500 T0100 ;

　　　↓
　　　↓
　　　↓

M30 ;

주)① 주역부안의 MEMO 내용은 알파벳 인경우 대문자를 사용해야 한다.

② 주역부의 괄호는 소괄호"( )"를 사용한다.

③ 주역부가 절삭가공중에 긴 MEMO 내용이 있으면 처리속도 관계 때문에 머무름 현상이 발생한다. 주역부는 절삭가공 전에 지령하는 것이 좋다.

예) ↓
　　　↓

N10 G00 X20. Z0. T0101 M08 ;

N20 G01 Z-30. F0.2 ;

(ABCDEFG ----------------) -- 절삭가공중에 주역부는 좋지 않다.

N30 G02 X40. Z-40. R10. ;

　　　↓
　　　↓

2.4.9 고정 Cycle

프로그램을 간단하게 하는 기능으로 단일형과 복합형이 있다.

(1) 단일형 고정 Cycle(G90, G92, G94)

절삭여유가 많은 공작물을 가공할 때 여러 Block으로 지령해서 가공해야 하는 것을 Block 수를 줄여 간단히 프로그램할 수 있고, 반복적으로 절삭하는 경우 절입량만 지정하면 된다.

① 내외경절삭 Cycle(G90)

* 의   미 : <그림 2-24>의 1 ⇒ 2 ⇒ 3 ⇒ 4의 과정을 1 Cycle로서 가공한다.
초기점 A에서 가공시작하고 A점으로 자동복귀 한다.

* 지령방법 : **G90 X(U)___   Z(W)___   R___ F___ ;**

* 공구경로

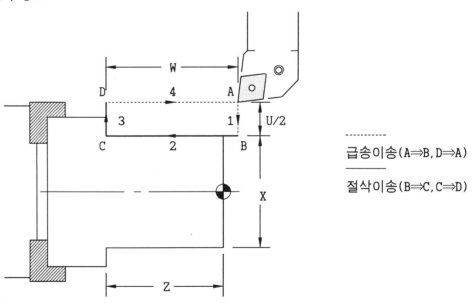

그림 2-24 내외경절삭 Cycle 공구경로

* 테이퍼절삭의 공구경로

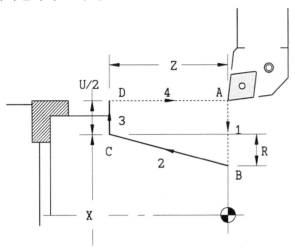

그림 2-25 G90 Cycle의 테이퍼절삭 공구경로

* 테이퍼절삭시 가공형태에 따른 R값의 부호

① 외경절삭

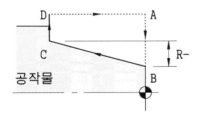

② 내경절삭

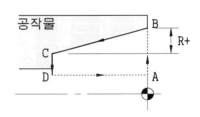

그림 2-26 G90 Cycle의 R부호

* 테이퍼 절삭시 R값의 부호는 **절삭의 종점(C점)을 기준하여 시점(B점, X축의 가공 시작점)의 위치가 종점보다 "＋"방향인지 "－"방향인지**를 판단 한다.
  <그림 2-26>에서 ① 외경절삭의 R은 "－"값 이고, ② 내경절삭의 R은 "＋"값 이다.

* 지령 WORD의 의미

X(U), Z(W) : 가공종점의 좌표입력 <그림 2-24의 C점 좌표>

R : 내외경절삭 Cycle에서 테이퍼절삭을 할 때 X축 기울기 량을 지정한다. (반경 지정)

(직선보간 G01에서는 한블록에 X, Z를 동시에 지령하면 테이퍼절삭이 되지만, 단일형 고정 Cycle에서는 한블록에 X, Z를 동시에 지령해도 테이퍼 절삭이 않된다.)

* 절삭량(X축 방향)이 많을 때의 프로그램

X축의 절삭량이 많을 때는 절입량을 나누어서 절삭을 해야하는데 단일형 고정 Cycle은 모달지령(같은 그룹의 다른 G-코드가 나올때까지 유효한 기능)이므로 X축의 절입량만 지령하면 된다.(G90 코드와 Z축 가공량, 절삭 Feed는 모달 지령이 된다.)

예) **G90 X40. Z-50. F0.25 ;**

```
X35. ;        -- G90, Z-50., F0.25는 다른 지령이 나올때까지 모달이다.
X30. ;
X25. ;
```

이와 같이 X축의 절입량만 지령하면 <그림 2-24>의 A⇒B⇒C⇒D의 형상가 공을 반복하여 절삭하고 초기점으로 복귀한다.

주 1) 고정 Cycle의 초기점

> 단일형 고정 Cycle과 복합형 고정 Cycle의 프로그램 작성에서 가장 중요한 것은 초기점의 지정이다. 왜냐 하면 고정 Cycle의 가공은 초기점에서 가공을 시작하고 가공이 종료되면 초기점으로 복귀한 후 고정 Cycle을 종료 한다.
> 초기점의 의미는 고정 Cycle을 지령하기 직전의 X, Z축 절대좌표(공구의 현재 위치) 위치를 말한다.

* 아래 그림에서 단일형 고정 Cycle(G90기능)프로그램과 일반 프로그램의 차이점
  을 비교 하시오.

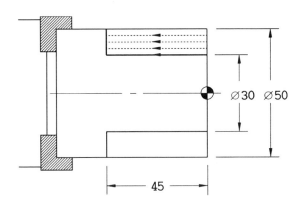

* 단일형 고정 Cycle(G90)의 프로그램

```
01234 ;
G30 U0 W0 ;
G50 X200. Z100. S2500 T0100 ;
G96 S180 M03 ;
G00 X52. Z2. T0101 M08 ;         -- 가공 시작점(고정 Cycle의 초기점)
G90 X45. Z-45. F0.25 ;           -- 단일형 고정 Cycle 지령
X40. ;                           -- X축의 절입량 지령
X35. ;                           --        "
X30. ;                           --        "
G00 X200. Z100. T0100 M09 ;
M05 ;
M02 ;
```

※ 단일형 고정 Cycle 이외의 프로그램 작성순서는 제3장 "응용 프로그램"편에서
   상세히 설명한다.

* 일반 프로그램

```
01234 ;
G30 U0 W0 ;
G50 X200. Z100. S2500 T0100 ;
G96 S180 M03 ;
G00 X52. Z2. T0101 M08 ;          -- 가공 시작점
X45. ;                            -- X축 5mm 절입
G01 Z-45. F0.25 ;                 -- Z축 절삭
G00 U1. Z2. ;                     -- 급송으로 X, Z동시 후퇴
X40. ;                            -- 반복작업
G01 Z-45. ;
G00 U1. Z2. ;
X35. ;
G01 Z-45. ;
G00 U1. Z2. ;
X30. ;
G01 Z-45. ;
G00 X52. Z2. ;                    -- X52. Z2.는 생략할 수 있다.
X200. Z100. T0100 M09 ;
M05 ;
M02 ;
```

* 단일형 고정 Cycle 프로그램과 일반 프로그램의 외적인 차이점은 프로그램의 길이에 차이가 있다. 그러나 2가지 프로그램의 가공시간을 측정하면 일반 프로그램의 시간이 짧다. 왜냐 하면 G90 Cycle의 X축 후퇴 방법은 절삭가공 속도로 초기점까지 이동하기 때문이다.

(작업자는 고정 Cycle의 공구경로를 변경할 수 없다.)

* 단일형 고정 Cycle(G90)의 응용과제

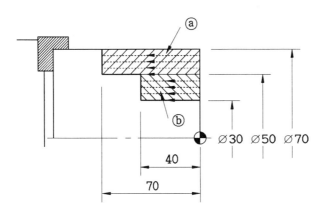

* 프로그램

    ⓐ, ⓑ를 나누어서 가공한다.

```
02345 ;
N10 G30 U0 W0 ;
N11 G50 X200. Z100. S2000 T0100 ;
N12 G96 S180 M03 ;
N13 G00 X72. Z2. T0101 M08 ;          -- 가공시작점(고정 Cycle 초기점)
N14 G90 X65. Z-70. F0.25 ;            -- ⓐ부 단일형 고정 Cycle가공
N15 X60. ;                           -- X축의 절입량 지령
N16 X55. ;                           --        "
N17 X50. ;                           --        "
N18 G00 X52. ;                       -- ⓑ부 가공 시작점 (X52. Z2.)
N19 G90 X45. Z-40. ;                 -- ⓑ부 단일형 고정 Cycle가공
N20 X40. ;                           -- X축의 절입량 지령
N21 X35. ;                           --        "
N22 X30. ;                           --        "
N23 G00 X200. Z100. T0100 M09 ;
N24 M05 ;
N25 M02 ;
```

② 나사절삭 Cycle(G92)

* 의   미 : 아래 공구경로의 <그림 2-27>에서 1 ⇒ 2 ⇒ 3 ⇒ 4의 과정을 1
Cycle로서 1회 나사가공하고 A점으로 자동복귀 한다. (보통 나사 가
공은 1회 가공으로 완성할 수 없으므로 반복 절삭가공으로 나사를
완성 한다.)

* 지령방법 :   G92 X(U)____   Z(W)____   R____ F____ ;

* 지령 WORD의 의미

X(U) : 1회 절입시 나사의 골경지정(직경치)

Z(W) : 나사가공 길이(불완전 나사부를 포함한길이, Chamfer가 끝나는 지
점)

R : 테이퍼나사 절삭시 X축 기울기 량을 지정 (G90기능과 같다.)

F : 나사의 Lead 지정

* 공구경로

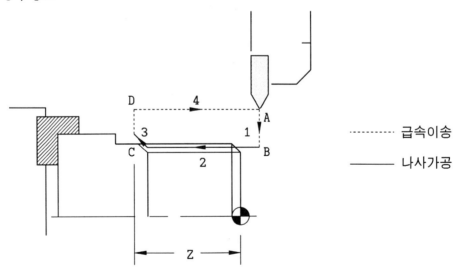

그림 2-27   나사절삭 Cycle의 공구경로

주)① 나사가공시 Feed Hold 버튼을 ON 했을경우 현재 실행중인 Block의 나사가공
을 완성하고 다음 Block에서 정지한다.

② 나사절삭 Retract Option 기능이 있는 기계에서 Feed Hold 버튼을 ON하면 나
사가공을 중단하고 초기점으로 복귀한다.

③ 기타 주의사항은 G32기능 편을 참고 하십시오.

* 나사 Lead의 관계식

$$L = N \times P$$

L = 나사의 Lead

N = 나사의 줄수 (다줄나사의 줄수)

P = 나사의 Pitch

* 테이퍼나사 절삭의 공구경로

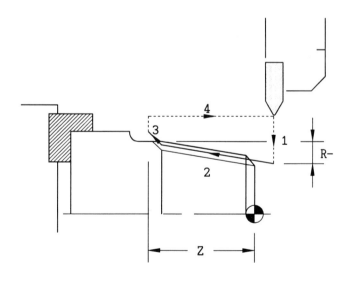

그림 2-28 테이퍼나사 절삭의 공구경로

* 나사절삭 Cycle(G92기능) 예제 프로그램

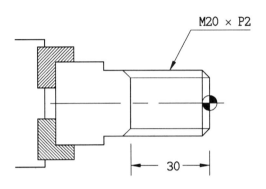

M20 × P2

|← 30 →|

* 나사가공 프로그램

```
        ↓
  N01 X24. Z2. ;                        -- 가공 시작점(고정 Cycle 초기점)
  N02 G92 X19.3 Z-32. F2. ;            -- G92 나사가공 Cycle 지령
  N03 X18.8 ;                           -- X축 절입량 지정
  N04 X18.42 ;
  N05 X18.18 ;
  N06 X17.98 ;
  N07 X17.82 ;
  N08 X17.72 ;
  N09 X17.62 ;                          -- 나사골경 치수(마지막 절입)
  N10 G00 X100. Z50. T0500 M09 ;
        ↓
```

참고 16) 나사가공 시작점

> * 나사가공의 시작점은 보통 X축은 4mm 떨어진 위치가 좋고 Z축은 1피치 떨어진 위치가 좋다. (나사가 시작되는 부분에서 미세한 피치에라가 발생되기 때문에 1피치 앞에서 가공 시작하면 첫번째 나사피치의 불량을 방지한다. 그러나 피치에라가 미세하기 때문에 특수한(정밀한) 나사가 아니면 피치에라는 생각할 필요성은 없고, 나사피치에 관계없이 Z축은 2mm 앞에서 시작하면 된다.)
> * 나사의 절입량및 절입깊이는 제5장 기술자료편 "나사가공 절입조건표"를 참고 하십시오.

* 다줄나사 가공에 관하여

원주상에 나사의 시작점이 2개 이상인 나사를 다줄나사라고 한다.

다줄나사를 가공할 때 아래 <그림 2-29>와 같이 나사의 시작점(Z축의 위치)을 이동시키면서 가공 해야한다.

Z축의 시작점을 피치 크기만큼씩 이동하면서 가공하는데 한줄나사의 형상을 완성하고 Z축 피치 만큼 이동하고, 다음 한줄 나사가공하는 방법과 1회 절삭하고 Z축을 피치 만큼 이동하고 다음 1회 절삭하는 방법이 있다.

위치를 이동하지 않고 주축의 각도를 이동(Shift)시켜 가공하는 System도 있다.

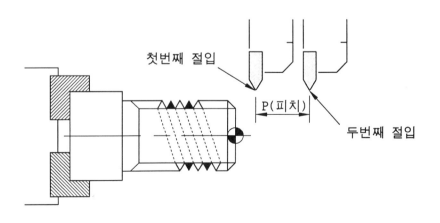

그림 2-29 다줄나사가공 시작점

참고 17) 최대 절삭 이송속도

이송속도는 급송이송과 절삭이송 2가지로 나눌 수 있다. 급속이송은 G00으로지령할 수 있고, 절삭이송은 G01, G02, G03, G32등 가공할 때 주어지는 이송속도다.

급송속도는 파라메타에 설정된 이송속도로 되지만 절삭이송은 F값으로 프로그래머가 지령한다. 하지만 절삭이송 속도에도 최대값이 파라메타에 설정되어 있다. 이 설정된 값보다 큰 값을 지령하면 알람은 발생되지 않고 설정된 최대 값으로 절삭이송을 한다.

일반적인 가공에서는 파라메타에 설정된 최대값을 넘지 않지만 Lead가 큰 나사가공에서 설정치 보다 큰 이송을 지령하는 경우가 있는데 이렇게 되면 나사의 피치는 불량이 된다.

Lead가 큰 나사를 가공할 때 항상 회전당 이송속도를 분당 이송속도로 환산하여 확인해야 한다. (파라메타에 설정된 최대 이송속도는 분당 이송속도로 되어 있다.)

* 관계식

$$F = f \times S$$

F : 분당 이송속도
f : 회전당 이송속도(나사의 Lead)
S : 주축회전수

③ 단면절삭 Cycle(G94)

* 의   미 : <그림 2-30>의 1 ⇒ 2 ⇒ 3 ⇒ 4의 과정을 1 Cycle로 가공한다.
　　　　　　초기점 A에서 가공시작하고 A점으로 자동복귀 한다.

* 지령방법 :   **G94 X(U)____ Z(W)____ R____ F____ ;**

* 지령 WORD의 의미

　　　X(U), Z(W) : 가공종점의 좌표입력 <그림 2-30의 C점 좌표>
　　　R : 단면절삭 Cycle에서 테이퍼절삭시 Z축 기울기 량

* 공구경로

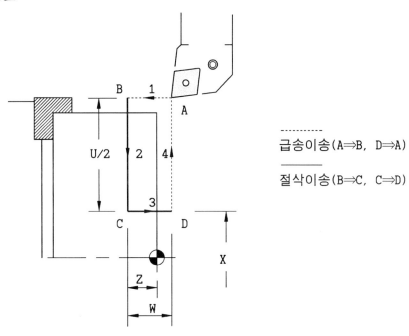

급송이송(A⇒B, D⇒A)

절삭이송(B⇒C, C⇒D)

그림 2-30 단면절삭 Cycle의 공구경로

　* 내외경절삭 Cycle(G90)과 단면절삭 Cycle(G94)은 절삭가공 경로의 순서에 따
　라서 G90기능과 G94기능으로 구분할 수 있다.
　　G90기능은 먼저 X축이 급속절입하고 Z축이 절삭하는 순서이고 G94기능은 Z축

이 먼저 급속절입하고 X축이 절삭가공을 하는 순서이다.

* 테이퍼절삭의 공구경로

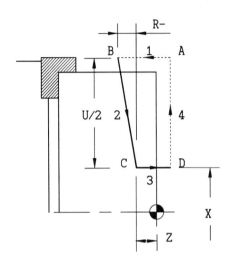

* G94기능에서 테이퍼절삭시 R의 부호는 가공의 종점(C점)을 기준하여 시작점이 Z방향으로 "+" 방향인지 "-"방향인지 지정 한다.

그림 2-31 단면절삭 Cycle의 테이퍼절삭 공구경로

* 단일형 고정 Cycle에서의 주의사항

① G90, G92, G94 고정 Cycle의 무시지령은 01 Group의 G-코드 지령이나 G04 이외의 One Shot G-코드 지령하면 자동으로 무시된다.

② EOB(;)만 있는 Block이나 이동지령이 없는 Block으로 고정 Cycle을 실행할 수 없다.

참고 18) 내외경절삭과 단면절삭의 구분

> 내외경절삭(길이방향)가공과 단면절삭가공의 구분은 가공방향이 어느쪽이 긴 방향인지에 따라 결정하며 긴 방향으로 절삭하면 능률적인 가공을 할 수 있다.

(2) 복합형 고정 Cycle

프로그램을 더욱 간단하게 하는 여러 종류의 고정 Cycle이다.

다시 설명하면 최종형상의 도면 치수와 절입량등을 입력하면 공구경로가 자동적으로 결정되어 형상가공 한다.

* 복합형 고정 Cycle에는 다음 7가지가 있다.

G70	정삭가공 Cycle		"자동"Mode에서만 실행 가능
G71	내외경황삭 Cycle	G70으로 정삭가공을 할 수 있다.	
G72	단면황삭 Cycle		
G73	모방절삭 Cycle		
G74	단면홈가공 Cycle	G70으로 정삭가공을 할 수 없다.	"자동, 반자동"Mode에서 실행 가능
G75	내외경홈가공 Cycle		
G76	자동나사가공 Cycle		

① 내외경황삭 Cycle(G71)

내외경황삭가공을 하는 복합형 고정 Cycle로서 최종형상과 절삭조건등을 지정해주면 공구경로는 자동적으로 결정되면서 정삭여유를 남기고 시작점(고정 Cycle의 초기점)으로 되돌아 온다.

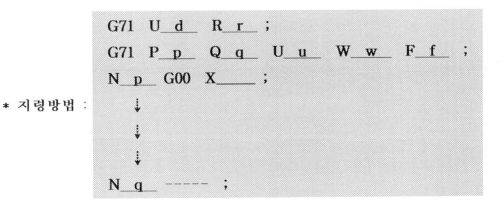

```
        G71  U  d    R  r   ;
        G71  P  p    Q  q    U  u    W  w    F  f    ;
        N  p   G00  X____  ;
* 지령방법 :         ↓
                    ↓
                    ↓
        N  q   ----  ;
```

* 공구경로

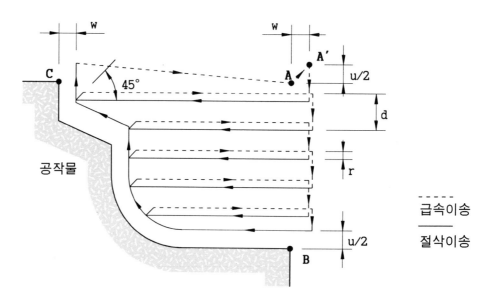

그림 2-32 내외경황삭 Cycle의 공구경로

* **지령 WORD의 의미**

d : 1회 절입량

X축 방향의 1회 절입량을 반경치로 지정하며 부호는 사용하지 않는다.

Modal 지령으로 다음에 지령될때까지 유효하며 프로그램에 의해 파라메타가 변경되고 파라메타를 직접 입력할 수 있다.

r : 도피량(X축 후퇴량)

Modal 지령으로 다음에 지령될때까지 유효하며 프로그램에 의해 파라메타가 변경되고 파라메타를 직접 입력할 수 있다.

보통 R0.5를 지령한다.

p : 고정 Cycle의 구역을 지정하는 최초 Block의 Sequence 번호

q : 고정 Cycle의 구역을 종료하는 최후 Block의 Sequence 번호

u : X축 방향의 정삭여유를 지정하며 직경치로 지정한다.

w : Z축 방향의 정삭여유를 지정한다.

(X, Z축의 정삭여유 부호는 126쪽 "정삭여유 U, W의 부호관계"에서 설명 한다.)

f : 황삭 이송속도(Feed) 지정

※ 공구지령도 할 수 있지만 보통 고정 Cycle 실행 이전에 지령하기 때문에 생략한다.

주)① FANUC 0T System에서는 복합형 고정 Cycle 지령방식이 6T, 10T System과는 약간의 지령방식에서 차이가 있다. 그 대표적인 내용이 복합형 고정 Cycle 지령 Block을 2 Block으로 지령하는 것이다.

2 Block 중에서 윗쪽 Block은 절삭조건의 파라메타를 변경시키는 것이다.

② G71 윗쪽 Block에서의 U 지령과 G71 아래 Block에서의 U 지령의 구분은 P와 Q가 지령된 Block를 보고 판단할 수 있다.

③ G71 Cycle의 구역안에(p부터 q Block까지)지령된 F, S, T는 황삭 Cycle 실행중에는 무시되고 정삭 Cycle에서만 실행한다.

④ G71 Cycle을 시작하는 최초의 Block에서는 Z를 지령할 수 없다.

또한 최초의 Block에 G00 X를 지령하면 X축 절입이 급속이송이 되고 G01 X 지령을 하면 X축 절입이 절삭이송이 된다.

⑤ 고정 Cycle 지령 최후의 Block에는 자동면취및 코너 R지령을 할 수 없다.

⑥ 고정 Cycle 실행 도중에 보조 프로그램(Sub Program) 지령은 할 수 없다.

⑦ G71은 황삭 Cycle 이지만 정삭여유를 지령하지 않으면 완성치수로 가공할 수 있다.

예) G71 U2.5 R0.5 ;

G71 P1 Q2 F0.2 ; --- U, W의 정삭여유 지령을 생략하면 정삭여유 없이 황삭가공에서 정치수로 가공한다.

* 정삭여유 U, W의 부호관계

가공하는 형상을 기준하여 정삭여유를 어느쪽으로 주어야 할지를 결정한다. 예를 들면 내경가공은 공작물을 작게 가공해야 하므로 U- 를 지령한다.

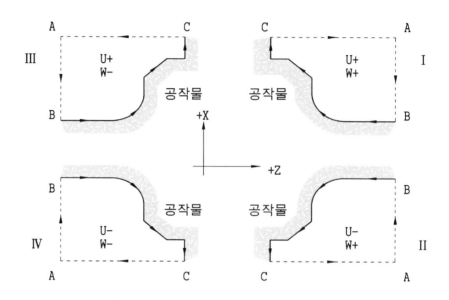

그림 2-33 복합형 고정 Cycle의 정삭여유 부호

위 <그림 2-33>에서 Ⅰ번 형상은 외경을 앞쪽에서 가공하는 형상이고 Ⅲ번은 외경을 뒤쪽에서 가공하는 형상이며 Ⅱ, Ⅳ은 내경을 앞쪽과 뒤쪽에서 가공 하는 형상이다.

특히 많이 사용하는 형상은 Ⅰ,Ⅱ이고 Ⅱ형상은 내경을 가공할 때 정삭여유를 U-, W+ 를 지령해야 한다. 다시 말해서 내경의 정삭여유는 직경을 작게 가공해야 정삭여유가 남는 것이다.

* 내외경황삭 Cycle(G71)의 예제 프로그램

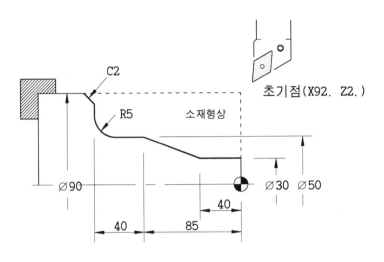

초기점(X92. Z2.)

* 프로그램

```
        ┊
N10 G00 X92. Z2. ;                          -- 고정 Cycle의 초기점(시작점)
N20 G71 U2.5 R0.5 ;
N30 G71 P40 Q100 U0.4 W0.1 F0.35 ;          --N40 ~ N100까지 고정 Cycle
N40 G00 X30. ;                                  지령
N50 G01 Z-40. ;
N60 X50. Z-85. ;
N70 Z-120. ;
N80 G02 X60. Z-125. R5. ;
N90 G01 X86. ;
N100 X90. W-2. ;                            --고정 Cycle의 마지막 Block에
        ┊                                      서는 자동면취및 자동코너 R
        ┊                                      지령은 할 수 없다.
```

* 위 프로그램의 N70 N80 Block을 자동코너 R지령으로 프로그램을 작성한 방법

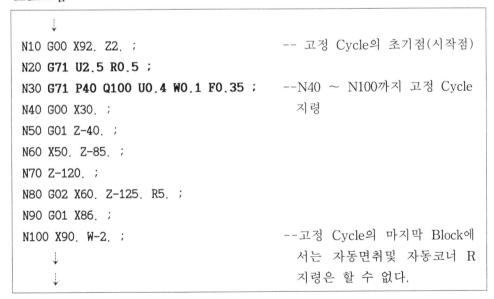

－ 127 －

② **단면황삭 Cycle(G72)**

단면을 가공하는 복합형 고정 Cycle로서 최종형상과 절삭조건등을 지정해주면
공구경로는 자동적으로 결정되어 정삭여유를 남기고 시작점으로 되돌아 온다.

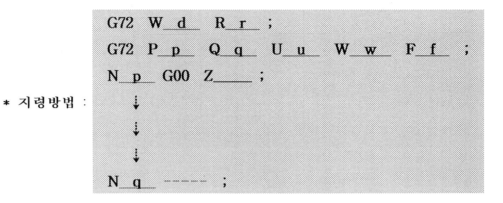

```
G72  W d   R r   ;
G72  P p   Q q   U u   W w   F f   ;
N p   G00  Z____  ;
```

* **지령방법** :

```
            ⋮
            ⋮
            ⋮

N q   ----  ;
```

* **공구경로**

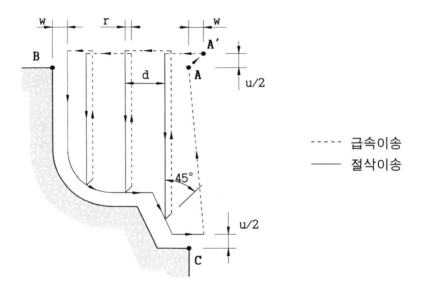

그림 2-24 단면황삭 Cycle의 공구경로

* **지령 WORD의 의미**

d : 1회 절입량

Z축 방향의 1회 절입량을 지정하며 부호는 사용하지 않는다.

Modal 지령으로 다음에 지령될때까지 유효하며 프로그램에 의해 파라메타가 변경되고 파라메타를 직접 입력할 수 있다.

r : 도피량

Modal 지령으로 다음에 지령될때까지 유효하며 프로그램에의해 파라메타가 변경되고 파라메타를 직접 입력할 수 있다.

보통 R0.5를 지령한다.

p : 고정 Cycle의 구역을 지정하는 최초 Block의 Sequence 번호

q : 고정 Cycle의 구역을 종료하는 최후 Block의 Sequence 번호

u : X축 방향의 정삭여유를 지정하며 직경치로 지정한다.

w : Z축 방향의 정삭여유를 지정한다.

　　(X, Z축의 정삭여유 부호관계는 G71기능에서의 부호와 같다.)

f : 황삭 이송속도(Feed) 지정

주)① G72 윗쪽 Block에서의 W 지령과 G72 아래 Block에서의 W 지령의 구분은 P와 Q가 지령된 Block를 보고 판단할 수 있다.

② 단면고정 Cycle을 시작하는 최초의 Block에서는 X를 지령할 수 없다.

또한 최초의 Block에 G00 Z 를 지령하면 Z축 절입이 급속이송이 되고 G01 Z 지령을 하면 Z축 절입이 절삭이송이 된다.

③ 정삭여유의 부호관계등 기타 내용은 G71기능과 동일하다.

* **단면황삭 Cycle(G72)의 예제 프로그램**

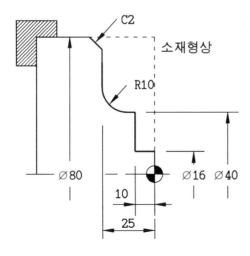

* 프로그램

```
        ↓
N10 G00 X82. Z2. ;                    -- 고정 Cycle의 초기점(시작점)
N11 G72 W1.5 R0.5 ;
N12 G72 P13 Q21 U0.2 W0.1 F0.3 ; -- N13 ~ N21까지 고정 Cycle지령
N13 G00 Z-27. ;
N14 G01 X80. ;
N15 X76. Z-25. ;
N16 X40. R10. ;
N19 Z-10. ;
N20 X16. ;
N21 Z0. ;
        ↓
```

③ 모방절삭 Cycle(G73)

일정의 절삭 형태를 조금씩 이동시키면서 가공하는 기능으로서 단조품이나 주
조품등(공작물 형상과 소재 형상이 비슷할때)의 공작물을 효율적으로 가공할 수
있다.

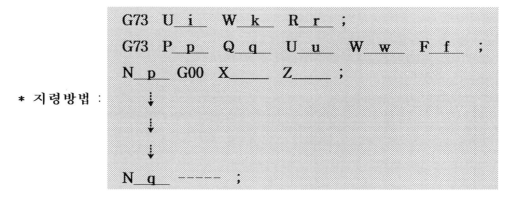

* 지령 WORD의 의미

 i : X축 방향의 황삭여유(도피량)

　X축 방향의 황삭여유량을 지정하며 부호와 같이 반경으로 지령한다.

k : Z축 방향의 황삭여유(도피량)량을 지정하며 부호와 같이 지령한다.

　　i, k의 지령으로 파라메타가 변경되며 파라메타를 직접 입력할 수 있다.

r : 황삭 분할횟수(황삭가공 횟수)

　　위에 설명한 i, k의 황삭여유를 몇번에 나누어서 가공할 것인지를 지령한 다.

　　이 지령으로 파라메타가 변경되며 파라메타를 직접 입력할 수 있다.

p : 고정 Cycle의 구역을 지정하는 최초 Block의 Sequence 번호

q : 고정 Cycle의 구역을 종료하는 최후 Block의 Sequence 번호

u : X축 방향의 정삭여유를 결정하며 직경치로 지정한다.

w : Z축 방향의 정삭여유를 지정한다.

　　(X, Z축의 정삭여유 부호관계는 G71기능에서의 부호와 같다.)

f : 황삭 이송속도(Feed) 지정

* 공구경로

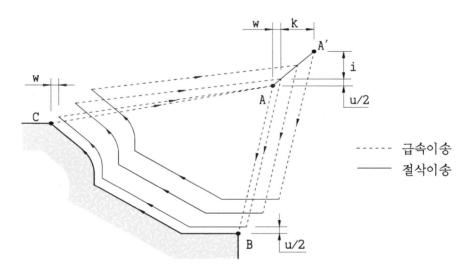

그림 2-35　모방절삭 Cycle의 공구경로

* 먼저 A지점에서 A′지점으로 후퇴하고 지정된 절입량 만큼 이동하여 형상을 순 차적으로 가공 한다.

주)① G73 윗쪽 Block에서의 U, W지령과 G73 아래 Block에서의 U, W지령의 구분은 P와 Q가 지령된 Block를 보고 판단할 수 있다.

② 모방절삭 Cycle을 시작하는 최초의 Block에서는 X, Z를 동시에 지령할 수 있다.

③ 정삭여유의 부호관계등 기타 내용은 G71기능과 동일하다.

④ 정삭 Cycle(G70)

G71, G72, G73으로 황삭가공 완료 후 G70기능으로 정삭가공할 수 있다.

* 지령방법 : **G70 P_p_   Q_q_   F_f_ ;**

* 지령 WORD의 의미

p : 황삭가공에서 지령한 고정 Cycle 최초 Block의 Sequence 번호

q : 황삭가공에서 지령한 고정 Cycle 최후 Block의 Sequence 번호

f : 정삭 이송속도(Feed) 지정

주)① 황삭 Cycle의 구역안에(p부터 q Block까지)지령된 F, S, 는 황삭 Cycle 실행중에는 무시되고 정삭 Cycle에서 실행되지만 지령되어 있지 않으면 G70 Block에서 지령된 F, S값이 Modal로 실행된다.

② 정삭 Cycle이 완료되면 황삭 Cycle과 마찬가지로 초기점으로 복귀하게 된다. 초기점으로 복귀할 때 간섭(충돌)을 피하기 위하여 초기점 설정은 황삭의 초기점과 동일하게 설정하면 안전하다.

③ 정삭 Cycle지령은 반드시 황삭가공 바로 다음 Block에 지령할 필요는 없고, 정삭공구를 선택하여 지령하는 것이 좋다.

④ 정삭 Cycle를 실행하면 위쪽으로 황삭의 Sequence 번호를 찾아서 실행한다.

⑤ 하나의 프로그램 안에 2개 이상의 황삭고정 Cycle를 사용할 때 정삭 Cycle에서의 구분을 위하여 Sequence 번호를 다르게 지령해야 한다.

* 모방절삭 Cycle(G73)의 예제 프로그램

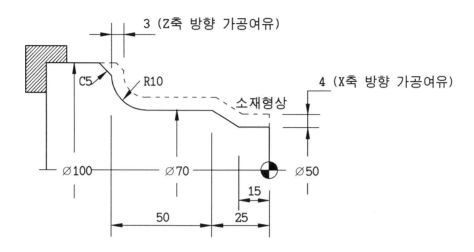

* 프로그램

```
01234 ;
N10 G30 U0. W0. ;
N11 G50 X150. Z50. S2500 T0500 ;
N12 G96 S170 M03 ;
N13 G00 X105. Z4. T0505 M08 ;        -- 고정 Cycle의 초기점(시작점)
N14 G73 U4. W3. R3 ;                  -- 가공여유 반경치 4mm, 단면 3mm
N15 G73 P16 Q20 U0.4 W0.1 F0.3 ;
N16 G00 X50. Z1. ;                    -- N16~N20까지 고정 Cycle 지령
N17 G01 Z-15. ;
N18 X70. Z-25. ;
N19 Z-75. R10. ;
N20 X100. W-5. ;
N21 G70 P16 Q20 F0.2 ;               -- 공구교환 하지 않고 정삭가공
N22 G00 X150. Z50. T0500 M09 ;
N23 M05 ;
N24 M02 ;
```

- 133 -

* 복합형 고정 Cycle 예제 프로그램

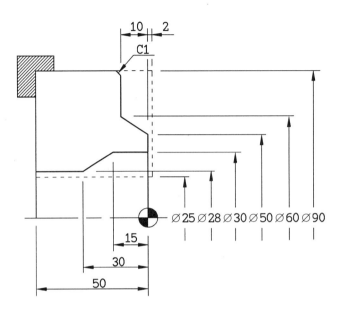

* 프로그램

```
01234 ;
G30 U0 W0 ;
G50 X150. Z150. S2500 T0100 ;         -- (외경 단면 황삭가공 T0100)
G96 S180 M03 ;
G00 X92. Z2. T0101 M08 ;              -- 고정 Cycle의 초기점(시작점) 이동
G72 W1.5 R0.5 ;
G72 P1 Q2 U0.2 W0.1 F0.23 ;          -- N1~N2까지 고정 Cycle 지령
N1 G41 G00 Z-12. ;                   -- X+2mm 위치에 있기때문에 C2로
G01 X88. Z-10. ;                        프로그램 한다.
X60. ;
X50. Z0. ;
N2 X23. ;
G40 G00 X150. Z150. T0100 M09 ;      -- 공구교환 지점으로 이동
T0200 ;                              -- (내경 황삭가공 T0200)
G00 X23. Z2. S170 T0202 M08 ;        -- 고정 Cycle의 초기점(시작점) 이동
```

```
G71 U2. R0.5 ;
G71 P3 Q4 U-0.4 W0.1 F0.25 ;      -- N3~N4까지 고정 Cycle 지령
N3 G41 G00 X30. ;                      (U-0.4는 내경 정삭여유)
G01 Z-15. ;
X28. Z-30. ;
N4 Z-52. ;
G40 G00 X150. Z150. T0200 M09 ;   -- 공구교환 지점으로 이동
T0300 ;                           -- (외경 정삭가공 T0300)
G00 X92. Z2. S200 T0303 M08 ;     -- 정삭 Cycle 시작점으로 이동 (보통
                                     황삭 Cycle의 시작점과 동일하게
                                     한다.)
G70 P1 Q2 F0.15 ;                 -- 정삭 Cycle 지령
G40 G00 X150. Z150. T0300 M09 ;   -- 공구교환 지점으로 이동
T0400 ;                           -- (내경 정삭가공 T0400)
G00 X23. Z2. S190 T0404 M08 ;     -- 정삭 Cycle 시작점으로 이동
G70 P3 Q4 F0.15 ;                 -- 정삭 Cycle 지령
G40 G00 X150. Z150. T0400 M09 ;   -- 공구교환 지점으로 이동
M05 ;
M30 ;
```

* 위 프로그램에서 주의사항

① 하나의 프로그램에 내경, 외경의 복합형 고정 Cycle을 두번이상 지령할 때는
반드시 시퀜스번호 지령을 다르게 해야한다.

시퀜스번호를 같게 지령하면 정삭가공 Cycle에 지령된 시퀜스번호를 역으로
찾기 때문에 먼저 나오는 시퀜스번호 지점에서 가공을 한다.

예를 들면 위 프로그램에서 G72, G71기능의 P1, Q2를 같게 지령하고 G70에서
P1, Q2를 지령하면 3번공구 외경정삭공구가 내경황삭 부위를 가공한다.

② 테이퍼가공이 있기 때문에 인선 R보정을 하는데 복합형 고정 Cycle를 사용할
때는 고정 Cycle 첫번째 블록에 지령하면 G70기능에서 지령하지 않아도 자동으
로 실행된다.

⑤ 단면홈(Drill)가공 Cycle(G74)

이 Cycle을 이용하여 내외경가공시 발생하는 Long Chip의 발생을 줄일 수가 있으며 단면에 홈을 가공할 때에도 Long Chip의 발생을 억제하면서 효율적인 가공을 할뿐 아니라 X축의 지령을 생략하여 단면 Drilling 작업도 가능하다.

* 지령방법 :
G74 R r ;
G74 X(U) u Z(W) w P p Q q R d F f ;

* 공구통로

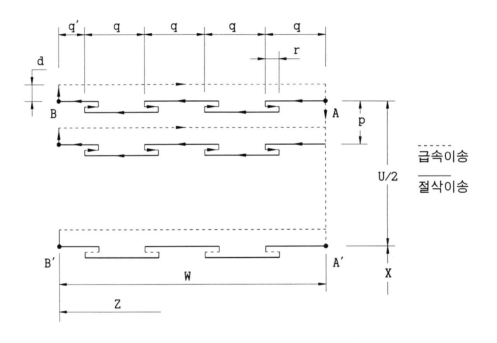

그림 2-36 단면홈가공 Cycle의 공구경로

* 지령 WORD의 의미

  r : 후퇴량(Z축 방향의 1회 절입후 뒤쪽으로 이동하는 량으로 위 <그림 2-36>
  의 r량을 지령한다.)

Modal 지령으로 다음에 지령될때까지 유효하며 프로그램에의해 파라메타를 변경할 수 있고 파라메타를 직접 입력할 수 있다.

X(U) : 가공하고자 하는 X축 방향의 최종(B′점의 직경치수)지점

Z(W) : 가공하고자 하는 Z축 방향의 최종지점

p : X축 방향의 이동량 (절입폭이라고 생각할 수 있으며 홈 가공시는 홈 Bite 의 2/3정도 절입한다.)

q : Z축 방향의 1회 절입량 Long Chip의 발생을 줄이기 위하여 적절한 깊이를 지령하며 p(X축 방향의 이동량)과 같이 소숫점을 지령할 수 없다.

d : X축 방향 이동량의 반대방향으로 후퇴량 지정

X축 방향의 이동량 지령이 없을 경우는 생략한다. 특히 단면폭이 홈 Bite 와 같은경우, 단면 Drill 작업을 할 때 생략하지 않으면 공구가 파손된다.

f : 단면절삭 Feed량 지정

주)① G74 윗쪽 Block에서의 R지령과 G74 아래 Block에서의 R지령의 구분은 X(U), Z(W)가 지령된 Block을 보고 판단할 수 있다.

② Cycle의 실행은 X(U), Z(W)가 지령된 Block에서 실행된다.

* **단면홈가공 Cycle(G74)의 예제 프로그램 1**

(공작물의 가공폭이 Bite의 폭과 동일한 경우)

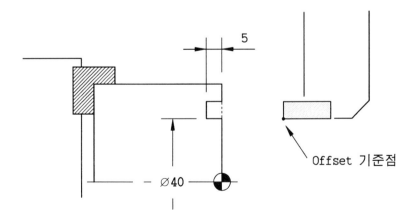

* 프로그램

```
        ↓
N10 G00 X40. Z2. ;              -- 고정 Cycle의 초기점(시작점)
N11 G74 R0.5 ;                  -- Z축 0.5mm 후퇴량 지정
N12 G74 Z-5. Q1000 F0.06 ;      -- 1mm절입하고 0.5mm후퇴를 반복 하면
        ↓                          서 Z축 -5mm까지 가공한다.
```

N12 Block의 X축의 지령과 P, R지령은 이동량이 없기 때문에 생략한다.

* 단면홈가공 Cycle(G74)의 예제 프로그램 2
(Drill 가공)

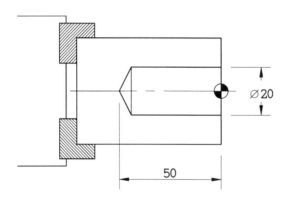

* 프로그램

```
        ↓
N10 G00 X0. Z4. ;               -- 고정 Cycle의 초기점(시작점)
N11 G74 R0.5 ;                  -- Z축 0.5mm 후퇴량 지정
N12 G74 Z-50. Q2000 F0.15 ;     -- 2mm절입하고 0.5mm후퇴를 반복 하면
        ↓                          서 Z축 -50mm까지 드릴가공 한다.
```

* 단면홈가공 Cycle(G74)의 예제 프로그램 3

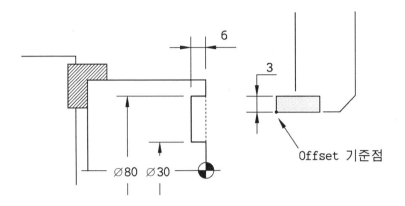

Offset 기준점

* 프로그램

```
       ↓
N01 GOO X73.9 Z2. ;              -- 고정 Cycle의 초기점(시작점)
N02 G74 R0.5 ;                   -- Z축 0.5mm 후퇴량 지정
N03 G74 Z-5.95 Q1500 F0.06 ;     -- 첫번째  한번은 X축의 후퇴량 없이
                                    가공
N04 GOO U-5. ;                   -- 두번째부터의 가공은 X축의 후퇴량
                                    을 사용하고 가공하기 위하여 가공
                                    시작점을 Bite폭의 2/3정도 이동시
                                    킨다.
N05 G74 X30.1 Z-5.95 P2500 Q1500 -- G74기능의  위쪽 Block은 생략하고
    R0.2 ;                          아래쪽 Block의 조건만 지령 한다.
                                    (P2500지령은 Bite폭이 3mm이기 때
                                    문에  2.5mm씩 절입하는  지령이고
                                    R0.2는 X축이 후퇴하는 지령이다.)
N06 GOO X74. ;                   -- 정삭가공
N07 G01 Z-6. F0.05 ;
N08 X30.2 ;
N09 GOO Z2. ;
N10 X30. ;
N11 G01 Z-6. ;
N12 U1. ;
N13 GOO Z2. ;
       ↓
```

⑥ 내외경홈가공 Cycle(G75)

공작물의 내경이나 외경에 홈을 가공하는 Cycle이다. 홈가공시 발생하는
Long Chip의 발생을 억제하면서 효율적으로 가공할 수 있다.

* 지령방법 :
```
G75 R r ;
G75 X(U) u  Z(W) w  P p  Q q  R d  F f ;
```

* 공구경로

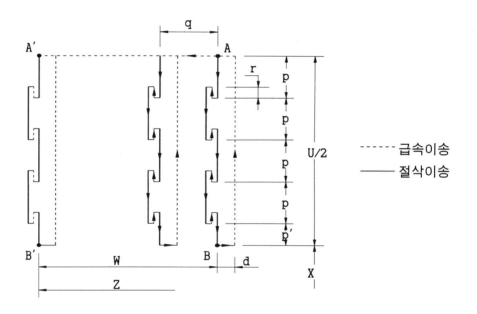

그림 2-37 내외경홈가공 Cycle의 공구경로

* 지령 WORD의 의미

　　r : 후퇴량(X축 방향의 1회 절입후 뒤쪽으로 이동하는 량으로 <그림 2-37>의
　　　　r값을 지령한다.)
　　　Modal 지령으로 다음에 지령될때까지 유효하며 프로그램에 의해 파라메
　　　타를 변경할 수 있고 파라메타를 직접 입력할 수 있다.

X(U) : 가공 하고자 하는 X축 방향의 최종(B'점의 직경치수)지점.

Z(W) : 가공 하고자 하는 Z축 방향의 최종지점

p : X축 방향의 1회 절입량으로 Long Chip의 발생을 줄이기 위하여 적절한 깊이를 지령하며 q(Z축 방향의 이동량)와 같이 소숫점을 지령할 수 없다.

q : Z축 방향의 이동량 (절입폭이라고 생각 할 수 있으며 홈가공시는 홈 Bite 의 2/3정도 절입한다.)

d : Z축 방향 이동량의 반대방향으로 후퇴량 지정.
  Z축 방향의 이동량 지령이 없을 경우는 생략한다. 특히 홈폭이 홈 Bite와 같은경우 생략하지 않으면 공구가 파손된다.

f : 홈절삭 Feed량 지정

주)① G75 윗쪽 Block에서의 R지령과 G75 아래 Block에서의 R지령의 구분은 X(U), Z(W)가 지령된 Block를 보고 판단할 수 있다.

② Cycle의 실행은 X(U), Z(W)가 지령된 Block에서 실행된다.

* 내외경홈가공 Cycle(G75)의 예제 프로그램 1

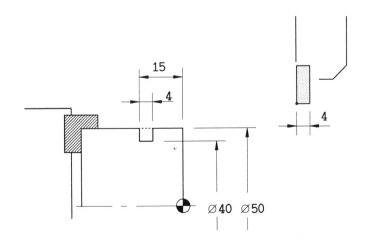

* 프로그램

```
        ↓
N10 G00 X52. Z-15. ;              -- 고정 Cycle의 초기점(시작점)
N11 G75 R0.5 ;                    -- X축 0.5mm 후퇴량 지정
N12 G75 X40. P1000 F0.08 ;        -- 1mm 절입하고 0.5mm 후퇴를 반복 하
        ↓                            면서 X축 Ø40mm까지 가공한다.
```

* 내외경홈가공 Cycle(G75)의 예제 프로그램 2

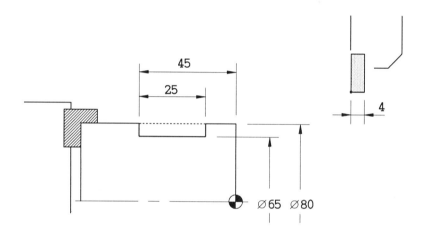

* 프로그램

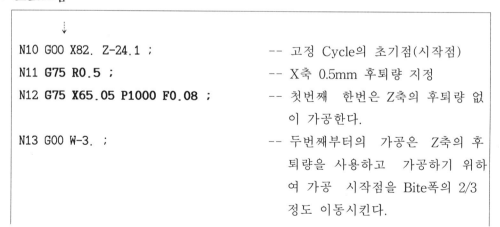

```
        ↓
N10 G00 X82. Z-24.1 ;             -- 고정 Cycle의 초기점(시작점)
N11 G75 R0.5 ;                    -- X축 0.5mm 후퇴량 지정
N12 G75 X65.05 P1000 F0.08 ;      -- 첫번째 한번은 Z축의 후퇴량 없
                                     이 가공한다.
N13 G00 W-3. ;                    -- 두번째부터의 가공은 Z축의 후
                                     퇴량을 사용하고 가공하기 위하
                                     여 가공 시작점을 Bite폭의 2/3
                                     정도 이동시킨다.
```

N14 **G75 X65.05 Z-44.9 P1000 Q3000**   -- G75기능의 위쪽 Block은 생략하
     R0.2 F0.08；   고 아래쪽 Block의 조건만 지령
                                                한다.(Q3000지령은 Bite폭이 4mm
                                                 이기 때문에 3mm씩 절입하는 지
                                                 령이고 R0.2는 Z축이 후퇴하 는
                                                 지령이다.)

N15 G00 X81. Z-24. ;   -- 정삭가공(홈정삭 Cycle은 없다.)
N16 G01 X65. F0.1 ;
N17 Z-44.8 F0.15 ;
N18 G00 X81. ;
N19 Z-45. ;
N20 G01 X65. F0.1 ;
N21 W2. ;
N22 G00 X82. ;
     ⁝

⑦ 자동나사가공 Cycle(G76)

나사를 가공하는 복합형 고정 Cycle로서 G32, G92 나사가공 기능과는 차이가 있다. 나사의 최종골경과 절입조건등을 2 Block으로 지령 하므로서 자동적으로 나사를 완성가공할 수 있는 기능이다.

* 지령방법 :
G76 P m r a   Q dmin   R d   ;
G76 X(U) u   Z(W) w   P k   Q q   R i   F f   ;

* 공구경로

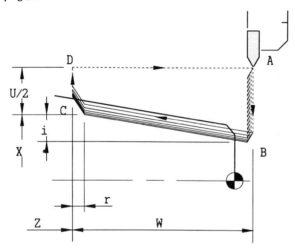

그림 2-38 자동나사가공 Cycle의 공구경로

* 60° 절입상세

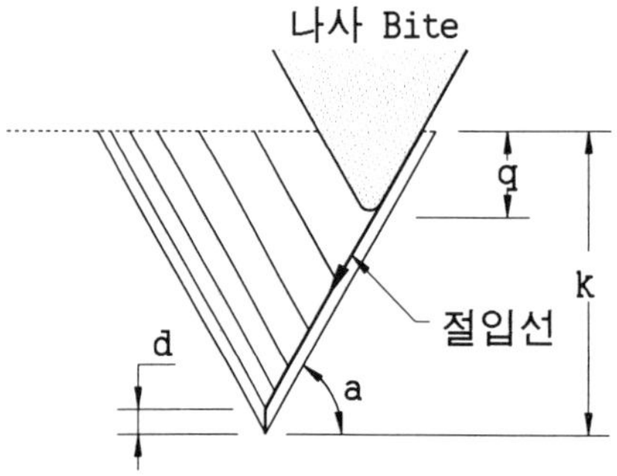

나사 Bite

절입선

* 0° 절입상세

절입선

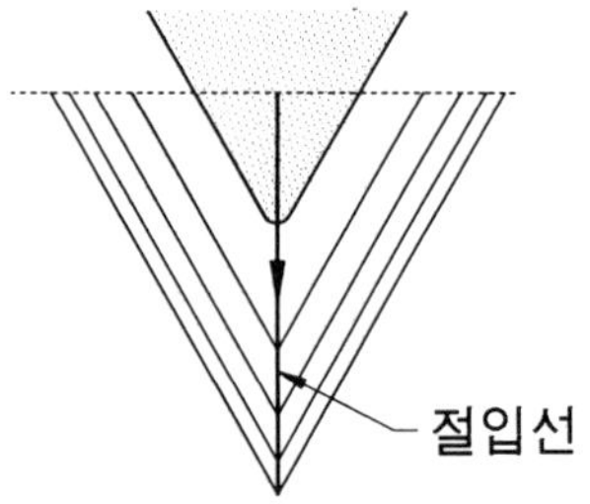

그림 2-39 자동나사가공 Cycle의 절입방법

* 지령 WORD의 의미

P(mra) : 이 지령은 P이하 6단 지령으로 2단씩 각각의 의미는 아래와 같고 6
단을 동시에 지령한다.

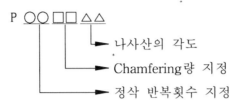

m : 정삭 반복횟수의 지정

1~99회까지 지정 가능하다.

r : Chamfering량 지정

나사가공 마지막 부위의 불완전나사부를 가공하는 량을 지령하는 것이
다.

나사의 Lead를 L로 하여 0.0×L~9.9×L 까지 지령할 수 있다.

소숫점은 지령할 수 없으며 r=10을 지령하면 45도 각도로 후퇴한다.

a : 나사산의 각도 (나사의 절입각도)지정

지령할 수 있는 각도는 80˚ 60˚ 55˚ 30˚ 29˚ 0˚ 이다.

P(mra)의 지령 예

m = 1회정삭, r = 불완전나사부 1 Pitch (45˚), a = 삼각나사일때
P011060 으로 지령 한다.

dmin : 최소 절입량 지정

자동나사가공 Cycle에서는 나사의 골경과 최초절입량을 지정하면 자동
으로 절입횟수에 비례하여 절입량이 작아진다. 작아지는 량의 하한치
값을 지령하며 이 지령한 값 보다는 작아지지 않는다.

d : 정삭여유 지정

<그림 2-39>의 절입상세도에서 보면 나사의 절입은 주어진 경사를 가
지고 절입 한다. 나사가공의 완성까지 경사절입을 하면 한쪽면의 표면조
도는 깨끗하지 못하고 정밀도도 좋지않다. 그래서 제일 마지막의 정삭은
직각으로 절입하고 이 직각으로 절입하는 량을 지정한다.

위에서 설명한 G76 P Q R ;은 Modal 지령으로 다음에 지령될때까지 유
효하며 프로그램에 의해 파라메타를 변경할 수 있고 파라메타를 직접 입

력할 수 있다.

X(U) : 나사가공의 최종 골경을 지정

Z(W) : 나사가공 길이를 지정

나사가공이 끝나는 지점은 Chamfering 끝나는 지점이므로 완전나사부의 길이와 Chamfering량을 합한 값을 지령한다.

완전나사부의 길이가 20mm이고 Pitch가 2mm일때 지령은 20+2 = 22 이므로 Z-22.를 지령한다.

k : 나사산의 높이 지정

자동 나사가공의 지령은 나사의 외경지령이 없다. 그러나 나사의 골경과 나사산의 높이지정으로 외경을 NC 내부에서는 알수 있으며 이 외경을 기준하여 최초 절입량이 결정된다. X축의 나사가공 시작점이 외경에서 얼마가 떨어져 있어도 최초 절입량은 동일하게 되며, 반경치로 나사산의 높이를 지령하면 된다.

q : 최초 절입량

자동나사가공의 절입 횟수는 최초 절입량을 기준하여 자동으로 결정 되며 최초 절입량에 따라 가공 횟수와 가공시간에 많은 영향을 받는다.

최초 절입량의 참고 치수는 제5장 기술자료편의 "나사가공 절입조건표"의 첫번째 절입량을 지령하면 된다. 나사산의 높이지령과 마찬가지로 반경 지령이다.

i : 테이퍼나사 가공시 기울기 량을 지령한다. 생략하면 직선나사가 되고 기울기의 부호관계는 G92기능과 같다.

f : 나사의 Lead지정

주)① 나사가공시 Feed Hold 버튼을 ON 했을경우 나사가공을 완성하고 다음 Block에서 정지한다.

② 나사절삭 Retract Option 기능이 있는 기계에서 Feed Hold 버튼을 ON하면 나사가공을 중단하고 초기점으로 복귀 한다.

③ G76 윗쪽 Block에서의 P, Q, R지령과 G76 아래 Block에서의 P, Q, R지령의 구분은 X(U), Z(W)가 지령된 Block를 보고 판단할 수 있다.

④ 기타 주의사항은 "G32, G92 기능"편을 참고 하십시오.

* **자동나사가공 Cycle(G76)의 예제 프로그램**

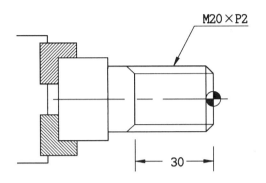

M20×P2

30

* **나사가공 프로그램**

N01 X24. Z2. ;	--가공 시작점
N02 **G76 P011060 Q50 R20** ;	--G76 자동나사가공 지령
	P : 정삭1번, 45도 챔퍼링, 절입
	각도 60도
	Q : 최소 절입량 0.05mm
	R : 정삭여유 0.02mm
N03 **G76 X17.62 Z-32. P1190 Q350**	--X : 나사의 골경
F2. ;	Z : 챔퍼링 끝지점의 나사길이
	P : 나사산의 높이(반경지정)
	Q : 최초 절입량 0.35mm
	F : 나사의 Lead

주) 복합형 고정 Cycle (G70~G76)의 공통 주의사항

① G70~G73기능은 반자동(MDI)에서 지령할 수 없다.

② G74~G76기능은 반자동(MDI)에서 지령할 수 있다.

③ 복합형고정 Cycle은 한 Block지령으로 실행할 수 있다. 왜냐 하면 위쪽

Block은 파라메타를 변경시키는 지령이기 때문에 생략을 해도 이미 설정된 파라메타 내용대로 실행한다.

④ G70~G73 사이의 P~Q Block 중에는 다음 내용은 지령할 수 없다.
  * G04를 제외한 One Shot G-코드
  * G00, G01, G02, G03을 제외한 "01" Group의 G-코드
  * "06" Group의 G-코드
  * M98, M99

⑤ 복합형 고정 Cycle 실행도중 수동개입이 가능하나 재개할려면 필히 개입전 지점으로 이동 후 재개해야 한다.

참고 19) 고정 Cycle 프로그램과 일반 프로그램의 차이

일반적으로 프로그램을 작성할 때 고정 Cycle 프로그램을 작성 할것인지 일반 프로그램을 작성 할것인지 많이 망설이게 된다.

먼저 고정 Cycle 프로그램과 일반 프로그램의 장단점을 살펴보면
1. 고정 Cycle 은 프로그램을 간단히 작성할 수 있다.
   간단히 작성하므로서 프로그램 작성 시간과 입력 시간, 메모리(Memory)의 용량을 적게 사용한다.
2. 하지만 고정 Cycle의 공구경로는 임의적으로 변경할 수 없다.
   예를 들면 G71기능 가공을 마치고 초기점으로 이동하지 않고 싶지만 초기점으로 이동하므로서 실제 가공시간이 길어 진다.
3. 일반 프로그램은 하나하나 절입량을 계산하면서 프로그램을 작성하기 때문에 프로그램 작성 시간과 입력 시간등 많은 인내를 요구하는 문제점이 있다.
4. 고정 Cycle 프로그램의 공구경로와는 달리 꼭 필요하고 적당한 가공지령을 조정하기 편리하다.

결과적으로 고정 Cycle 프로그램과 일반 프로그램은 공작물의 수량에 따라서 결정 한다.

다품종 소량생산일때는 고정 Cycle 프로그램을 작성하므로서 프로그램 작성 시간을 절약하여 생산성을 높이고 소품종 대량생산일때는 한 개당의 가공 시간을 줄이는 일반 프로그램을 작성하므로서 생산성을 높일 수 있을 것이다.

※ 0T 시스템과 0T 시스템이 아닌 경우의 고정 Cycle 비교

0T 시스템	0T 시스템이 아닌 경우	지령 WORD의 의미
G70 P_ Q_ F_ ;	G70 P_ Q_ F_ ;	P : 싸이클 시작 시퀀스 번호 Q : 싸이클 종료 시퀀스 번호
G71 U_ R_ ; G71 P_ Q_ U_ W_ F_ ; N p ; 〜 N q ;	G71 P_ Q_ U_ W_ D_ F_ ; N p ; 〜 N q ;	P : 싸이클 시작 시퀀스 번호 Q : 싸이클 종료 시퀀스 번호 U : X축 방향 정삭여유 W : Z축 방향 정삭여유 D : X 방향 1회 절입량
G72 W_ R_ ; G72 P_ Q_ U_ W_ F_ ; N p ; 〜 N q ;	G72 P_ Q_ U_ W_ D_ F_ ; N p ; 〜 N q ;	P : 싸이클 시작 시퀀스 번호 Q : 싸이클 종료 시퀀스 번호 U : X축 방향 정삭여유 W : Z축 방향 정삭여유 D : Z 방향 1회 절입량
G73 U_ W_ R_ ; G73 P_ Q_ U_ W_ F_ ; N p ; 〜 N q ;	G73 P_ Q_ U_ W_ I_ K_ D_ F_ ; N p ; 〜 N q ;	P : 싸이클 시작 시퀀스 번호 Q : 싸이클 종료 시퀀스 번호 U : X축 방향 정삭여유 W : Z축 방향 정삭여유 I : X축 방향 가공여유 K : Z축 방향 가공여유 D : 반복 횟수
G74 R_ ; G74 X_ Z_ P_ Q_ R_ F_ ;	G74 X_ Z_ I_ K_ D_ F_ ;	I : X축 방향 이동량 K : Z축 방향 1회 절입량 D : X축 방향 도피량
G75 R_ ; G75 X_ Z_ P_ Q_ R_ F_ ;	G75 X_ Z_ I_ K_ D_ F_ ;	I : X축 방향 1회 절입량 K : Z축 방향 이동량 D : Z축 방향 도피량
G76 P___ Q_ R_ ; G76 X_ Z_ P_ Q_ R_ F_ ;	G76 X_ Z_ I_ K_ D_ A_ F_ ;	I : 테이퍼나사의 기울기 량 K : 나사산의 높이 D : 최초 절입량 A : 나사산(절입) 각도

2.4.10 측정기능

측정장치를 부착하여 공작물의 측정이나 공구의 길이보정 등을 자동적으로 하는 Option 기능이다.

(1) SKIP 기능(G31)

* 의   미 : Skip 기능 실행도중에 외부에서 Skip 신호가 입력되면 이동을 중지하고 다음 Block을 실행한다.(Skip 신호가 없으면 종점까지 이동 한다.)

단, 이동시 G01기능과 마찬가지로 직선보간을 하고, 일반적으로 측정장치를 부착한 NC 연삭기에 많이 사용하는 기능이다.

* **지령방법** : **G31 X(U)_____ Z(W)_____ F_____ ;**

* **공구경로**

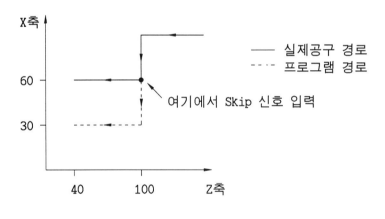

그림 2-40 Skip 기능의 공구경로

* **G31 프로그램 예**

```
        ↓
N10 G01 Z100. F0.3 ;
N11 G31 X30. F0.2 ;      -- X30 위치까지 이동하는 도중에 외부에서  Skip
N12 G01 Z40. F0.3 ;          신호가 들어오면  나머지  이동량을  무시하고
        ↓                    다음 Block으로 이동한다.(G01기능 포함한다.)
```

주)① 인선 R보정이 실행된 상태에서는 Skip 지령을 할 수 없으므로 G40지령 후
   사용 한다.

(2) 자동공구보정 (G36 G37)

공구의 X, Z축 공구위치 Offset(공구길이 보정)를 측정장치(Touch Sensor)를
사용하여 CNC가 자동적으로 측정, 계산하여 Offset 화면에 등록하는 기능이다.
보통 자동중에 미세한 치수변화를 절대좌표의 프로그램 지령치수와 현재 절대
좌표 위치를 비교하여 차이값을 자동으로 보정한다.

* 지령방법 :
G36 X____ ;	X축 공구보정
G37 Z____ ;	Z축 공구보정

* 공구경로

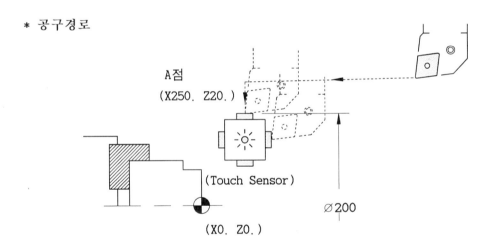

그림 2-41 자동공구보정

* G36 프로그램 예

↓	
G00 X250. Z20. T0101 ;	-- A점으로 공구보정하면서 이동
G36 X200. ;	-- X축 자동공구보정 (이때 절대좌표계가 X199.5 이면 199.5 - 200. = -0.5 에서 -0.5mm를 01번 Offset 번호에 자동보상한다.
↓	

2.4.11 대향공구대 좌표계(Mirror Image)

대향공구대 좌표계를 사용하는 기계는 2축 선반에서 공구대가 2개일때와 공구대가 없는(Gang Type)기계에서 보통 사용되며, 그 사용방법은 기계원점 방향이 G69이고 반대방향이 G68이다. 대향공구대 부호의 변경은 X축만 변화하고 Z축은 변화지 않는다. 아래 <그림 2-42>에서 A공구와 B공구를 사용하여 가공할 때 A공구를 G00 X50. Z0를 지령하면 B공구는 반대쪽으로 이동하고. B공구를 이용하여 가공 하려면 G00 X-50. Z0를 지령해야 B공구가 b지점으로 이동 할것이다. 이때 X축의 지령은 -(Minus)를 항상 지령해야 하는 번거러움을 G68지령으로 -(Minus)지령을 대신할 수 있다.

(1) 지령 구분

G68	대향공구대 좌표계 ON	G69가 실행될때까지 대향공구대 유효
G69	대향공구대 좌표계 Cancel	G68이 지령될때까지 통상좌표계 유효

＊ 공구위치 구분

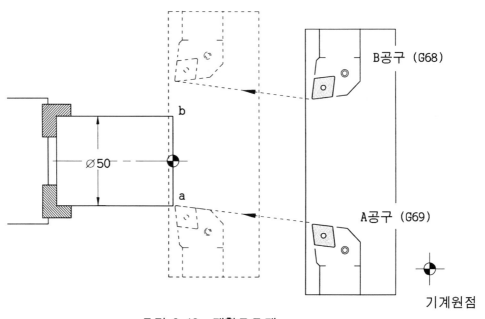

그림 2-42   대향공구대

주)① 사용하고자 하는 공구의 이동지령 이전에 단독 Block로 지령한다.

② 두 공구대 간의 거리를 파라메타로 입력할 수 있다.

③ 기계원점 방향이 G69 좌표계이다.

④ 공구 보정시 반자동으로 G68, G69를 실행하면서 보정해야 한다.

* G68, G69 프로그램 예

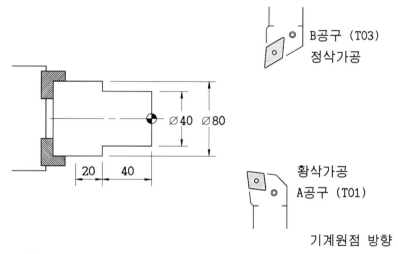

B공구 (T03)
정삭가공

Ø40 Ø80

20 40

황삭가공
A공구 (T01)

기계원점 방향

* 프로그램

```
01234 ;
G69 ;                                  -- 대향공구대 좌표 무시
G30 U0. W0. ;
G50 X200. Z50. S2000 T00 ;
G97 G00 X40.4 Z2. S1200 T01 M03 ; -- 회전공구대가 없는 기계는 공구번호
G01 Z-39.95 F0.3 M08 ;                 을 생략하고 Offset 번호만 사용한다.
X80.4 ;
Z-60. ;
G00 X100. Z50. T00 M05 ;               -- Offset 무시 지령도 2단으로 한다.
G68 ;                                  -- 대향공구대 좌표 On
G00 X40. Z2. S1500 T03 M04 ;
G01 Z-40. F0.2 ;
X80. ;
Z-60. ;
G00 X100. Z50. T00 M05 ;
M02 ;
```

2.4.12 보조기능(M 기능)

기계측의 보조장치들을 제어하는 기능으로 내부적인것과 외부적인것이 있다. Address "M"과 2자리 수치로 지령한다. 내부기능(프로그램을 제어하는 기능)으로는 M00, M01, M02, M30, M98, M99등이 있다.

(1) 기능 설명

기 능	내 용	비 고
* M00	* Program Stop 프로그램의 일단정지이며 여기까지의 모달정보는 보존된다. 자동개시를 누르면 자동운전을 재개한다.	
M01	* Optional Program Stop 조작판의 M01 Switch가 ON상태일 때만 정지하고 M01 Switch가 OFF일 때는 통과한다. (정지할 때는 M00 상태와 동일하다.)	
* M02	* Program End 모달정보의 기능이 말소되며 프로그램이 종료된다. (Cusor를 선두로 되돌리는 기능도 있다.)	
* M03	* Spindle Rotation (C,W) 주축 정회전 (시계방향 회전)	
M04	* Spindle Rotation (C,C,W) 주축 역회전 (반 시계방향 회전)	
* M05	* Spindle Stop 주축정지	
* M08	* Coolant ON 절삭유 ON	
* M09	* Coolant OFF 절삭유 OFF	
M12	* Chuck Clamp 척 물림	

기 능	내 용	비 고
M13	* Chuck Unclamp 척 풀림	
M14	* Tail Stock Extend 심압대 Spindle 전진	
M15	* Tail Stock Retract 심압대 Spindle 후진	
* M30	* Program Rewriend & Restart 프로그램의 종료후 선두로 되돌리는 기능과 선두에서 다시 실행하는 두가지 기능이 있다. (기계조작설명서의 파라메타를 참고 하시오.) M02 기능보다 이 기능을 많이 활용한다.	
M40	* Spindle Gear Neutral Position 주축기어 중립 위치	
* M41	* Spindle Gear Low Position 주축기어 저속 위치	
* M42	* Spindle Gear Middle Position 주축기어 중속 위치	
* M43	* Spindle Gear High Position 주축기어 고속 위치	
M48	* Spindle Override Cancel OFF 조작판의 주축 Override Switch로 주축의 속 도변화를 시킬 수 있다.	
M49	* Spindle Override Cancel ON 조작판의 주축 Override Switch로 주축의 속 도변화를 시킬 수 없다.	

기 능	내 용	비 고
* M98	*** Sub Program 호출** ① FANUC 0 Serise 호출방법 　M98 P□□□□ △△△△ 　　　　　　　　　└→ 보조 프로그램 번호 　　　　　└→ 반복횟수(생략하면 1회) ② 일반적인 호출방법(FANUC 6, 10, 11 Serise 등) 　M98 P□□□□ L△△△△ 　　　　　　　　　└→ 반복횟수(생략하면 　　　　　　　　　　　 1회) 　　　　　└→ 보조 프로그램 번호	
* M99	*** Main Program 호출** ① 보조 프로그램의 끝을 나타내며 주 프로그램으로 되돌아 간다. ② 분기 지령을 할 수 있다. 　M99 P△△△△ 　　　　　└→ 분기 하고자 하는 시퀀스 번호	

참고) ① 보조기능은 기계제작회사와 기계의 종류에 따라 약간씩 차이가 있으므로 기계 조작설명서를 참고 하십시오.

② * 표의 보조기능들은 많이 사용하는 기능이다.

** 보조 프로그램을 이용한 예제 **

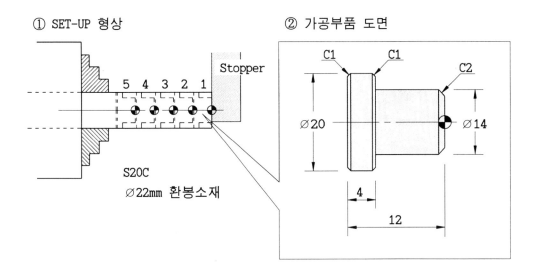

① SET-UP 형상

5 4 3 2 1
Stopper

S20C

∅22mm 환봉소재

② 가공부품 도면

③ 절삭조건

순	공 정 명	공구번호	절삭속도	이 송	참 고
1	Stopper	T0700	−	−	소재 기준점 결정
2	외경황삭가공	T0100	S180	F0.25	
3	외경정삭가공	T0300	S210	F0.18	
4	외경절단가공	T0500	S140	F0.08	폭 4mm 바이트

* 프로그램

```
07788(PIN MAIN);
G30 U0 W0 ;
G50 X100. Z50. S2800 T0700 ;
G00 X-10. Z0. T0707 ;          -- Stopper 위치결정
M00 ;                          -- Stopper 지점까지 소재를 빼낸다.
G00 X100. Z50. T0700 ;
```

```
M98 P7789 ;                         -- 1번 공작물 가공
G00 W-17. ;                         -- 공작물길이 + 바이트폭 + 단면가
                                       공여유 (12+4+1)
M98 P7789 ;                         -- 2번 공작물 가공
G00 W-17. ;
M98 P7789 ;                         -- 3번 공작물 가공
G00 W-17. ;
M98 P7789 ;                         -- 4번 공작물 가공
G00 W-17. ;
M98 P7789 ;                         -- 5번 공작물 가공
M30 ;                               -- 프로그램 선두로 되돌아가 M00에
                                       서 Stop한다.

07789(PIN SUB) ;                    -- 보조 프로그램(가공 형상)
N01 G50 X100. Z50. T0100 ;
G96 S180 M03 ;
G00 X24. Z0. T0101 M08 ;            -- 단면은 정삭가공을 황삭에서 한다.
G01 X0. F0.2 ;
G00 X24. Z1. ;
G71 U2. R0.5 ;
G71 P10 Q20 U0.4 W0.1 F0.25 ;
N10 G42 G00 X8. ;                   -- 단면 1mm지점에서 면취를 시작하기
G01 X14. C-3. ;                        때문에  C3으로 가상하고 프로그램
Z-8. ;                                 작성한다.
X20. C-1. ;
N20 Z-13. ;
G40 G00 X100. Z50. T0100 M09 ;
T0300 ;                             -- 정삭공정
G00 X24. Z1. S210 T0303 M08 ;
G70 P10 Q20 F0.18 ;
G40 G00 X100. Z50. T0300 M09 ;
T0500 ;                             -- 면취및 절단 공정
G00 X24. Z-16. S140 T0505 M08 ;
```

```
G01 X18. F0.08 ;                   -- 면취 끝지점까지 홈가공을 하고 위
G00 X23. ;                            쪽에서 다시 면취를 하면서 절단가
W1.5 ;                                공 한다.
G01 X18. Z-16. F0.15 ;
X0. F0.08 ;
G00 X30. ;
X100. Z50. T0500 M09 ;
M05 ;
M99 ;
```

** 분기명령을 이용한 예제 **

* 프로그램

```
05555(GOTO MAIN);
N01 G28 U0. W0. ;
N02 G00 U-120.128 W-189.361 ;      -- 제2원점 위치로 이동
N03 M00 ;
N04 G50 X100. Z100. S2800 T0100 ;
N05 G97 G00 X30. Z0. T0101 M08 ;
N06 G01 Z-50. F0.25 ;
          ⋮
          ⋮
          ⋮
N35 M05 ;
N36 M99 P03 ;                      -- 분기명령 N03번으로 되돌아 간다.
                                      (GOTO 지령과 동일하다.)
                                      N01부터 N36실행하고 다시 N03에서
                                      N36반복 실행한다.
```

* 보조 프로그램에서 주 프로그램으로의 분기 지령도 가능하다.

MEMO

제 3 장

응용 프로그래밍

3.1 프로그래밍의 순서
3.2 직선절삭 프로그램 1
3.3 직선절삭 프로그램 2
3.4 원호절삭 프로그램 1
3.5 원호절삭 프로그램 2
3.6 나사절삭 프로그램 1
3.7 나사절삭 프로그램 2
3.8 내외경절삭(G90 Cycle) 프로그램 1
3.9 내외경절삭(G90 Cycle) 프로그램 2
3.10 단면절삭(G94 Cycle) 프로그램 1
3.11 외경홈가공 프로그램 1
3.12 응용과제 1
3.13 응용과제 2

3.1 프로그래밍의 순서

(1) 가공 공정도

아래 도면의 정삭가공 프로그램을 작성한다.

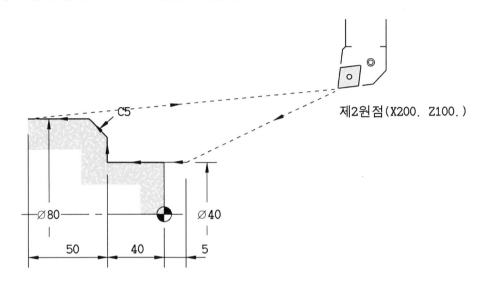

(2) 프로그램의 순서

순서	프로그램 내용	프로그램 설명
1	O1234 ;	-- 프로그램 번호
2	G30 U0. W0. ;	-- 제2원점 복귀(증분지령이 안전하다)
3	G50 X200. Z100. S2500 T0100 ;	-- 좌표계설정, 주축 최고회전수 지정, 공구선택
4	G96 S180 M03 ;	-- 절삭속도및 주축 정회전 지령
5	G42 G00 X40. Z5. T0101 M08 ;	-- 가공 시작점으로 이동하면서 공구길이 보정및 인선 R보정 개시
6	G01 Z-40. F0.2 ;	-- 절삭
7	X80. C-5. ;	
8	Z-90. ;	
9	G40 G00 X200. Z100. T0100 M09;	-- 공구 교환점 복귀, 공구길이 보정과 인선 R보정 말소및 절삭유 OFF
10	M05 ;	-- 주축정지
11	M02 ;	-- 프로그램 END

(3) 프로그램을 능률적으로 **빨리** 작성하는 요령

① 프로그램 선두의 순서를 암기한다.(순서 1번부터 5번까지 중에서 제2원점의 좌표와 회전수, 공구번호만 적절하게 수정하면 된다.)

② 6번부터 8번까지는 절삭지령이다. 소품종 대량생산의 경우는 고정 Cycle을 사용하지 않는것이 좋고 다품종 소량생산의 경우는 고정 Cycle을 사용하는 것이 프로그램의 시간을 단축하고 생산성을 높일 수 있다.

③ 9번 Block은 공구를 바꾸기 위하여 중간점으로 이동한다. 이때 중요한 것은 보정기능(인선 R보정, 공구길이 보정)을 말소 시킨다.

④ 계속해서 다음 공정이 있다면 공구선택부터 반복한다.

⑤ 10, 11번 에서는 프로그램을 종료 시킨다.

참고 20) 프로그램 작성시 유의사항

앞 예제 프로그램은 일반적인 프로그램의 순서이다.

밑줄친 내용에 대해서 정확하게 내용을 이해하고 지령해야 하며 Word의 위치와 수치에 주의 하여야 한다.

Word의 순서 N G X(U) Z(W) F S T M ;를 외우고 이 순서대로 프로그램을 작성하면 차후에 프로그램을 수정할 때 혼동되지 않고 정확하고 신속하게 수정할 수 있다.

프로그램에는 정답이 없다. 하지만 좋은 프로그램과 그렇지 못한 프로그램은 있는 것이다. 좋은 프로그램이란 준비기능과 보조기능등 기능을 정확히 이해하고 적절한 순서에 입각하여 나열하는 것이다.

프로그램은 기본적으로 위치결정(G00)지령을 나누어서 블록수를 많이 지령하면 가공시간(Cycle Time)이 길어지고, 제2원점은 최대한 공작물과 가까운 위치에 설정하여 위치결정 시간과 기계의 수명을 연장 시켜야 한다.

NC 기계의 주축은 브레이크 장치가 없기때문에 주축을 빨리정지 시키기 위해서 역상의 많은 전류를 순간적으로 투입하여 주축을 정지 시킨다. 이때 발생되는 많은 전력소모와 정지시 소비되는 시간이 크기 때문에 가능한 공구교환을 할때마다 주축을 정지시키지 말고 프로그램 마지막에 한번만 정지 시킨다.

3.2 직선절삭 프로그램 1

* 아래 절삭조건을 보고 직선보간(G01) 프로그램을 작성 하시오.

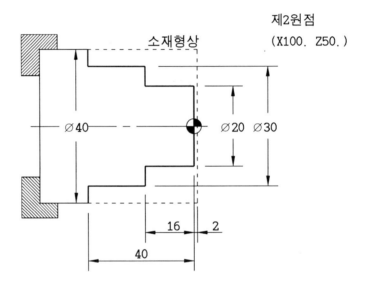

	순	공 정 명	공구번호	절삭속도 m/mim	FEED mm/rev	응용 PROGRAMMING 직선절삭 프로그램 1	
절삭조건	1	외경황삭	T0100	180	0.25		
	2	외경정삭	T0300	220	0.2	소재치수	∅40 × 60
	3					재　질	S45C
	4					1회 절입량	황삭직경 5mm

(1) 직선절삭 프로그램 1의 해답

(일반적인 방법의 프로그램)

```
00001 ;
G30 U0. W0. ;
G50 X100. Z50. S2800 T0100 ;        -- 공작물 좌표계 설정, 주축 최고회전수
G96 S180 M03 ;                          지정, 공구선택
G00 X42. Z0.1 T0101 M08 ;
G01 X0. F0.23 ;                     -- 단면가공(정삭여유 0.1mm)
G00 X35. W1. ;                      -- 외경가공 위치로 급송이동(가공후 약간
                                       의 후퇴 지령은 증분지령이 편리하다.)
G01 Z-39.9 F0.25 ;                  -- 외경절삭
G00 U1. Z2. ;
X30.4 ;
G01 Z-39.9 ;
G00 U1. Z2. ;
X25. ;
G01 Z-15.9 ;
G00 U1. Z2. ;
X20.4 ;
G01 Z-15.9 ;
G00 X100. Z50. T0100 M09 ;          -- Offset 말소 하면서 공구교환 지점으로
T0300 ;                                이동
G00 X22. Z0. S220 T0303 M08 ;
G01 X0. F0.15 ;                     -- 정삭가공(정삭 Feed를 생략하면 황삭
G00 X20. Z1. ;                         Feed로 절삭한다.)
G01 Z-16. F0.2 ;
X30. ;
Z-40. ;
X42. ;
G00 X100. Z50. T0300 M09 ;
M05 ;
M02 ;
```

(2) 직선절삭 프로그램 1의 해답
(고정 Cycle의 프로그램)

```
00001 ;
G30 U0. W0. ;
G50 X100. Z50. S2800 T0100 ;
G96 S180 M03 ;
G00 X42. Z0.1 T0101 M08 ;        -- 단면가공(정삭여유 0.1mm)
G01 X0. F0.23 ;
G00 X42. Z1. ;                   -- 고정 Cycle의 초기점 지정(보통 절대
                                    지령으로 지정한다.)

G71 U2.5 R0.5 ;                  -- 고정 Cycle 절입량및 후퇴량 지정
G71 P1 Q2 U0.4 W0.1 F0.25 ;      -- 고정 Cycle 구역 지정및 정삭여유 지
N1 G00 X20. ;                       정
G01 Z-16. ;
X30. ;
Z-40. ;
N2 X42. ;
G00 X100. Z50. T0100 M09 ;
T0300 ;
G00 X22. Z0. S220 T0303 M08 ;
G01 X0. F0.15 ;                  -- 단면 정삭가공
G00 X42. Z1. ;                   -- 정삭 Cycle 초기점(보통 황삭 Cycle의
                                    초기점과 동일하게 한다.)

G70 P1 Q2 F0.2 ;                 -- 정삭 Cycle 가공(황삭 Cycle의 구역지
G00 X100. Z50. T0300 M09 ;          령과 정삭 Feed지령)
M05 ;
M02 ;
```

3.3 직선절삭 프로그램 2

* 아래 절삭조건을 보고 프로그램을 작성 하시오.

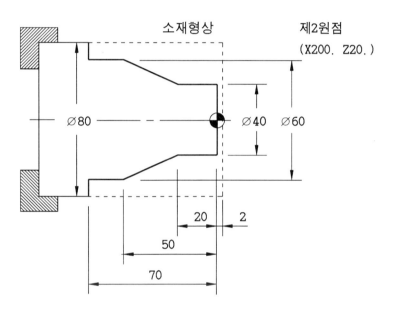

	순	공 정 명	공구번호	절삭속도 m/mim	FEED mm/rev	응용 PROGRAMMING 직선절삭 프로그램 2	
절 삭 조 건	1	외경황삭	T0100	220	0.3		
	2	외경정삭	T0500	240	0.15	소재치수	∅80 × 100
	3					재 질	황 동
	4					1회 절입량	황삭직경 4mm

(1) 직선절삭 프로그램 2의 해답

```
00001 ;
G30 U0. W0. ;
G50 X200. Z20. S3000 T0100 ;
G96 S220 M03 ;
G00 X82. Z0.1 T0101 M08 ;
G01 X0. F0.25 ;                      -- 단면가공(정삭여유 0.1mm)
G00 X82. Z1. ;                       -- 고정 Cycle의 초기점 지정(보통 절대
                                        지령으로 지정한다.)
G71 U2. R0.5 ;                       -- 고정 Cycle 절입량및 후퇴량 지정
G71 P1 Q2 U0.4 W0.1 F0.3 ;           -- 고정 Cycle 구역지정및 정삭량 지정
N1 G42 G00 X40. ;                    -- 인선 R우측보정
G01 Z-20. ;
X60. Z-50. ;
Z-70. ;
N2 X81. ;
G00 G40 X200. Z20. T0100 M09 ;       -- 인선 R보정 말소를 꼭 해야한다.
T0500 ;
G00 X42. Z0. S240 T0505 M08 ;
G01 X0. F0.12 ;                      -- 단면정삭 가공
G00 X82. Z1. ;                       -- 정삭 Cycle 초기점(보통 황삭 Cycle의
                                        초기점과 동일하게 한다.)
G70 P1 Q2 F0.15 ;                    -- 정삭 Cycle 가공(황삭 Cycle의 구역지
                                        령과 정삭 Feed지령)
G00 G40 X200. Z20. T0500 M09 ;       -- 인선 R보정 말소를 꼭 해야한다.(정삭
M05 ;                                   가공에서 인선 R보정은 N1번 Block에
M02 ;                                   서 실행된다.)
```

3.4 원호절삭 프로그램 1

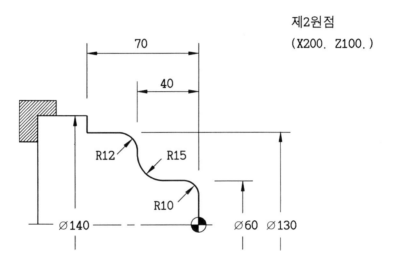

* 아래 절삭조건을 보고 정삭가공 프로그램을 작성 하시오.

제2원점
(X200. Z100.)

70

40

R12   R15

R10

Ø140   Ø60 Ø130

절삭조건	순	공 정 명	공구번호	절삭속도 m/mim	FEED mm/rev	응용 PROGRAMMING 원호절삭 프로그램 1	
	1	외경정삭	T0300	180	0.2		
	2					소재치수	황삭된 상태
	3					재 질	S45C
	4					1회 절입량	

(1) 원호절삭 프로그램 1의 해답

(자동면취 코너 R기능 프로그램)

```
00001 ;
G30 U0. W0. ;
G50 X200. Z100. S2500 T0300 ;
G96 S180 M03 ;
G00 G42 X0. Z3. T0303 M08 ;        -- 가공하기 전에 인선 R보정을 공구이
G01 Z0. F0.2 ;                         동 시키면서 실행한다.
X60. R-10. ;
Z-40. R15. ;
X130. R-12. ;
Z-70. ;
X142. ;
G00 G40 X200. Z100. T0300 M09 ;    -- Offset 말소 하면서, 공구교환 지점으
M05 ;                                 로 이동
M02 ;
```

(2) 원호절삭 프로그램 1의 해답

(G02, G03기능 프로그램)

```
00001 ;
G30 U0. W0. ;
G50 X200. Z100. S2500 T0300 ;
G96 S180 M03 ;
G00 G42 X0. Z3. T0303 M08 ;        -- 가공하기 전에 인선 R보정을 공구이동
G01 Z0. F0.2 ;                         시키면서 실행한다.
X40. ;                                (다음과 같이 I, K지령도 가능하다.)
G03 X60. Z-10. R10. ;              -- G03 X60. Z-10. K-10. ;
G01 Z-25. ;
G02 X90. Z-40. R15. ;             -- G02 X90. Z-40. I15. ;
G01 X106. ;
G03 X130. Z-52. R12. ;            -- G03 X130. Z-52. K-12. ;
G01 Z-70. ;
X142. ;
G00 G40 X200. Z100. T0300 M09 ;    -- Offset 말소 하면서, 공구교환 지점으
M05 ;                                 로 이동
M02 ;
```

3.5 원호절삭 프로그램 2

* 아래 절삭조건을 보고 R원호가공 프로그램과 I, K원호가공 프로그램을 비교
하시오.

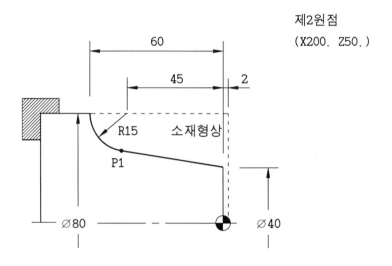

제2원점
(X200. Z50.)

P1좌표

| X 50.177 |
| Z-46.627 |

	순	공 정 명	공구번호	절삭속도 m/mim	FEED mm/rev	응용 PROGRAMMING 원호절삭 프로그램 2	
절삭조건	1	외경황삭	T0100	160	0.28		
	2	외경정삭	T0300	200	0.2	소재치수	∅80 × 80
	3					재 질	S45C
	4					1회 절입량	황삭직경 4mm

- 171 -

(1) 원호절삭 프로그램 2의 해답

```
00001 ;
G30 U0. W0. ;
G50 X200. Z50. S3000 T0100 ;
G96 S160 M03 ;
G00 X82. Z1. T0101 M08 ;              -- 단면 2번 가공
G01 X0. F0.25 ;
G00 X82. Z1. ;
Z0.1 ;
G01 X0. ;
G00 X82. Z1. ;
G71 U2. R0.5 ;
G71 P1 Q2 U0.4 W0.1 F0.28 ;
N1 G42 G00 X40. ;
G01 Z0.
X50.177 Z-46.627 ;                    (I, K지령은 다음과 같다.)
N2 G02 X80. Z-60. R15. ;              -- G02 X80. Z-60. I14.912 K1.627 ;
G40 G00 X200. Z50. T0100 M09 ;
T0300 ;
G00 X42. Z0. S200 T0303 M08 ;
G01 X0. F0.2 ;
G00 X82. Z1. ;
G70 P1 Q2 F0.2 ;
G00 G40 X200. Z50. T0300 M09 ;
M05 ;
M02 ;
```

＊ 원호보간의 I, K상세

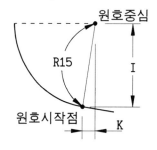

$$I = (80 - 50.177) / 2 = 14.912$$

$$K = 46.627 - 45 = 1.627 \text{ 이다.}$$

＊ I, K의 부호는 원호 시작점에서 원호
중심 방향에 따라서 결정된다.

3.6 나사절삭 프로그램 1

* 아래 절삭조건을 보고 나사가공 프로그램을 작성 하시오.

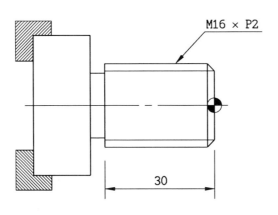

제2원점
(X200. Z20.)

M16 × P2

30

	순	공 정 명	공구번호	절삭속도 m/mim	FEED mm/rev	응용 PROGRAMMING 나사절삭 프로그램 1	
절삭조건	1	외경나사	T0500	80	2		
	2					소재치수	
	3					재 질	S45C
	4					절 입 량	나사절입량참고

(1) 나사절삭 프로그램 1의 해답

(G32기능 프로그램)

```
00001 ;
G30 U0. W0. ;
G50 X200. Z20. S2000 T0500 ;
G97 S1590 M03 ;                    -- 나사가공에서는 주속 일정제어 기능을
G00 X18. Z2. T0505 M08 ;              사용하지 않는것이 좋다.
X15.3 ;                            -- 최초절입
G32 Z-31. F2. ;                    -- 나사가공
G00 X18. ;                         -- X축 도피
Z2. ;                              -- Z축 초기점으로 이동(나사가공에서 Z
X14.8 ;                               축 초기점이 다르면 불량이 된다. Z축
G32 Z-31. ;                           초기점 이동을 이용하여 다줄나사를
G00 X18. ;                            가공한다.)
Z2. ;
X14.42 ;
G32 Z-31. ;
G00 X18. ;
Z2. ;                              (나사절입량을 참고하여 골경까지 반
X14.18 ;                           복 지령한다.)
G32 Z-31. ;
G00 X18. ;
Z2. ;
X13.98 ;
G32 Z-31. ;
G00 X18. ;
Z2. ;
X13.82 ;
G32 Z-31. ;
G00 X18. ;
Z2. ;
X13.72 ;
G32 Z-31. ;
G00 X18. ;
Z2. ;
X13.62 ;
G32 Z-31. ;
G00 X20. ;
X200. Z20. T0500 M09 ;
M05 ;
M02 ;
```

(2) 나사절삭 프로그램 1의 해답
(G92기능 프로그램)

```
00001 ;
G30 U0. W0. ;
G50 X200. Z20. S2000 T0500 ;
G97 S1590 M03 ;
G00 X18. Z2. T0505 M08 ;        -- 고정 Cycle의 초기점
G92 X15.3 Z-32.5 F2. ;          -- G92 Cycle은 45도의 면취일때 Z종점
X14.8 ;                            1 피치 앞에서 면취를 한다.(완전나사
X14.42 ;                           부의 길이는 30.5mm가 된다.)
X14.18 ;
X13.98 ;
X13.82 ;
X13.72 ;
X13.62 ;
G00 X200. Z20. T0500 M09 ;      -- G00으로 고정 Cycle이 취소되고 공구
M05 ;                              교환 지점으로 이동한다.
M02 ;
```

(3) 나사절삭 프로그램 1의 해답
(G76기능 프로그램)

```
00001 ;
G30 U0. W0. ;
G50 X200. Z20. S2000 T0500 ;
G97 S1590 M03 ;
G00 X18. Z2. T0505 M08 ;            -- 고정 Cycle 시작점
G76 P011060 Q50 R20 ;              -- 자동나사 Cycle 지령
G76 X13.62 Z-32.5 P1190 Q350 F2. ;
G00 X200. Z20. T0500 M09 ;
M05 ;
M02 ;
```

3.7 나사절삭 프로그램 2

* 아래 절삭조건을 보고 나사가공 프로그램을 작성 하시오.

제2원점
(X200. Z150.)

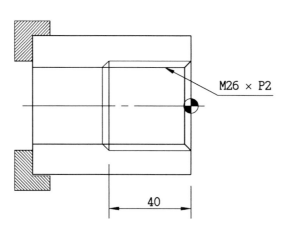

M26 × P2

40

	순	공 정 명	공구번호	절삭속도 m/mim	FEED mm/rev	응용 PROGRAMMING **나사절삭 프로그램 2**	
절 삭 조 건	1	내경나사	T0500	100	2		
	2					소재치수	
	3					재 질	S45C
	4					절 입 량	나사절입량참고

(1) 나사절삭 프로그램 2의 해답

(G92기능 프로그램)

```
00001 ;
G30 U0. W0. ;
G50 X200. Z150. S2000 T0500 ;
G97 S1200 M03 ;
G00 X22. Z4. T0505 M08 ;        -- Z축 4mm를 지정하는 것은 나사공구
G92 X24.42 Z-42. F2. ;              Offset가 선단에 있는것이 아니고 팁
X24.92 ;                            (Tip) 선단에 있기 때문에 Z값을 작게
X25.3 ;                             지령하면 이동하면서 충돌할 수 있다.
X25.54 ;                            (공구 Setting편을 참고 하십시오)
X25.74 ;
X25.9 ;
X26. ;
G00 X200. Z150. T0500 M09 ;
M05 ;
M02 ;
```

(2) 나사절삭 프로그램 2의 해답

(G76기능 프로그램)

```
00001 ;
G30 U0. W0. ;
G50 X200. Z150. S2000 T0500 ;
G97 S1200 M03 ;
G00 X22. Z4. T0505 M08 ;
G76 P011060 Q50 R20 ;
G76 X26. Z-42. P1190 Q350 F2. ;
G00 X200. Z150. T0500 M09 ;
M05 ;
M02 ;
```

3.8 내외경절삭(G90 Cycle) 프로그램 1

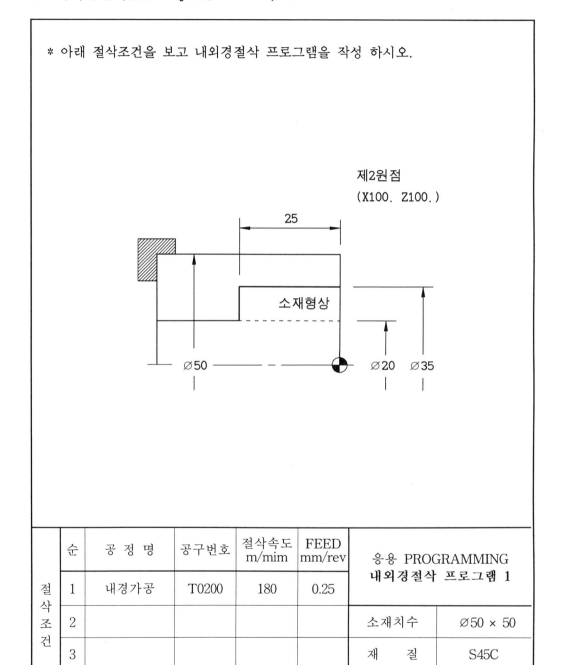

※ 아래 절삭조건을 보고 내외경절삭 프로그램을 작성 하시오.

제2원점
(X100. Z100.)

25

소재형상

∅50   ∅20 ∅35

	순	공 정 명	공구번호	절삭속도 m/mim	FEED mm/rev	응용 PROGRAMMING 내외경절삭 프로그램 1	
절삭조건	1	내경가공	T0200	180	0.25		
	2					소재치수	∅50 × 50
	3					재 질	S45C
	4					1회 절입량	직경 4mm

3.9 내외경절삭(G90 Cycle) 프로그램 2

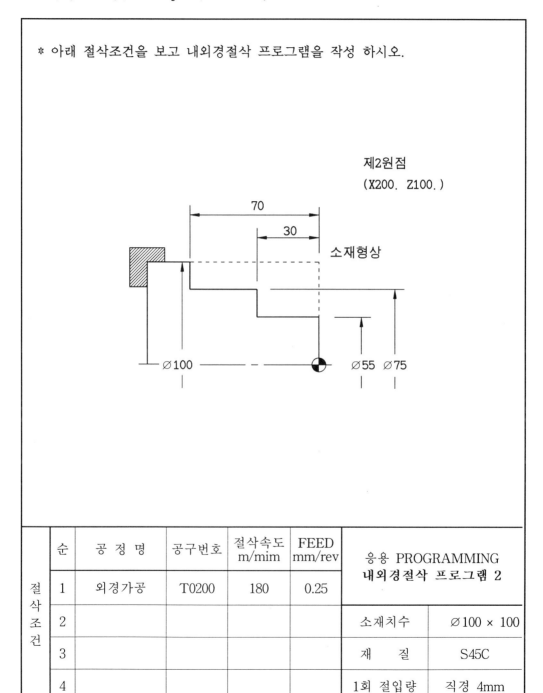

* 아래 절삭조건을 보고 내외경절삭 프로그램을 작성 하시오.

제2원점
(X200. Z100.)

70

30

소재형상

⌀100   ⌀55 ⌀75

	순	공 정 명	공구번호	절삭속도 m/mim	FEED mm/rev	응용 PROGRAMMING 내외경절삭 프로그램 2	
절삭조건	1	외경가공	T0200	180	0.25		
	2					소재치수	⌀100 × 100
	3					재 질	S45C
	4					1회 절입량	직경 4mm

(1) 내외경절삭 프로그램 1의 해답
(G90기능 프로그램)

```
00001 ;
G30 U0. W0. ;
G50 X100. Z100. S2500 T0200 ;
G96 S180 M03 ;
G00 X18. Z2. T0202 M08 ;
G90 X24. Z-25. F0.25 ;
X28. ;
X32. ;
X35. ;
G00 X100. Z100. T0200 M09 ;
M05 ;
M02 ;
```

(2) 내외경절삭 프로그램 2의 해답
(G90기능 프로그램)

```
00001 ;
G30 U0. W0. ;
G50 X200. Z100. S2000 T0200 ;
G96 S180 M03 ;
G00 X102. Z2. T0202 M08 ;
G90 X96. Z-70. F0.25 ;
X92. ;
X88. ;
X84. ;
X80. ;
X76. ;
X75. ;
G00 X77. ;
G90 X71. Z-30. ;              -- 직경 75mm 이하 부터 Z-30mm 가공
X67. ;
X63. ;
X59. ;
X55. ;
G00 X200. Z100. T0200 M09 ;
M05 ;
M02 ;
```

3.10 단면절삭(G94 Cycle) 프로그램 1

* 아래 절삭조건을 보고 단면절삭 프로그램을 작성 하시오.

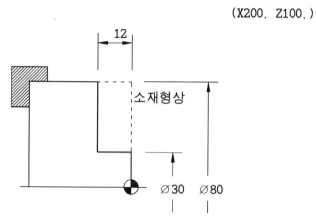

제2원점

(X200. Z100.)

12

소재형상

⌀30   ⌀80

	순	공 정 명	공구번호	절삭속도 m/mim	FEED mm/rev	응용 PROGRAMMING 단면절삭 프로그램 1	
절 삭 조 건	1	외경가공	T0100	180	0.25		
	2					소재치수	⌀80 × 50
	3					재 질	S45C
	4					1회 절입량	단면 1.5mm

(1) 단면절삭 프로그램 1의 해답

(G94기능 프로그램)

```
00001 ;
G30 U0. W0. ;
G50 X200. Z100. S2500 T0100 ;
G96 S180 M03 ;
G00 X82. Z2. T0101 M08 ;
G94 X30. Z-1.5 F0.25 ;          -- 단면가공은 내,외경 가공보다 가공부
Z-3. ;                             하가 많이 발생하기 때문에 절입량과
Z-4.5 ;                            이송속도를 내, 외경보다 작게 지령한
Z-6. ;                             다.
Z-7.5 ;
Z-9. ;
Z-10.5 ;
Z-12. ;
G00 X200. Z100. T0100 M09 ;
M05 ;
M02 ;
```

3.11 외경홈가공 프로그램 1

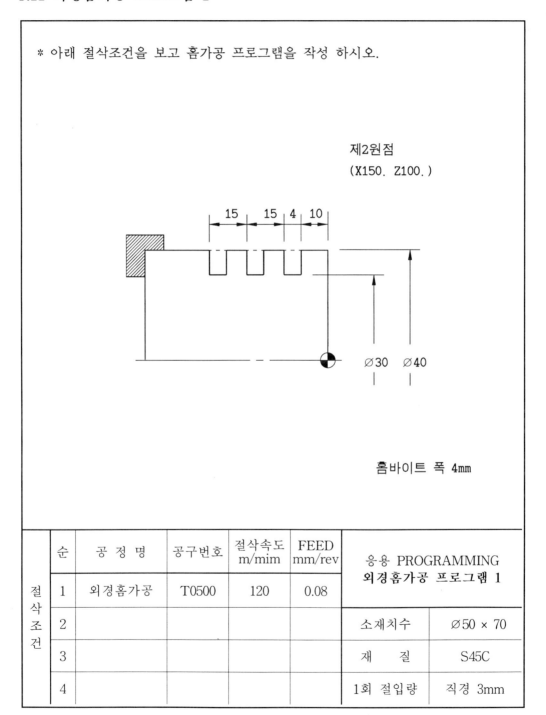

* 아래 절삭조건을 보고 홈가공 프로그램을 작성 하시오.

제2원점
(X150. Z100.)

15 | 15 | 4 | 10

∅30 ∅40

홈바이트 폭 4㎜

절삭조건	순	공 정 명	공구번호	절삭속도 m/mim	FEED mm/rev	응용 PROGRAMMING 외경홈가공 프로그램 1	
	1	외경홈가공	T0500	120	0.08		
	2					소재치수	∅50 × 70
	3					재 질	S45C
	4					1회 절입량	직경 3mm

(1) 외경홈가공 프로그램 1의 해답

(G01가공 프로그램)

```
00001 ;
G30 U0. W0. ;
G50 X150. Z100. S2500 T0500 ;
G96 S120 M03 ;
G00 X42. Z-14. T0505 M08 ;
G01 X37. F0.08 ;
U0.5 F2. ;                    -- 칩(Chip)을 절단하기 위해서 위쪽으로
X34. F0.08 ;                     이동 시킨다.
U0.5 F2. ;
X31. F0.08 ;                  G01 X37. F0.08 ;
U0.5 F2. ;                    G00 U0.5 ;
X30. F0.08 ;                  G01 X34. ;
G00 X42. ;                    G00 U0.5 ;
Z-29. ;                       G01 X31. ;
G01 X37. F0.08 ;             G00 U0.5 ;
U0.5 F2. ;                    G01 X30. ;
X34. F0.08 ;                  G00 X42. ; -- 와 같은 방법도 좋다.
U0.5 F2. ;
X31. F0.08 ;
U0.5 F2. ;
X30. F0.08 ;
G00 X42. ;
Z-44. ;
G01 X37. F0.08 ;
U0.5 F2. ;
X34. F0.08 ;
U0.5 F2. ;
X31. F0.08 ;
U0.5 F2. ;
X30. F0.08 ;
G00 X42. ;
X150. Z100. T0500 M09 ;
M05 ;
M02 ;
```

(2) 외경홈가공 프로그램 1의 해답

(G01가공 프로그램에서 보조프로그램 활용)

```
00001 ;
G30 U0. W0. ;
G50 X150. Z100. S2500 T0500 ;
G96 S120 M03 ;
G00 X42. Z-14. T0505 M08 ;
M98 P1234 ;                        -- 홈절삭가공 보조 프로그램 호출
G00 Z-29. ;                        -- 다음 위치로 Z축 이동
M98 P1234 ;
G00 Z-44. ;
M98 P1234 ;
G00 X150. Z100. T0500 M09 ;
M05 ;
M02 ;


01234 ;                            -- 보조 프로그램에는 홈절삭가공을 지령
G01 X37. F0.08 ;                      했다.
U0.5 F2. ;
X34. F0.08 ;
U0.5 F2. ;
X31. F0.08 ;
U0.5 F2. ;
X30. F0.08 ;
G00 X42. ;
M99 ;
```

(3) 외경가공 프로그램 1의 해답

(G75기능 프로그램)

```
00001 ;
G30 U0. W0. ;
G50 X150. Z100. S2500 T0500 ;
G96 S120 M03 ;
G00 X42. Z-14. T0505 M08 ;
G75 R0.5 ;
G75 X30. Z-44. P1500 Q15000 F0.08 ;   --  Q15000지령은  Z축으로  홈간격
G00 X150. Z100. T0500 M09 ;               15mm 씩 이동지령 이다.
M05 ;
M30 ;
```

3.12 응용과제 1

1) 다음과제의 프로그램을 작성 하시오.

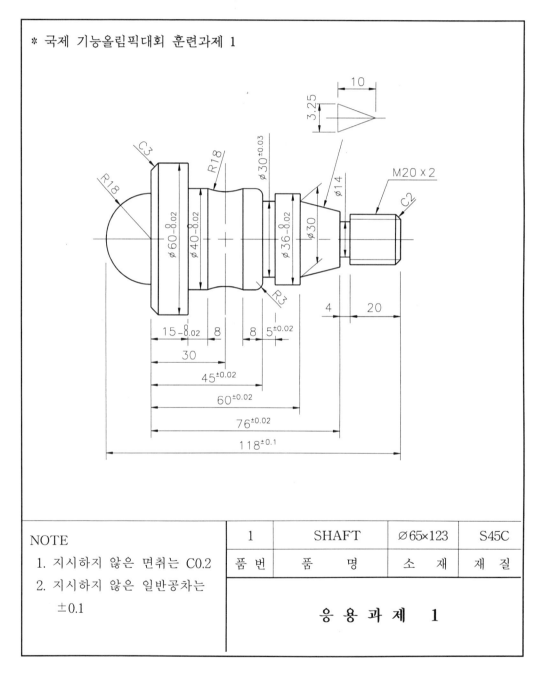

* 국제 기능올림픽대회 훈련과제 1

NOTE	1	SHAFT	⌀65×123	S45C
1. 지시하지 않은 면취는 C0.2	품 번	품 명	소 재	재 질
2. 지시하지 않은 일반공차는 ±0.1				

응 용 과 제   1

2) 사용공구및 측정기구

	품 명	규 격	수 량	비 고
측 정 기	버니어 켈리퍼스	150mm	1EA	
	외경 마이크로메타	0~25mm	〃	
	〃	25~50mm	〃	
	〃	50~75mm	〃	
	스플라인 마이크로메타	25~50mm	〃	∅30부위
	하이트 게이지	150mm	〃	
	블록 게이지	71pc	1SET	
	테스트 인디게이터	0.01mm	1EA	
	피치 게이지	피치 2mm	〃	
	석정반		〃	
사 용 공 구	외경바이트	PCLNR2525-M12	1EA	황삭용
	〃	PDJNR2525-M15	〃	정삭용
	외경홈바이트	GVGX2525RE	〃	폭 4mm
	외경나사바이트	TH2525RE	〃	피치 2mm

3) 공정분석및 프로그램 해설

1 공정 **

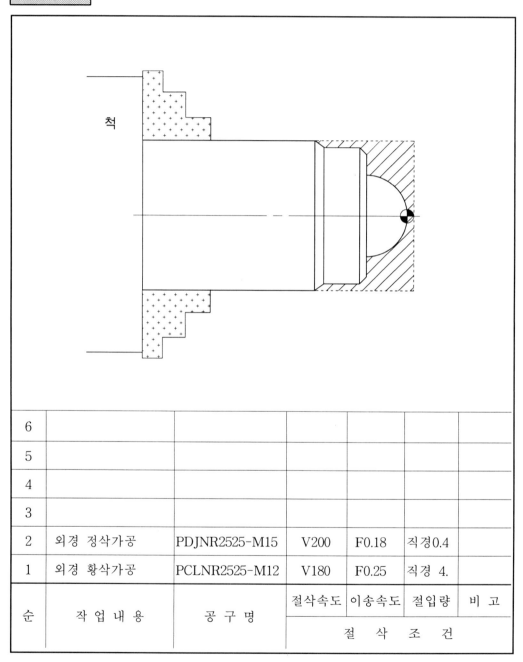

6						
5						
4						
3						
2	외경 정삭가공	PDJNR2525-M15	V200	F0.18	직경0.4	
1	외경 황삭가공	PCLNR2525-M12	V180	F0.25	직경 4.	
순	작 업 내 용	공 구 명	절삭속도	이송속도	절입량	비 고
			절 삭 조 건			

4) 1차 공정 외경황삭 가공

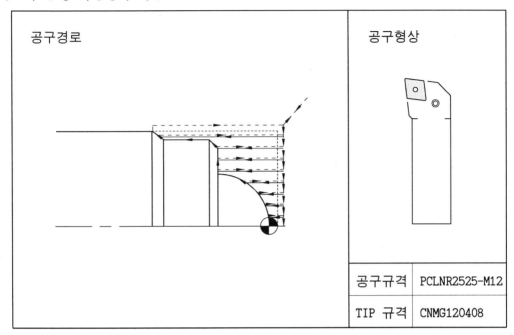

공구경로		공구형상	
		공구규격	PCLNR2525-M12
		TIP 규격	CNMG120408

프로그램	해설

00011(SHAFT 1-1) ;   -- 응용과제 1번 1공정 주석(Memo)

N01 G30 U0 W0 M42 ;   -- 제2원점 복귀

N02 G50 X200. Z50. S2500 T0100 ; -- 공작물 좌표계 설정및 주축최고 회전
             수 지정, G50 Block에서 공구보정을
             하면 보정치를 포함한 값이 좌표계 설
             정된다.

N03 G96 S180 M03 ;

N04 G00 X67. Z4. T0101 M08 ; -- 가공 시작점 (고정싸이클 초기점)지정
             및 공구 Offset량 지정, 단면가공을
             하지않고 단면 소재여유(2.5mm)가산
             하여 외경가공을 Z축 4mm에서 가공
             시작한다.

N05 G71 U2. R0.5 ;   -- 고정Cycle 지령. 반경 절입량 2mm
             (직경4mm)

N06 G71 P07 Q13 U0.4 W0.1 F0.28 ; -- 구역지정(N07 ~ N13)

(시퀸스번호를 생략할 때는 N1, N2과
같이 지령한다.

N07 G42 G00 X0. ;   -- 테이퍼가공(면취포함)이나 원호가공이
있을때는 공구선단 인선 R때문에 발
생하는 과대 과소절삭을 없게하기 위
하여 인선 R보정기능을 사용한다.(보
정 기능편 참고)

N08 G01 Z0. ;

N09 G03 X36. Z-18. R18. ;

N10 G01 X54. ;

N11 X60. W-3. ;

N12 Z-35. ;

N13 X66. W-4. ;   -- 2차 가공시 링칩(Ring Chip)을 방지
할 수 있다.

N14 G40 G00 X200. Z50. T0100 M09 ;   -- 인선 R보정 취소, 이 기능이 없으면
정삭 가공할 때 G42보정 상태에서 또
다시 G42기능이 실행하여 두배 보정
이 된다.(고정 Cycle기능 안에 지령
되었기 때문이다.

4) 1차 공정 외경정삭 가공

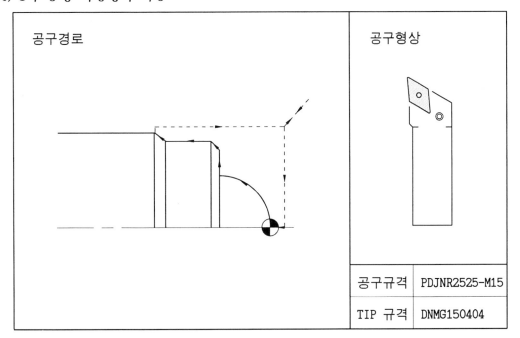

	공구형상	
공구규격	PDJNR2525-M15	
TIP 규격	DNMG150404	

공구경로

프로그램 **해설**

N15 T0300 M43 ;

-- 정삭공구 선택(보정은 하지 않는다.)

N16 G00 X66. Z2. S220 T0202 M08 ;

-- S220은 주속일정제어 상태이기 때문
에 S값만 지정하면 된다.
(항상 공구보정은 처음에 가공시점 으
로 이동하면서 보정하고 마지막에 빠
지면서 보정을 말소한다.

N17 G70 P07 Q13 F0.16 ;

-- 정삭 Cycle지령.
이 지령으로 N07부터 N13까지를 정
삭가공 한다.

N18 G40 G00 X200. Z50. T0200 M09 ;

-- 정삭가공에서 인선 R보정 기능을 사용
하 지않았지만 G70정삭 Cycle을 사용
했 때문에 N07부터 N13까지를 다시
실행한다.
이때 N7번 Block에 G42기능을 실행
하였다.

항상 인선 R보정기능은 각공구의 마
지막에서 말소를 해야한다.

N19 M05 ;   -- 주축 Stop

N20 M02 ;   -- 프로그램 끝

3) 공정분석및 프로그램 해설

2 공정 **

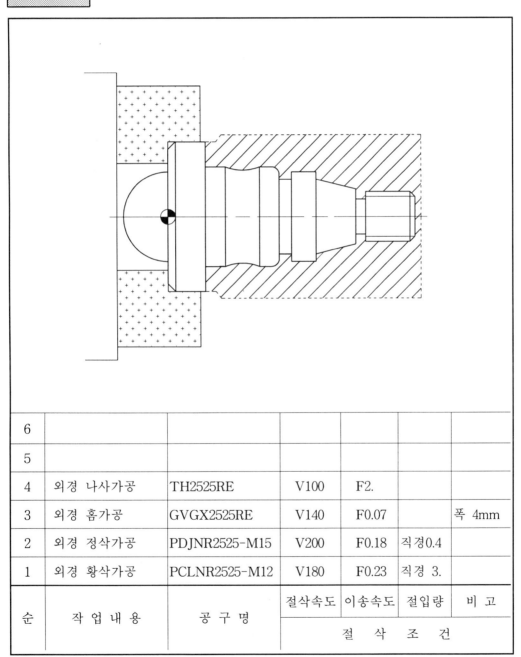

순	작 업 내 용	공 구 명	절삭속도	이송속도	절입량	비 고
6						
5						
4	외경 나사가공	TH2525RE	V100	F2.		
3	외경 홈가공	GVGX2525RE	V140	F0.07		폭 4mm
2	외경 정삭가공	PDJNR2525-M15	V200	F0.18	직경0.4	
1	외경 황삭가공	PCLNR2525-M12	V180	F0.23	직경 3.	
			절 삭 조 건			

제 2 공정 주의사항

① 소프트 죠우를 정확하게 가공(제5장 기술자료 "소프트 죠우가공 방법"편 참고)
하고 척 압력을 높게 조절한다.

② 2공정의 공작물 좌표계 원점이 왼쪽에 있다.

③ 황삭 PCLNR공구를 가지고 R16부위 원호절삭할 수 없기때문에 정삭에서 가공
한다.

4) 2차 공정 외경황삭 가공

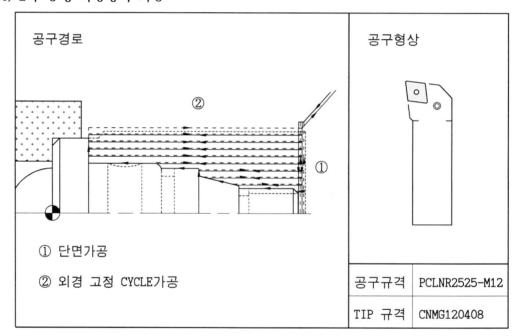

공구규격	PCLNR2525-M12
TIP 규격	CNMG120408

프로그램

00012(SHAFT 1-2) ;

N01 G30 U0. W0. M42 ;

N02 G50 X150. Z150. S2800 T0100 ;

N03 G96 S180 M03 ;

해설

-- 응용과제 1번 2공정 주석(Memo)

-- 위 공정도를 보면 공작물 원점이 왼쪽
에 있다(오른쪽의 Z값 지령은 ＋값으
로 지령한다.)

N04 G00 X67. Z101.3 T0101 M08 ;   -- 공작물의 물림량이 작기때문에 절입량
을 작게하고 이송속도를 줄인다.
특히 단면가공은 외경 방향 절삭보다.
절삭부하를 많이 받기때문에 절입량과
이송속도를 줄인다.

N05 G01 X0. F0.2 ;

N06 G00 X67. W1. ;   -- 가공 후 도피량은 증분지령을 활용하
는것이 좋다.

N07 Z100.1 ;

N08 G01 X0. ;

N09 G00 X67. Z101. ;

N10 G71 U2. R0.5 ;

N11 G71 P12 Q21 U0.4 W0.1 F0.23 ;

N12 G00 G42 X14. ;   -- 면취와 테이퍼가공이 있기 때문에 인
선 R보정 기능을 사용하고, X14를 지
령하는 이유는 아래 그림과 같다.

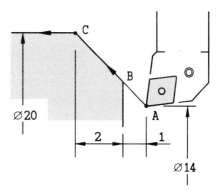

B에서 C까지는 면취 C2mm이다.
만약 B지점에서 가공을 시작한다면
B점까지 급속으로 이동할 경우 공구
가 파손될 수 있다. 이와 같은 문제
점을 방지하기 위하여 면취를 가상으
로 1mm나 2mm를 크게 생각하고 프
로그램을 작성한다. 면취는 반경치
이므로 직경치로(2배) 환산하여야 한
다. 위 그림은 C3이 된다.

```
N13 G01 X20. Z98. ;
N14 Z76. ;
N15 X24.8 ;                          -- 테이퍼 시작점의 X좌표
N16 X30. Z60. ;
N17 X36. C-0.2 ;                     -- 일반면취
N18 Z45. ;
N19 G03 X40. Z42. R3. ;
N20 G01 Z15. ;
N21 X62. ;
N22 G40 G00 X150. Z150. T0100 M09 ;  -- 인선 R보정 말소하면서 공구 교환점
                                        으로 이동한다. 이때 다음 공구번호
                                        를 지령하면 이동하면서 공구가 회전
                                        한다.
```

4) 2차 공정 외경정삭 가공

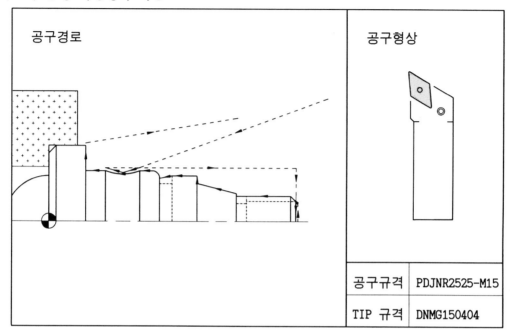

공구규격	PDJNR2525-M15
TIP 규격	DNMG150404

프로그램 .... **해설** ....

N23 T0300 M43 ;

N24 G00 X42. Z36. S180 T0303 M08 ;

N25 G01 X40.4 F0.25 ;   -- 아래 그림과 같이 R18 부위 황삭가공

N26 X37.666 Z30. ;

N27 X40.4 Z24. ;

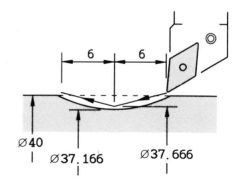

N28 G00 U1. Z100. ;

N29 G01 X-0.3 F0.18 ;   -- 공구선단의 인선 R때문에 중심부에 뾰
족한 부분이 발생한다. 인선 R량 크기

보다 약간 크게 이동시키면 없어진다.

-- 다음 Block부터 면취가공이 있기때문
에 가공시작전에 인선 R보정을 완료
시킨다.

N30 G42 G00 X14. Z101. ;

N31 G01 X19.95 Z98. ;

N32 Z76. ;

N33 X24.8 ;

N34 X30. Z60. ;

N35 X36. C-0.2 ;

N36 Z49. ;

-- R3을 홈바이트로 가공하면 외경부위
에 단차가 발생된다.
아래 그림과 같이 정삭공구로 R3부를
가공한다.

N37 X34. Z45. ;

N38 G03 X40. Z42. R3. ;

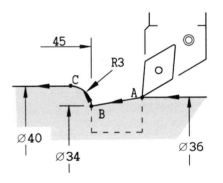

A지점에서 B지점으로 테이퍼가공을
한다.

N39 G01 Z37. ;

N40 G02 Z23. R18. ;

N41 G01 Z15. ;

N42 X61. C-0.7 ;

N43 X62. ;

N44 G40 G00 X150. Z150. T0300 M09 ;

4) 2차 공정 외경홈 가공

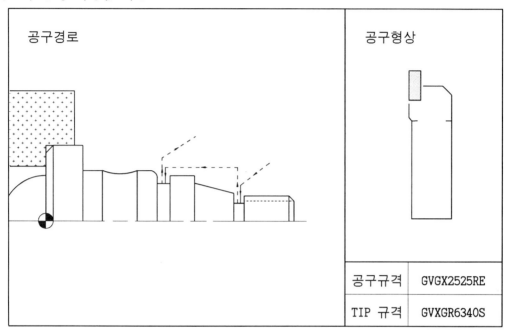

공구경로	공구형상	
	공구규격	GVGX2525RE
	TIP 규격	GVXGR6340S

프로그램 .... **해설**

```
N45 T0500 ;
N46 G00 X26. Z76. S140 T0505 M08 ;
N47 G01 X14. F0.07 ;
N48 G04 P1000 ;                    -- 홈 바닥면 정삭(1초 정지)
N49 G00 X38. ;
N50 Z45.5 ;
N51 G01 X30.05 ;                   -- 정밀한 홈가공은 생각보다 쉽지 않다.
N52 G00 X38. ;                        아래 그림과 같이 먼저 황삭을 하고
                                      면취를 하면서 단면정삭과 바닥면을
                                      정삭한다.
                                      홈 바이트로 단면과 바닥면을 정삭할
                                      경우 정삭여유는 단면에는 0.1mm가
                                      적당하고, 바닥면에는 직경 0.05mm가
                                      적당하다.
```

① 홈 황삭가공

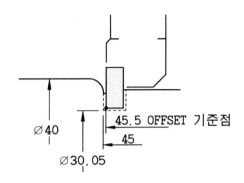

② 왼쪽 단면정삭

N53 Z45. ;

N54 G01 X30.05 ;

N55 W0.1 ;

N56 G00 X37. ;

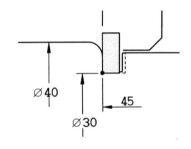

③ 오른쪽 단면과 면취 바닥면 정삭

N57 Z46.7 ;

N58 G01 X35.6 Z46. ;

N59 X30. ;

N60 Z45.1 ;

N61 G00 X38. ;

N62 Z45. ;

N63 G01 X30. ;

N64 W0.1 ;

N65 G00 X40. ;

N66 X150 Z150. T0500 M09 ;

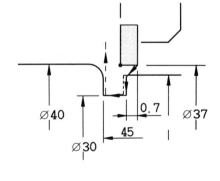

4) 2차 공정 외경나사 가공

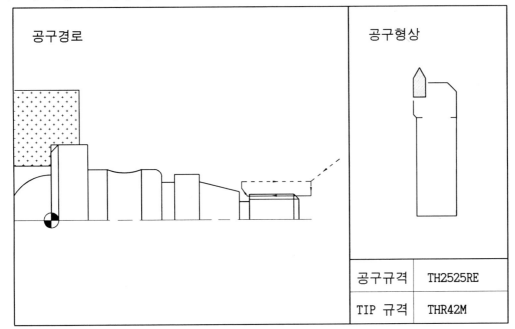

공구규격	TH2525RE
TIP 규격	THR42M

공구경로 / 공구형상

프로그램 ········· **해설** ·········

N67 T0700 ;

N68 G97 G00 X22. Z102. S1590 T0707 M08 ;-- 나사가공은 주속일정제어를 사용하
지 않는 것이 좋다.

N69 G76 P011060 Q50 R50 ;　　　　　-- 자동나사가공 지령
　　　　　　　　　　　　　　　　P011060은 정삭 1번 면취각도 45
　　　　　　　　　　　　　　　　도 나사각도(절입각도) 60도 지령
　　　　　　　　　　　　　　　　Q50 최소 절입량 R50은 정삭여유

N70 G76 X17.62 Z77.5 P1190 Q350 F2. ;　-- X17.62는 나사골경 Z77.5는 면취량
　　　　　　　　　　　　　　　　1피치를 포함한 나사가공 길이를
　　　　　　　　　　　　　　　　지령하고 P1190은 나사산의 높이
　　　　　　　　　　　　　　　　(반경)와 최초 절입량을 Q350으로
　　　　　　　　　　　　　　　　가공한다.

N71 G00 X150. Z150. T0700 M09 ;

N72 M05 ;

N73 M02 ;

3.13 응용과제 2

1) 다음과제의 프로그램을 작성 하시오.

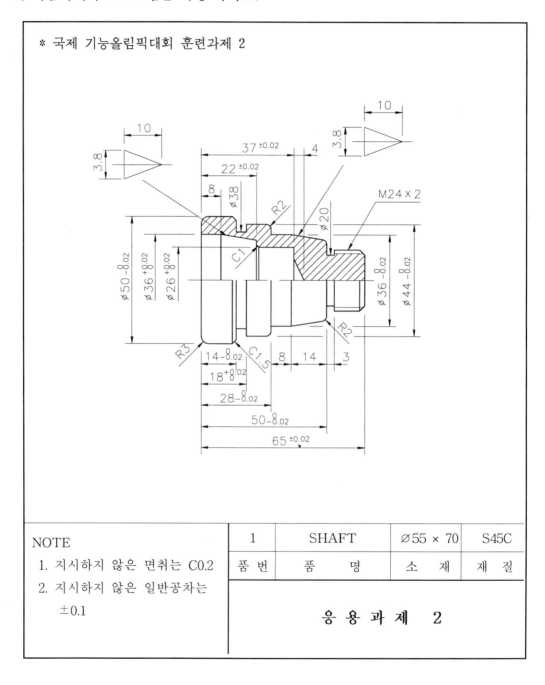

* 국제 기능올림픽대회 훈련과제 2

NOTE

1. 지시하지 않은 면취는 C0.2

2. 지시하지 않은 일반공차는
   ±0.1

1	SHAFT	∅55 × 70	S45C
품 번	품 명	소 재	재 질

응 용 과 제 2

2) 사용공구및 측정기구

품 명	규 격	수 량	비 고
버니어 켈리퍼스	150mm	1EA	
외경 마이크로메타	25~50mm	"	
실린더 게이지	18~35mm	"	
"	36~60mm	"	
깊이 마이크로메타	0~50mm	"	
하이트 게이지	150mm	"	
블록 게이지	71pc	1SET	
테스트 인디게이터	0.01mm	1EA	
피치 게이지	피치 2mm	"	
R 게이지	R2, R3	각 1EA	
석정반		1EA	
외경바이트	PCLNR2525-M12	1EA	황삭용
"	PDJNR2525-M15	"	정삭용
외경홈바이트	GVGX2525RE	"	폭 4mm
외경나사바이트	TH2525RE	"	피치 2mm
내경바이트	S16R-SCLCR06	"	황삭용
"	S16R-STFCR11	"	정삭용
드릴	∅24	"	HSS

측정기구 / 사용공구

3) 공정분석및 프로그램 해설

| 1 공정 | ** |

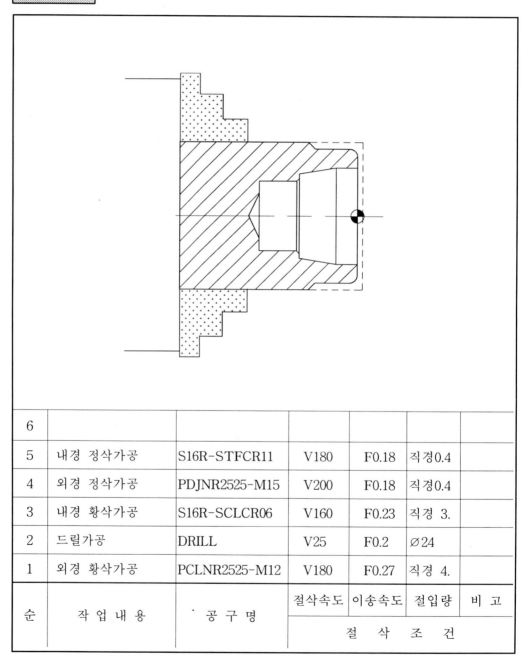

순	작 업 내 용	공 구 명	절삭속도	이송속도	절입량	비 고
6						
5	내경 정삭가공	S16R-STFCR11	V180	F0.18	직경0.4	
4	외경 정삭가공	PDJNR2525-M15	V200	F0.18	직경0.4	
3	내경 황삭가공	S16R-SCLCR06	V160	F0.23	직경 3.	
2	드릴가공	DRILL	V25	F0.2	∅24	
1	외경 황삭가공	PCLNR2525-M12	V180	F0.27	직경 4.	
순	작 업 내 용	공 구 명	절 삭 조 건			

4) 1차 공정 외경황삭 가공

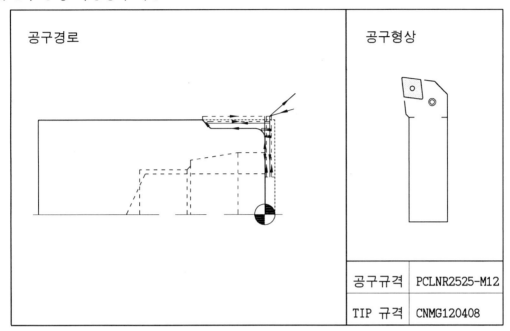

공구경로	공구형상	
	공구규격	PCLNR2525-M12
	TIP 규격	CNMG120408

프로그램 .... 해설

00021 ;

G30 U0 W0 M42 ;

-- 제2원점 복귀

G50 X200. Z200. S2500 T0100 ;

-- 공작물 좌표계 설정및 주축최고 회전수 지정.

G96 S180 M03 ;

G00 X57. Z1.5 T0101 M08 ;

G01 X22. F0.22 ;

-- Ø24 드릴가공이 있기 때문에 센타까지 가공하지 않는다.(보통 큰 드릴이나 정밀한 센타 작업이 아닐때 생산현장에서는 센타드릴 작업을 하지않고 가공 한다.)
하지만 단면 황삭가공할 때와 드릴가공할 때의 가공시간을 비교하여 어느쪽이 생산성이 좋은지 판단해야 한다.
다음에 기록된 가공시간 계산예를 많

이 활용 하십시오.

① ∅22에서 센타까지 단면 황삭가공
시간

절삭속도 V = $\dfrac{\pi \times D \times N}{1000}$

회전수 N = $\dfrac{1000 \times V}{\pi \times D}$

V = 절삭속도
D = 공구지경,
공작물직경

분당이송속도 F = f × N

f = 회전당이송속도
N = 회전수

가공시간 T = $\dfrac{L}{F}$ × 60

F = 분당이송속도
L = 가공길이

위 공식에서
회전수는 ∅22에서 2604rpm이 되지만
주축 최고 회전수를 2500rpm으로 지
령했기 때문에 N = 2500 이되고
분당 이송속도는 F = 0.22 × 2500에서
F = 550 이 된다.
가공길이는 ∅22에서 센타까지 거리가
된다.(11 × 2(단면 2회 가공) =
22mm)
이 두값을 가공시간 공식에 대입하면

T = $\dfrac{22}{550}$ × 60 = 2.4초

② 단면 가공여유 드릴가공 시간
위 공식에서
회전수는 드릴 ∅24에서 331rpm이 되

고 분당이송 속도는 F = 0.2 × 331에서 F = 66.2 가 된다.

가공길이는 단면여유 L = 2.5mm 이다.

이 두값을 가공시간 공식에 대입하면

$$T = \frac{2.5}{331} \times 60 = 0.5초$$

위 계산 결과를 보면 드릴가공이 능률적인 것을 알 수 있다.

```
G00 X57. W1. ;                          -- 후퇴량 지령은 증분지령이 좋다.

Z0.1 ;

G01 X22. ;

G00 X57. Z1. ;

G71 U2. R0.5 ;

G71 P1 Q2 U0.4 W0.1 F0.27 ;

N1 G00 G42 X44. ;                       -- 인선 R보정 우측 R3 가공에서 필요하
                                           지만 가공을 시작하면서 보정을 한다.

G01 Z0. ;

G03 X50. Z-3. R3. ;                     -- 자동면취 기능(G01에서 원호가공)

G01 Z-15. ;

N2 X56. W-2. ;                          -- 2차 가공에서 링칩(Ring Chip)방지

G40 G00 X200. Z200. T0100 M09 ;         -- 인선 R보정기능 사용후 항상  말소가
                                           있어야  한다.(초보자가  실수하기 쉬운
                                           내용이다.)
```

4) 1차 공정 내경드릴 가공

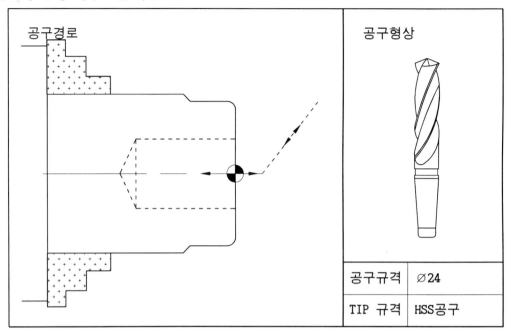

공구경로	공구형상
	공구규격 ∅24
	TIP 규격 HSS공구

프로그램 .... **해설**

```
T0200 M41 ;
G97 G00 X0. Z3. S330 T0202 M08 ;
```
-- 드릴가공과 나사가공에서는 주속일정 제어 기능을 사용하지 않는것이 좋다.

```
G74 R0.5 ;
```
-- 단면 드릴가공 Cycle지령(고정 Cycle 종료되면 초기점으로 자동복귀 한다.

```
G74 Z-41. Q2000 F0.2 ;
```
-- Q2000지령은 단면(Z축)방향으로 2mm 절입하고 위에 지령된 0.5mm 후퇴하고 또다시 2mm절입 하면서 Z-41mm 지점까지 가공한다.

```
G00 X200. Z200. T0200 M09 ;
```

4) 1차 공정 내경황삭 가공

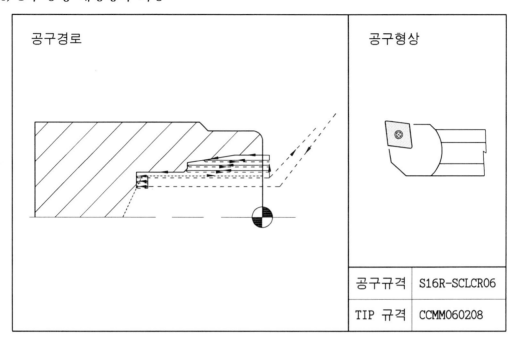

공구경로	공구형상	
	공구규격	S16R-SCLCR06
	TIP 규격	CCMM060208

프로그램 ·········· **해설**

주) 이 공정에서 제일중요한 것은 내경공
구 선정이다.
공구선단의 뒤쪽(팁 반대쪽)이 간섭
받지않고 칩 배출이 잘 되면서 진동이
발생하지 않는 크기의 공구를 아래 그
림과 같이 결정한다.

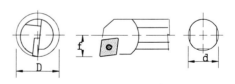

규 격	D	f	d
S12K-SCLCR06	16	9	12
S16R-SCLCR06	20	11	16
S20Q-SCLCR09	25	13	20

위 조건에서 볼때 S16R-SCLCR06의
규격이 적당하다.
D값은 최대가공 경이다.

T0400 M42 ;

G96 G00 X20. Z2. S160 T0404 M08 ;   -- 내경 절삭속도와 이송속도는 외경보다
                                              약간 작은것이 좋다.

G00 Z-32. ;   -- 안쪽 단차가공

G01 Z-36.9 F0.23 ;

G00 U-1. Z-32. ;

X22. ;

G01 Z-36.9 ;

G00 U-1. Z-32. ;

X23.5 ;

G01 Z-36.9 ;

G00 X22. Z2. ;

G71 U1.5 R0.5 ;

G71 P3 Q4 U-0.4 W0.1 F0.23 ;   -- 내경가공의 정삭여유는 U- 를 지령
                                              한다.

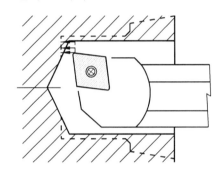

N3 G41 G00 X36. ;   -- 인선 R보정 좌측

G01 Z-8. ;

X30.68 Z-22. ;

X26. C-1. ;

N4 Z-37. ;

G00 G40 X200. Z200. T0400 M09 ;

4) 1차 공정 외경정삭 가공

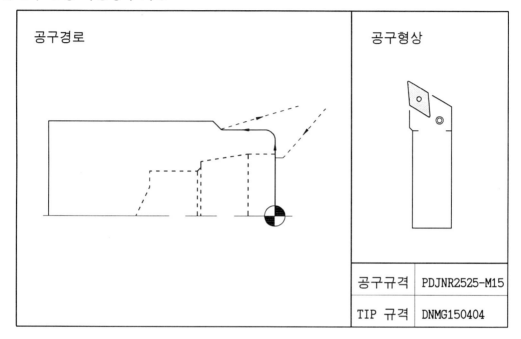

공구규격	PDJNR2525-M15
TIP 규격	DNMG150404

프로그램 ········· **해설** ·········

T0500 M43 ;
G42 G00 X34. Z2. S200 T0505 M08 ;
G01 Z0. F0.18 ;
X50. R-3. ;
Z-14. ;
G40 G00 X200. Z200. T0500 M09 ;

4) 1차 공정 내경정삭 가공

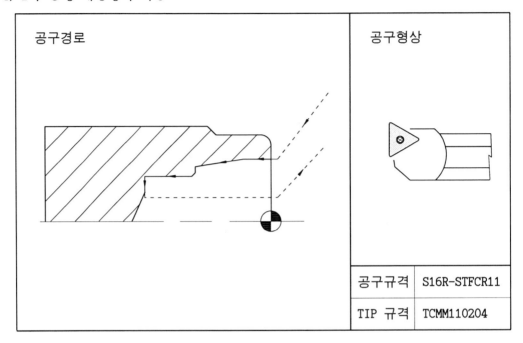

공구경로	공구형상	
	공구규격	S16R-STFCR11
	TIP 규격	TCMM110204

프로그램 ·· **해설** ··············

T0600 ;

G41 G00 X37.4 Z2. S180 T0606 M08 ;　　-- 면취가공 시작점 이동

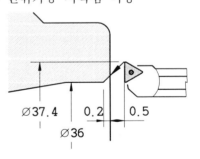

⌀37.4　　0.2　　0.5
⌀36

G01 Z0.5 F0.18 ;

X36. Z-0.2 ;　　　　　　　　　　　-- 위 그림과 같이 면취가공

Z-8. ;

X30.68 Z-22. ;

X26. C-1. ;　　　　　　　　　　-- 자동 면취기능 (C지령을 할 수 없는
　　　　　　　　　　　　　　　　　기계는 K-1.로 지령 한다.)

Z-37. ;

X19. ;   -- 내경공구가 제일 작은 위치에 왔을때
                                                                공구 뒤쪽의 간섭은 황삭공구 결정방
                                                                법과 동일하다.

G00 Z5. ;
G40 X200. Z200. T0600 M09 ;
M05 ;
M02 ;

3) 공정분석및 프로그램 해설

2 공정 **

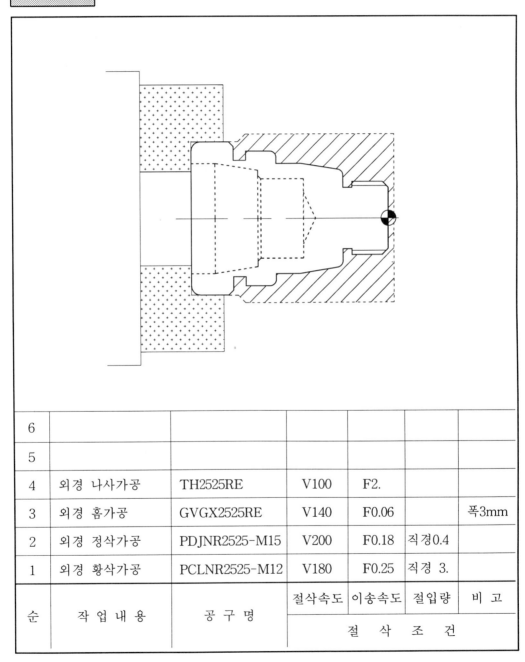

6						
5						
4	외경 나사가공	TH2525RE	V100	F2.		
3	외경 홈가공	GVGX2525RE	V140	F0.06		폭3mm
2	외경 정삭가공	PDJNR2525-M15	V200	F0.18	직경0.4	
1	외경 황삭가공	PCLNR2525-M12	V180	F0.25	직경 3.	
순	작 업 내 용	공 구 명	절삭속도	이송속도	절입량	비 고
			절 삭 조 건			

제 2 공정 주의사항

① 소프트 죠우를 정확하게 가공(제5장 기술자료 "소프트 죠우가공 방법"편 참고)
한다. 척 압력이 높으면 제품에 타원이 발생되고 압력이 낮으면 가공도중에 제
품이 튀어나오는 문제가 발생될 수 있다.

적정한 척 압력 Data를 경험으로 얻을 수 있다.
② 2공정의 공작물 좌표계 원점이 오른쪽에 있다.

4) 2차 공정 외경황삭 가공

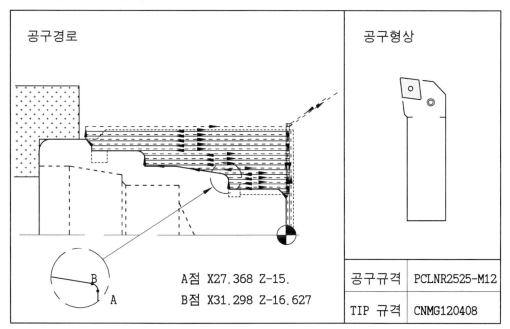

공구규격	PCLNR2525-M12
TIP 규격	CNMG120408

A점 X27.368 Z-15.
B점 X31.298 Z-16.627

프로그램 .... **해설**

00022 ;
G30 U0. W0. M43 ;
G50 X200. Z50. S2800 T0100 ;
G96 S180 M03 ;
G00 X57. Z2. T0101 M08 ;
G01 X-0.5 F0.2 ;   -- 단면가공

```
G00 X57. W1. ;
Z1. ;
G01 X-0.5 ;
G00 X57. W1. ;
Z0.1 ;
G01 X-0.5 ;
G00 X57. Z2. ;
G71 U1.5 R0.5 ;
G71 P1 Q2 U0.4 W0.1 F0.25 ;
N1 G00 G42 X18. ;
G01 Z1. ;
X24. Z-2. ;
Z-15. ;
X27.368 ;
G03 X31.298 Z-16.627 R2. ;
G01 X36. Z-29. ;
Z-37. ;
X44. R-2. ;
Z-51. ;
X47.
N2 X51. W-2. ;
G40 G00 X200. Z50. T0100 M09 ;
```

(척킹 상태가 불안정하기 때문에 가공
량과 이송속도를 작게한다.)

* 단일형 고정 Cycle(단면가공)
G92 X-0.5 Z0.1 F0.2 :

-- 절입량을 작게한다.(직경 3mm)

-- 단면 1mm앞에서 면취가공 한다.

-- G03 원호가공 방법
X40.;
G03 X44. Z-39. R2.;
G01 Z-51. ;

4) 2차 공정 외경정삭 가공

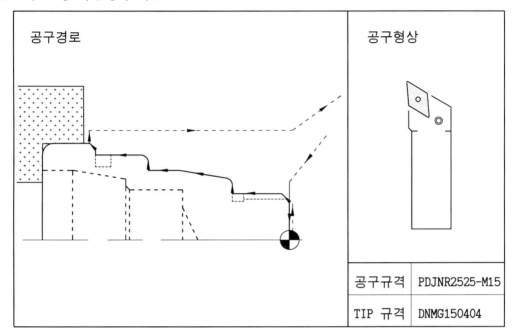

공구규격	PDJNR2525-M15
TIP 규격	DNMG150404

프로그램 .... **해설** ....

```
T0300 ;
G00 X24. Z0. S200 T0303 M08 ;
G01 X-0.3 F0.15 ;               -- 단면 정삭가공
G00 X57. Z2. ;
G70 P1 Q2 F0.18 ;              -- 정삭 Cycle 가공
                                 이 지령으로 위쪽으로 N1번 Block을
                                 찾아서 N1번부터 N2번까지 실행하고
                                 G70 다음 Block을 계속 실행한다.

G40 G00 X200. Z50. T0300 M09 ;
```

4) 2차 공정 외경홈 가공

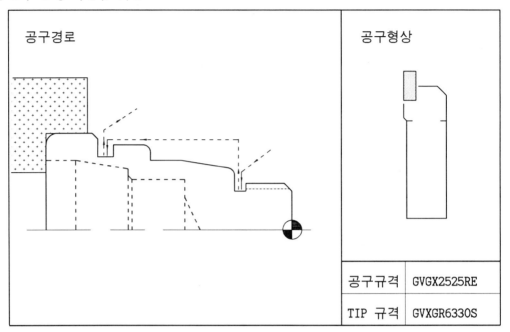

공구규격	GVGX2525RE
TIP 규격	GVXGR6330S

프로그램 .... 해설 ....

T0500 ;

G00 X30. Z-15. S140 T0505 M08 ;

G01 X20. F0.06 ;

G04 X1. ;   -- 바닥면 정삭

G00 X46. ;

Z-50.5 ;   -- 홈가공은 생각보다 쉽지않다.

G01 X38.05 ;   아래 그림과 같이 먼저 황삭을 하고

G00 X45. ;   면취를 하면서 단면정삭과 바닥면을

정삭한다.

① 황삭

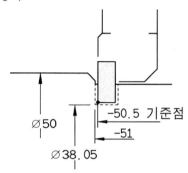

② 오른쪽 단면 면취 바닥면 정삭

Z-49.3 ;
G01 X43.6 Z-50. F0.12 ;
X38. F0.1 ;
Z-50.5 ;
G00 X48. ;

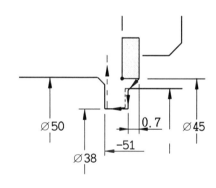

③ 왼쪽 단면정삭

Z-51. ;
G01 X38. ;
W0.9 ;
G00 X50. ;
X200. Z50. T0500 M09 ;

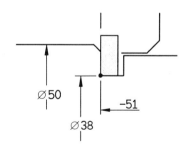

4) 2차 공정 외경나사 가공

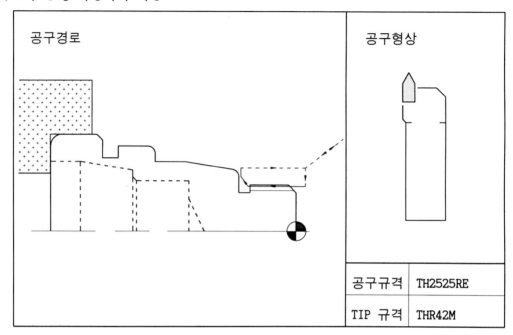

공구규격	TH2525RE
TIP 규격	THR42M

프로그램

```
T0700 ;
G97 G00 X26. Z2. S1326 T0707 M08 ;



G92 X23.3 Z-14.2 F2. ;



X22.8 ;
X22.42 ;
X22.18 ;
X21.98 ;
X21.82 ;
X21.72 ;
```

해설

-- 나사가공에는 주속 일정제어 기능을
   사용하지 않는 것이 좋다.
   절삭속도 V100을 계산하면 S1326rpm
   이 된다.

-- 나사가공 단일형 고정 Cycle 지령
   (완전나사부 가공 길이가 12.2mm이고
   첫번째 절입량이 0.35mm(반경치) 이
   다.)

-- 두번째 절입량 0.25mm(반경치)이다.
-- 세번째 절입량 0.19mm(반경치)이다.
-- 네번째 절입량 0.12mm(반경치)이다.
-- 다섯번째 절입량 0.10mm(반경치)이다
-- 여섯번째 절입량 0.08mm(반경치)이다.
-- 일곱번째 절입량 0.05mm(반경치)이다.

X21.62 ;
G00 X200. Z50. T0700 M09 ;
M05 ;
M02 ;

-- 여덟번째 절입량 0.05mm(반경치)이다.

* 복합형 고정 Cycle을 지령하는 경우

   G76 P010560 Q50 R50 ;

   G76 X21.62 Z-13.5 P1190 Q350 F2. ;

MEMO

제 4 장

조　작

4.1 FANUC OT/OM 조작 일람표

4.2 System의 조작 상세

4.3 조작판기능 설명

4.4 공작물 좌표계 설정 방법 1

4.5 파라메타 입력 방법

4.6 공구 Offset 방법 1

4.7 공작물 좌표계 설정 방법 2

4.8 공작물 좌표계 설정 방법 3

4.9 SENTROL 시스템의 조작 상세

4.10 공작물 좌표계 설정 방법 4(SENTROL－L 시스템)

4.11 공구 Offset 방법 2(SENTROL-L 시스템)

4.12 Test 운전 방법

4.13 시제품 가공 방법

4.14 공작물 연속 가공

4.1 FANUC 0T/0M 조작 일람표

구 분	기 능	KEY S/W	PWE 1	MODE	기능버튼	조 작
Clear (삭제)	Memory All Clear		⊙	Power ON時		[RESET] and [DELET]
	파라메타 & offset		⊙	〃		[RESET]
	Program의 Clear		⊙	〃		[DELET]
reset (해제)	RUN 시간의 reset					[R/3] → [CAN]
	Parts 數의 reset					[P/Q] → [CAN]
	OT Alarm reset			Power ON時		[P/Q] and [CAN]
MDI에 의한등록	파라메타의 입력		⊙	MDI mode	PRGRM	[PQ]→파라메타 번호→[INPUT]→data→[INPUT]→PWE=0→[RESET]
	Offset의 입력				OFSET	[PQ]→offset번호→[INPUT]→offset량→[INPUT]
	setting data의 입력			MDI mode	PRRRM	[PQ]→0→[INPUT]→data→[INPUT]
	PC파라메타의 입력	⊙			DGNOS	[P/Q]→diagnous번호→[INPUT]→data→[INPUT]
	공구길이 측정			JOG mode	POS→ FOSET	[POS](상대좌표의 표시)[Z]→[CAN]→[OFFSET]→공구를 측정위치로[P/Q]→offset번호→[EOB]and[Z]→78[INPUT]
TAPE에 의한등록	파라메타의 입력 (tape→memory)		⊙	EDIT mode	PRGRM	[INPUT]
	Offset의 입력			〃	OFSET	[INPUT]
	program의 등록		⊙	EDIT/AUTO mode	PRRRM	[INPUT]
punch out	파라메타의 punch out			EDIT mode	PRGRM	[START]
	Offset의 punch out			〃	OFSET	[START]
	모든 PROGRAM의 punch out			〃	PRGRM	0→9999→[START]

구 분	기 능	KEY S/W	PWE 1	MODE	기능버튼	조 작
punch out	1 program의 punch out			EDIT mode	PRGRM	0→program번호→[START]
search (찾기)	program번호 search			EDIT/AUTO mode	PRGRM	0→program번호→[↓](cursor)
	sequence번호 search			EDIT mode	PRGRM	program번호 search후→N→sequence번호→[↓](cursor)
	address word search			〃	PRGRM	search할 address→[↓](cursor)
	address만 search			〃	PRGRM	search할 address→[↓](cursor)
	offset번호의 search				OFSET	[P/Q]→offset번호→[INPUT]
편집	memory사용량의 표시			EDIT mode	PRGRM	[P]→[INPUT]
	전 program의 삭제	◎		EDIT mode	PRGRM	0→- 9999→[DELET]
	1 program의 삭제	◎		〃	PRGRM	0→program번호→[DELET]
	수 block의 삭제	◎		〃	PRGRM	N→sequence번호→[DELET]
	word의 삭제	◎		〃	PRGRM	삭제하려는 word search후 [DELET]
	word의 변경	◎		〃	PRGRM	변경하려는 word search 새로운 data→[ALTER]
	word의 삽입	◎		〃	PRGRM	삽입하려는 직전의 word search후 새로운 data→[INSRT]
비교	memory 비교			EDIT mode	PRGRM	[INPUT]
FANUC cassette 로입출력	program의 등록	◎		EDIT mode	PRGRM	N→file번호→[INPUT]→[INPUT]
	전 program의 출력			EDIT mode	PRGRM	0→- 9999→[START]
	1 program의 출력			〃	PRGRM	0→program번호→[START

구 분	기 능	KEY S/W	PWE 1	MODE	기능버튼	조 작
FANUC cassette 로입출력	file의 선두찾기			EDIT/AUTO mode	PRGRM	N→file번호 또는 -9999 또는 -9998→[INPUT]
	file의 삭제	⊙		EDIT mode	PRGRM	N→file번호→[START]
	program의 비교				PRGRM	N→file번호→[INPUT]→ [INPUT]
play back	program의 비교			TEACH-IN JOG/HANDLE mode	PRGRM	기계를 이동→[X] [Y]or [Z]→[INSRT]→(NC data) [INSRT]→[EOB]→[INS RT]

4.2 System의 조작 상세

(1) 프로그램 메모리에 등록

1) MDI KEY로 부터 등록

① 모드 선택을 EDIT 모드로 합니다.

② PRGRM 버튼을 누릅니다.

③ 프로그램 보호 KEY를 ON 합니다.

④ 등록하는 프로그램 번호를 key-In 합니다.

⑤ INSRT KEY를 누릅니다.

　　이 조작으로 프로그램 번호가 등록되기 때문에 이하 프로그램을 Word 단위로 Key In하고 INSRT KEY를 이용하여 등록 시킵니다.

2) CNC 테이프로부터 등록

① 모드를 EDIT 또는 AUTO 모드로 선택 합니다.

② CNC 테이프를 Tape Reader에 장착 합니다.

③ 프로그램 보호 KEY를 ON 합니다.

④ [PRGRM] 버튼을 눌러 Program 일람 화면을 나타 냅니다.

⑤ CNC Tape에 프로그램 번호가 없는경우 또는 프로그램 번호를 변경하고자 하는 경우에는 프로그램 번호를 입력 합니다. (Tape에 프로그램 번호가 있어 변경하지 않을 경우 ⑤의 조작을 할 필요가 없음)

(i) Adderss O를 누릅니다.

(ii) 프로그램 번호를 Key-In 합니다.

⑥ INPUT Key를 누릅니다.

(2) 프로그램 번호 찾기

메모리에 프로그램이 여러개 등록되어 있을때 그중 하나를 찾을 수 있다.

1) 방법 1

① 모드를 EDIT 또는 AUTO로 선택 합니다.

② PRGRM 버튼을 누릅니다.

③ 프로그램 보호 KEY를 ON 합니다.

④ Address O를 누릅니다.

⑤ 찾고자 하는 프로그램 번호를 Key-In 합니다.

⑥ CURSOR KEY의 [↓] 버튼을 누릅니다.

⑦ 찾기가 끝났을때 CRT화면의 오른쪽 상부에 찾고자 한 프로그램 번호가 표시 됩니다.

2) 방법 2

① 모드를 EDIT 또는 AUTO로 선택 합니다.

② PRGRM 버튼을 누릅니다.

③ 프로그램 보호 KEY를 ON 합니다.

④ Address O를 누릅니다.

⑤ CURSOR KEY의 [↓] 버튼을 누릅니다. EDIT 모드일때 CURCOR [↓] KEY를 계속 누르면 다음에 등록되어 있는 프로그램이 표시 됩니다.

주)① 끝에 등록된 프로그램을 표시하고 나면 처음 프로그램으로 돌아 갑니다.

3) 방법 3

① 모드를 AUTO로 선택 합니다.

② RESET 상태로 합니다. 주)③

③ 기계측에서 프로그램을 선택하는 신호를 01~15로 설정 합니다.(상세는 기계 Maker에서 발행하는 설명서를 참고하여 주십시오.)

④ Cycle Start 버튼을 누릅니다.

①~②의 조작에 의해 기계측의 신호에 대응하는 프로그램번호(0001~0015)의 프로그램을 찾기(Search)하여 자동운전을 개시합니다.

주)① 기계측의 신호가 "00"일때는 프로그램번호 찾기가 행해지지 않습니다.

② 기계측의 신호에 대응하는 프로그램이 메모리에 등록되어 있지 않은 경우는 P/S 알람(NO 59)이 발생 합니다.

③ Reset 상태란 자동운전중 Lamp가 꺼져있는 상태입니다.(기계 Maker에서 발행하는 설명서를 참고하여 주십시오.)

(3) 프로그램의 삭제

메모리에 등록되어 있는 프로그램을 삭제 합니다.

① 모드 선택을 EDIT 모드로 합니다.

② PRGRM 버튼을 누릅니다.

③ 프로그램 보호 KEY를 ON 합니다.

④ 프로그램 번호를 key-In 합니다.

⑤ DELET Key를 누르면 입력한 번호의 프로그램이 삭제 됩니다.

(4) 전 프로그램의 삭제

메모리에 등록되어 있는 전 프로그램을 삭제 합니다.

① 모드 선택을 EDIT 모드로 합니다.

② PRGRM 버튼을 누릅니다.

③ 프로그램 보호 KEY를 ON 합니다.

④ Address O 를 누릅니다.

⑤ -9999 [DELET] KEY를 누릅니다.

(5) 프로그램의 PUNCH

메모리에 등록되어 있는 프로그램을 PUNCH 합니다.

① Tape Punch Unit를 Punch 가능한 상태로 합니다.

② Setting Parameter에 Punch Code를 설정 합니다.

③ 모드 선택을 EDIT 모드로 합니다.

④ 프로그램 버튼을 누릅니다.

⑤ Address O 를 누릅니다.

⑥ 프로그램 번호를 KEY IN 합니다.

⑦ OUTPT START를 누르면 입력한 번호의 프로그램이 Punch 됩니다.

주)① TV Check용의 Space Code는 자동적으로 Punch 됩니다.

　② ISO Code로 Punch할 경우, LF뒤에 2개의 CR이 Punch 됩니다.

　③ 3Feet의 Feed가 너무 길 경우, Feed를 Punch중 CAN을 누르십시오. 이하의 Feed를 Punch하지 않습니다.

주)④ RESET를 누르면 Punching을 멈춥니다.

(6) 전 프로그램의 PUNCH

메모리에 등록되어 있는 전 프로그램을 PUNCH 합니다.

① Tape Punch Unit를 Punch 가능한 상태로 합니다.

② Setting Parameter에 Punch Code를 설정 합니다.

③ 모드 선택을 EDIT 모드로 합니다.

④ 프로그램 버튼을 누릅니다.

⑤ Address O 를 누릅니다.

⑥ -9999를 입력 합니다.

주)① Punch되는 프로그램의 순서는 부정 입니다.

(7) Word의 찾기

1) Scan에 의한 방법

1Word마다 Scan 합니다.

① 모드 선택을 EDIT 모드로 합니다.

② PRGRM 버튼을 누릅니다.

③ 프로그램 보호 KEY를 ON 합니다.

④ [CURSOR] [↓] Key를 누르는 경우

이때 화면에서는 Cursor가 Word마다 순(위쪽에서 아래쪽)방향으로 이동 합니다. 즉 선택된 Word의 Address 문자 아래 Cursor가 표시 됩니다.

⑤ [CURSOR] [↑] Key를 누르는 경우

이때 화면에서는 Cursor가 Word마다 역(아래쪽에서 위쪽)방향으로 이동 합니다. 즉 선택된 Word의 Address 문자 아래 Cursor가 표시 됩니다.

⑥ [CURSOR] [↓]나 [CURSOR] [↑]을 계속 누르면 연속적으로 SCAN 합니다.

⑦ [PAGE] [↓]를 누르면 화면이 다음 Page로 바뀌고, 선두의 Word에 Cursor가 이동 합니다.

⑧ [PAGE] [↑]를 누르면 화면이 앞 Page로 바뀌고, 선두의 Word에 Cursor가 이동 합니다.

⑨ [PAGE] [↓]나 [PAGE] [↑]를 계속 누르면 연속적으로 Page가 바뀝니다.

2) Word 찾기에 의한 방법

현재 위치에서 순방향으로 지정된 Word를 찾기 합니다.

① 모드 선택을 EDIT 모드로 합니다.

② PRGRM 버튼을 누릅니다.

③ 프로그램 보호 KEY를 ON 합니다.

④ 찾고자 하는 Wodr를 Key In 합니다.

⑤ [CURSOR] [↓]를 누르면 찾기를 시작 합니다.

찾기를 완료하면 Key In한 Word에 Cursor가 표시됩니다. [CURSOR] [↓]대신에 [CURSOR] [↑] Key를 누르면 역방향으로 찾기 합니다.

3) Address 찾기에 의한 방법

현재 위치에서 순방향으로 지정된 Address를 찾기 합니다.

① 모드 선택을 EDIT 모드로 합니다.

② PRGRM 버튼을 누릅니다.

③ 프로그램 보호 KEY를 ON 합니다.

④ 찾고자 하는 Address를 Key In 합니다.

⑤ [CURSOR] [↓]를 누릅니다.

찾기를 완료하면 Key In한 Address에 Cursor가 표시 됩니다. [CURSOR] [↓] 대신에 [CURSOR] [↑] Key를 누르면 역방향으로 찾기 합니다.

(8) Word의 삽입

① 모드 선택을 EDIT 모드로 합니다.

② PRGRM 버튼을 누릅니다.

③ 프로그램 보호 KEY를 ON 합니다.

④ 삽입하고 싶은 장소 직전의 Word를 찾기 혹은 Scan 합니다.

⑤ 삽입하고 싶은 Address와 Data를 Key In 합니다.

⑥ [INSRT] Key를 누릅니다.

(9) Word의 변경

① 모드 선택을 EDIT 모드로 합니다.

② PRGRM 버튼을 누릅니다.

③ 프로그램 보호 KEY를 ON 합니다.

④ 변하고자 하는 Word를 찾기 혹은 SCAN 합니다.

⑤ 변하고자 하는 Address와 Data를 Key In 합니다.

⑥ [ALTER] Key를 누릅니다.

(10) Word의 삭제

① 모드 선택을 EDIT 모드로 합니다.

② PRGRM 버튼을 누릅니다.

③ 프로그램 보호 KEY를 ON 합니다.

④ 삭제하고자 하는 Word를 찾기 혹은 Scan 합니다.

⑤ [DELET] Key를 누릅니다.

(11) EOB까지 삭제

① 모드 선택을 EDIT 모드로 합니다.

② PRGRM 버튼을 누릅니다.

③ 프로그램 보호 KEY를 ON 합니다.

④ 삭제하고자 하는 Word의 선두에 찾기 혹은 Scan 합니다.

⑤ EOB(;)를 누르고 [DELET] Key를 누릅니다.

(12) 수 Block의 삭제

① 모드 선택을 EDIT 모드로 합니다.

② PRGRM 버튼을 누릅니다.

③ 프로그램 보호 KEY를 ON 합니다.

④ 삭제하고자 하는 Block의 선두 Word에 찾기 혹은 Scan 합니다.

⑤ 삭제하고자 하는 마지막 Word를 Key In하고 [DELET]를 누릅니다.

(13) Sequence 번호의 자동 삽입

EDIT Mode에서 MDI Key에 의한 Program 작성시에 각 Block에 Sequence 번호를 자동적으로 삽입할 수 있습니다.

Sequence 번호의 증분치는 파라메타 NO 550 에 설정해 둡니다.

① Setting Parameter SEQ 를 1로 합니다.

② 모드 선택을 EDIT 모드로 합니다.

③ PRGRM 버튼을 누릅니다.

④ 프로그램 보호 KEY를 ON 합니다.

⑤ Address N을 Key In 합니다.

⑥ N의 초기치 예를 들면 10을 Key In하고 [INSRT] Key를 누릅니다.

⑦ 1 Block의 DATA를 1 Word씩 입력 합니다.

⑧ EOB를 Key In 합니다.

⑨ [INSRT]를 누릅니다. EOB가 Memory에 등록 됩니다. 예를들면 증분치의 파라

메타 "2"가 설정되어 있으면 다음행에 N12가 삽입되어 표시 됩니다.

주)① 위의 N12를 다음 Block에 삽입하고 싶지 않을때는 [DELET] Key를 누르면 N12가 소거 됩니다.

　② 또 위의 열에서 다음 Block에 삽입할 것이 N12가 아니고 N100으로 하고 싶을 때는 N100을 Key In하고 [ALTER]를 누르면 N100이 등록되고 초기치도 변경되어 100으로 됩니다.

(14) Back Ground 편집

Mode의 선택과 CNC의 상태(자동운전 중인가 아닌가 등)에 관계없이 Back ground에서 편집이 가능 합니다. Back ground 편집에서 발생한 알람은 Fore ground 운전에는 전혀 영향을 주지 않습니다. 역으로 Fore ground에서의 알람에 Back ground 편집이 영향을 받는 일도 없습니다.

참고 21) 프로그램 번호 표시

① 프로그램의 번호 표시
　　파라메타 40번의 4비트를
　　　"1" 로 하면 프로그램 번호 표시를 내림차순으로 하고
　　　"0" 이면 입력 순서대로 표시 한다.
　＊ 통상 1로 선택하면 사용이 편리하다.

② 프로그램 번호 표시 화면에 주역부 표시
　　파라메타 40번의 0비트를
　　　"1" 로 하면 프로그램 번호 다음에 입력된 주역부의 내용(프로그램
　　　　명)이 표시되고
　　　"0" 이면 프로그램 번호만 표시한다.

　＊ 프로그램 번호에 주역부가 입력된 경우 1로 사용하면 편리하다.

4.3 조작판 기능 설명

조작판의 기능은 같은 콘트롤라(Controller)를 사용해도 공작기계 메이커에 따라서 스위치(Switch) 모양과 종류, 조작방법등은 다르다.

그러나 메이커(Maker)와 기계 종류에 따라서 조작방법은 다소 차이가 있겠지만 한가지의 모델만 익혀두면 전혀다른 메이커의 기계를 접해도 어려움없이 조작할 수 있다. (기계 메이커의 조작설명서를 참고하십시오.)

아래의 내용은 조작 스위치들의 사용방법에 대한 설명이다.

(1) 모드 스위치(Mode Switch)

어떤 종류의 작업(조작)을 할 것인지 결정한다.

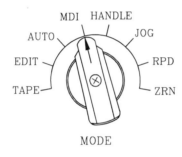

① 테이프(TAPE)

테이프 자동운전및 DNC운전을 한다.

② 편집(EDIT)

프로그램의 신규작성및 메모리(Memory)에 등록된 프로그램을 수정할 수 있다.

③ 자동운전(AUTO)

메모리에 등록된 프로그램을 자동운전한다.

④ 반자동(MDI : Manual Data Input)

프로그램을 작성하지 않고 기계를 동작 시킬 수 있다.

NC선반에서는 복합형 고정 Cycle중에서 G70, G71, G72. G73 기능을 제외하고 프로그램으로 실행 시킬 수 있다.

예를 들면 공구회전, 주축회전, 간단한 절삭이송등을 지령한다.

⑤ 핸들(Handle)

MPG(Manual Pulse Generator)로도 표시하고 조작판의 핸들을 이용하여 축을 이동 시킬 수 있다.

핸들의 한 눈금(1 Pulse)당 이동량은 0.001mm, 0.01mm, (0.1mm)의 종류가 있다.

⑥ 수동절삭(JOG)

공구이송을 연속적으로 외부 이송속도 조절 스위치의 속도로 이송 시킨다.

엔드밀(End Mill)의 직선절삭, Face Mill의 직선절삭등 간단한 수동작업을 한다.

⑦ 급속이송(RPD : Rapid)

공구를 급속(기계의 최대속도 G00)으로 이동 시킨다.

⑧ 원점복귀(ZRN : Zero Return)

공구를 기계원점으로 복귀 시킨다.

조작판의 원점방향 축 버튼을 누르면 자동으로 기계원점까지 복귀하고 원점복귀 완료램프가 점등한다.

(2) 급속 오버라이드(Rapid Override)

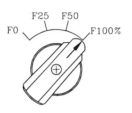

RIPID OVERRIDE

자동, 반자동, 급속이송 Mode에서 G00의 급속 위치결정 속도를 외부에서 변화를 주는 기능이다.

(3) 이송속도 오버라이드(Feed Override)

FEED OVERRIDE

자동, 반자동 Mode에서 지령된 이송속도(Feed)를 외부에서 변화시키는 기능이다.

보통 0 ～ 150%까지이고 10%의 간격을 가진다.

(4) 주축속도 오버라이드(Spindle Override)

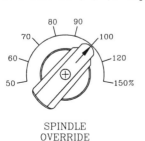

SPINDLE OVERRIDE

Mode에 관계없이 주축속도(rpm)를 외부에서 변화시키는 기능이다.

(5) Pulse 선택

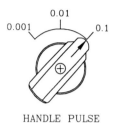

HANDLE PULSE

핸들(MPG)의 한 눈금 이동 단위를 선택한다.

주) 0.1 Pulse에서 핸들의 사용은 천천히 돌려야 한다. 핸들이동에는 자동가감속 기능이 없기때문에 축의 이동에 충격을 주면 볼스크류와 볼스크류 지지 베아링의 파손 원인이 된다.

(6) 비상정지 버튼(Emergency Stop Button)

비상정지

돌발적인 충돌이나 위급한 상황에서 작동시킨다.

누르면 비상정지 Stop하고 Main전원을 차단한 효과를 나타낸다. 해제 방법은 화살표 방향으로 돌리면 튀어 나오면서 해제된다.

(7) 자동개시(Cycle Start)

CYCLE START

자동, 반자동, DNC(TAPE) Mode에서 프로그램을 실행한다.

(8) 이송정지(Feed Hold)

FEED HOLD

자동개시의 실행으로 진행중인 프로그램을 정지 시킨다.

이송정지 상태에서는 자동개시 버튼을 누르면 현재 위치에서 재개한다. 이송정지 상태에서는 주축정지, 절삭유등은 이송정지 직전의 상태로 유지된다.

주) 나사가공(G32, G92, G76)실행중에는 이송정지를 작동시켜도 나사가공 Block은 정지하지 않고 다음 Block에서 정지한다.

(9) 공구선택

TURRET

수동조작(HANDLE, JOG, RPD, ZRN MODE)
으로 공구대(Turret)를 회전 시킬 수 있다.

(10) 핸들(MPG : Manual Pulse Generator)

MANUAL PULSE GENERATOR

축(Axis)의 이동을 핸들(MPG) Mode에서 펄스
(0.01mm, 0.01mm, 0.1mm Pulse)단위로 이동 시
킨다.

(11) 주축회전(Spindle Rotate)

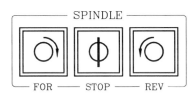

① FOR(주축 정회전)
    수동조작(HANDLE, JOG, RPD, ZRN MODE)에서 마지막에 지령된 조
건으로 정회전 한다.
② STOP(주축정지)
    Mode에 관계없이 회전중인 주축을 정지 시킨다.
③ REV(주축 역회전)
    수동조작(HANDLE, JOG, RPD, ZRN MODE)에서 마지막에 지령된 조
건으로 역회전 시킨다.
④ INCHING(주축 인칭)
    수동조작(HANDLE, JOG, RPD, ZRN MODE)에서 파라메타에 입력된
회전수로 스위치를 누르고 있을때만 정회전 한다.

(12) 드라이런(Dry Run)

이 스위치가 ON되면 프로그램에 지령된 이송속도를 무시하고 JOG속도(조작판의 Jog Feed Override)로 이송된다.

(13) 이송속도 조정 무시(Feed Override Cancel)

이송속도 오버라이드 스위치로 조작판에서 이송속도를 조절하는 것을 무시하고 프로그램에 지령된 이송속도로 고정된다.(이송속도 오버라이드를 100%로 고정 시킨다.)

(14) 머신록(Machine Lock)

축 이동을 하지 않게하는 기능이다.
(프로그램 Test나 A/S할 때 많이 사용한다.)

(15) 보조기능 록(AUX,F,Lock)

보조기능(M기능)의 작동을 하지 못하게 한다. 단 프로그램을 제어하는 M기능(M00, M01, M02, M30, M98, M99) 6가지는 예외다.

(16) 싱글블록(Sigle Block)

자동개시의 작동으로 프로그램이 연속적으로 실행하지만 싱글블록 기능이 ON 되면 한 블록씩 실행한다.
다시 자동개시를 실행시키면 한 블록 실행하고 정지하는 것을 반복한다.

(17) **M01** (Optional Program Stop)

프로그램에 지령된 M01을 선택적으로 실행되게 한다.

조작판의 M01 스위치가 ON일때는 프로그램 M01의 실행으로 프로그램이 정지하고 OFF일때는 M01을 실행해도 기능이 없는 것으로 간주하고 다음 블록을 실행한다.

M01 정지 할때는 M00기능과 동일한 기능을 발생한다.(보조기능편 참고)

(18) 옵쇼날블록 스킵(Optional Block Skip)

선택적으로 프로그램에 지령된 "/"(슬러쉬)에서 ";"(EOB)까지를 건너뛰게 할 수 있다.

스위치가 ON 되면 "/"에서 ";"까지를 건너뛰고 OFF일때는 "/"가 없는 것으로 간주한다.

예) / N01 G28 U0. W0. ;
　　 N02 G30 U0. W0. ;
　　 N03 G00 X20. Z0.1 T0101 / M08 ;

위 프로그램을 실행할때 옵쇼날블록 스킵 스위치가 ON 이면 N01 Block과 N03 Block의 M08을 실행하지 않는다.

(19) 절삭유 **ON, OFF**(Coolant ON, OFF)

절삭유의 작동을 제어한다.

프로그램에서 지령된것(M08, M09)보다 우선이다.

(20) 행정오버 해제(EMG-Limit Switch Release)

EMG-RELRASE

기계 최대영역의 마지막에 설치되에 있는 Limit Switch까지 기계가 이동하면 행정오버 알람이 발생된다.

알람을 해제하기 위해서 이 스위치를 누르고 있는 상태에서 행정오버된 축을 반대로 이동시키면 된다.

이 알람이 발생되면 전원을 재투입한 상태로 된다.

보통 이 알람이 발생되기 전에 OT 알람(제 1 Limit)이 발생되지만 기계원점이 설정되지 않은 경우와 제 1 Limit의 파라메타가 정확하게 설정되지 않은 경우에 발생된다.

(21) 프로그램 보호 키(Program Protect Key)

PROGRAM
PROTECT

프로그램의 편집(수정, 삽입, 삭제, 변경)이나 파라메타를 Key OFF 상태에서 변경할 수 있다.

4.4 공작물 좌표계 설정 방법 1 (FANUC 0T System)

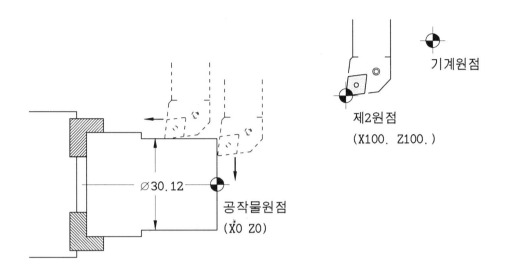

그림 4-1 공작물 원점

(1) 기준공구 선택(통상 1번 공구로 한다.)

① 반자동(MDI) Mode 선택후 ⇒ PRGRM 버튼을 누르고 T0100 타자후 INPUT
버튼을 누르고 START 버튼을 누르면 기준공구가 선택된다.

② 핸들(MPG) Mode에서도 선택 가능하다.

(2) 소재외경및 단면가공 후 공작물 좌표계 설정

① 반자동(MDI) Mode 선택후 ⇒ PRGRM 버튼을 누르고 G97 타자후 INPUT
버튼을 누르고 S200 타자후 INPUT 버튼을 누르고 M03 타자후 INPUT
버튼 누르고 START 버튼을 누르면 주축이 200rpm으로 회전한다.

② 핸들(MPG) Mode 선택후 ⇒ Z축을 선택하여 〈그림 4-2〉와 같이 외경가공 한다.
가공후 X축을 이동하지 말고 Z축을 후퇴 시킨다. 주축을 Stop시킨 후 가공된
외경을 정밀하게 측정한다.

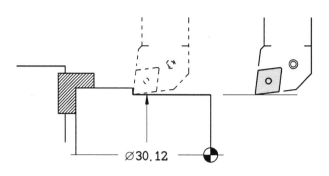

그림 4-2 기준공구 외경가공

측정결과 직경 30.12mm라 하자.

MDI 화면

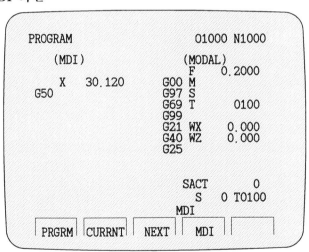

③ 반자동(MDI) Mode 선택후 ⇒ │PRGRM│버튼을 누르고 G50 타자후 │INPUT│
버튼을 누르고 X30.12(외경측정 수치)를 타자후 │INPUT│버튼을 누르고
│START│버튼을 누른다.

④ 다시 핸들(MPG) Mode 선택후 ⇒ X축을 선택하여 <그림 4-3>과 같이 단면가공을
한다. 가공후 Z축을 이동하지 말고 X축을 후퇴 시킨다.

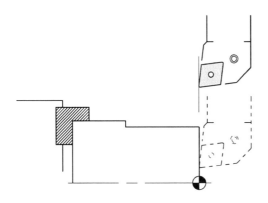

그림 4-3 기준공구 단면가공

MDI 화면

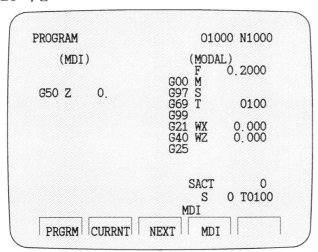

⑤ 반자동(MDI) Mode 선택후 ⇒   PRGRM   버튼을 누르고 G50 타자후   INPUT
버턴을 누르고 Z0 타자후   INPUT   버튼을 누르고   START   버튼을 누른다.
이것으로 공작물 좌표계 설정이 완료된다.

(3) 제2원점 설정

① 공작물 좌표계 설정 후 공구 교환점을 지정〈그림 4-1의 제2원점〉한다.

핸들(MPG) Mode 선택후 ⇒ POS 버튼을 누르고 절대좌표 화면을 선택한다.

절대(ABSOLUTE)위치 화면

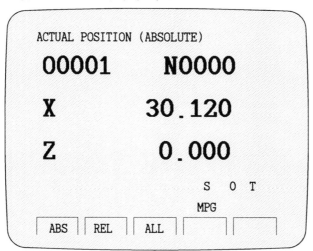

핸들을 이용하여 절대좌표의 수치가 X100. Z100. 되도록 공구를 이동 시킨다.
다시 화면을 기계좌표의 화면으로 선택하고, 현재 위치의 기계좌표를 Memo한다.

전체(ALL)위치 화면

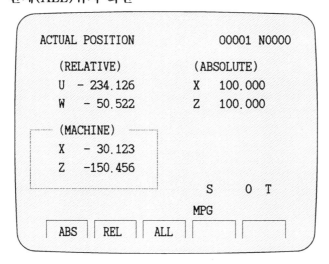

② Memo 한 기계좌표의 수치를 제2원점 파라메타(No 735, 736)에 입력한다.
파라메타 입력 방법은 다음과 같다.

4.5 파라메타 설정 방법

① 반자동(MDI) Mode 선택후 ⇒ [PARAM DGNOS] 버튼을 이용하여 파라메타를 선택한다.

　PAGE 버튼을 사용하여 Setting 2 화면을 찾아서 PWE 에 Cursor(캄박캄박 하는 막대 모양의 표시)를 이동 시킨다. 숫자 1를 타자하고 [INPUT] 버튼을 누른다.

이때 P/S 100번 알람이 발생된다. 해제방법은 [CAN] 버튼과 [RESET] 버튼을 동시에 누른다.

　다시 [PARAM DGNOS] 버튼을 누르고 [NO Q V J P] 버튼을 누른후 735 타자후

[INPUT] 버튼을 누르면 Cursor가 735번으로 이동 한다. 여기에서 Memo 한 기계좌표의 X수치 (-30123)를 타자하고 [INPUT] 버튼을 누른다. (입력할 때는 소숫점을 생략하고 입력한다. 예 -30123)

다시 Cursor를 736번에 이동한 후 Memo 한 기계좌표의 Z수치(-150458)를 타자하고 [INPUT] 버튼을 누르면 제2원점 설정이 완료된다.

4.6 공구 Offset 방법 1

(1) 공구 Offset(공구위치 Offset량의 직접입력 기능 사용)

① 기준공구(T0100)의 Offset량은 기본적으로 X0, Z0로 한다.

② 반자동(MDI) Mode 선택후 ⇒ PRGRM 버튼을 누르고 T0200 타자후 INPUT 버튼을 누르고 START 버튼을 누른다. 다시 S200타자후 INPUT M03 타자후 INPUT 버튼을 누른후 START 버튼을 누른다.

③ 다음에 핸들(MPG) Mode 선택후 ⇒ X, Z축을 이용하여 공구를 외경에 Touch 한다. 이때 공구의 위치는 아래와 같다.

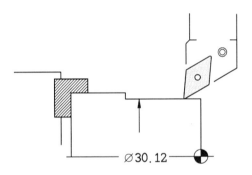

Ø30.12

Touch한 상태에서 OFSET 버튼을 누르고 아래와 같은 화면을 선택한다.

OFFSET 화면

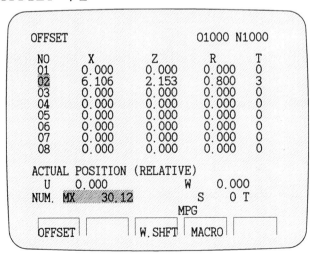

OFFSET		01000 N1000	

NO	X	Z	R	T
01	0.000	0.000	0.000	0
02	6.106	2.153	0.800	3
03	0.000	0.000	0.000	0
04	0.000	0.000	0.000	0
05	0.000	0.000	0.000	0
06	0.000	0.000	0.000	0
07	0.000	0.000	0.000	0
08	0.000	0.000	0.000	0

ACTUAL POSITION (RELATIVE)
U   0.000   W   0.000
NUM. MX   30.12   S 0 T
                    MPG

OFFSET | W.SHFT | MACRO

NO: OFFSET 번호
X : X축 OFFSET 량
Z : Z축   ″
R : 공구선단의 코너R량
T : 가상인선(공구형상)
    번호

공구번호와 같은 번호의 Offset번호에 Cursor를 이동 (예 02번)한후 MX30.12를 타자하고(이때 수치는 공구선단의 소재치수) INPUT 버튼을 누르면 자동으로 X축의 Offset량이 입력 된다.

다시 핸들을 이용하여 단면에 공구를 Touch시킨다.

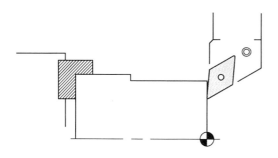

이 상태에서 MZ 0타자후

INPUT 하고 버튼을 누르면 자동으로 Z축의 Offset량이 입력 된다.

OFFSET 화면

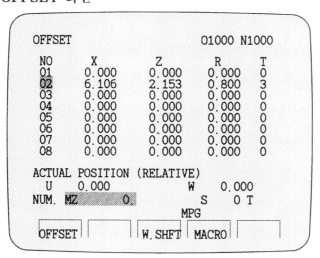

④ 다음공구의 Offset는 공구를 선택하고 ③번을 반복한다.

(2) 가상인선 번호

   * 가공 방향의 공구형상 번호를 말한다. (Offset 화면의 T의 위치에 입력 한다.)

   * 가상인선 번호의 기준은 1번이 원점방향이 되고 반시계방향으로 회전하면서 번호가 주어 진다.

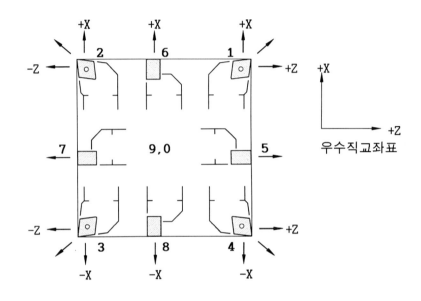

그림 4-4 가상인선 번호

* 인선번호와 공구형상

인선번호	공 구 형 상
1 번	내경 반대쪽 가공용 바이트(Back Boring가공)
2 번	내경 가공용 바이트(앞쪽에서 안쪽으로가공)
3 번	외경 가공용 바이트(일반적으로 가장 많이 사용한다.)
4 번	외경 반대쪽 가공용 바이트
5 번	반대쪽 단면홈 가공용 바이트
6 번	내경홈 가공용 바이트
7 번	단면홈 가공용 바이트
8 번	외경홈 가공용 바이트
9, 0 번	가상인선이 인선의 중심에 있을 때

(3) 각 공구의 Offset 방법및 공구 가상인선 번호

① 외경 바른손 바이트

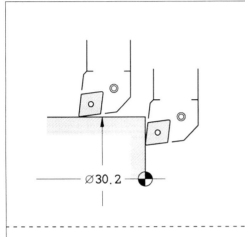

```
MX   30.2 (외경의 현재위치)
MZ   0 (단면의 현재위치)
T    3 (형상번호)
```

② 외경 왼손 바이트

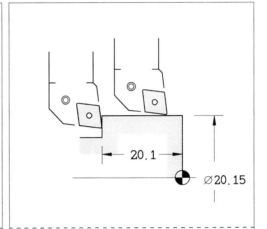

```
MX   20.15 (외경의 현재위치)
MZ   -20.1 (단면의 현재위치)
T    4 (형상번호)
```

③ 외경 홈 바이트

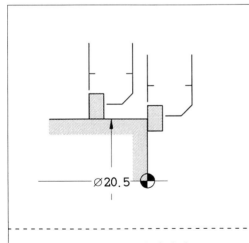

```
MX   20.5 (외경의 현재위치)
MZ   0 (단면의 현재위치)
T    8 (형상번호)
```

④ 외경 나사 바이트

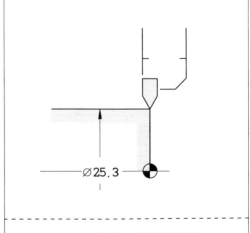

```
MX   25.3 (외경의 현재위치)
MZ   0 (단면의 현재위치)
T    0 (형상번호)
```

⑤ 내경 바른손 바이트

(내경구멍이 뚫여있을 때)　　　　　　(내경이 막혀있을 때)

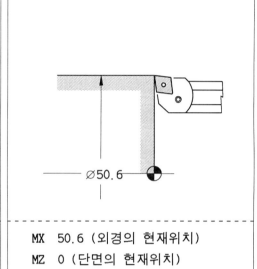

MX　30.25 (내경의 현재위치)	MX　50.6 (외경의 현재위치)
MZ　0 (단면의 현재위치)	MZ　0 (단면의 현재위치)
T　2 (형상번호)	T　2 (형상번호)

⑥ 내경 나사 바이트

(내경구멍이 뚫여있을 때)　　　　　　(내경이 막혀있을 때)

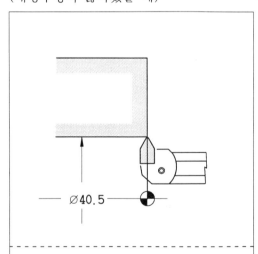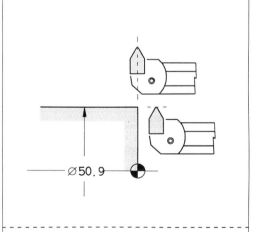

MX　40.5 (내경의 현재위치)	MX　50.9 (외경의 현재위치)
MZ　0 (단면의 현재위치)	MZ　0 (단면의 현재위치)
T　0 (형상번호)	T　0 (형상번호)

⑦ 드릴, 센타드릴

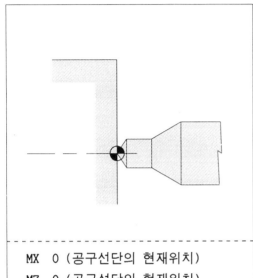

MX   0 (공구선단의 현재위치)

MZ   0 (공구선단의 현재위치)

T   0 (형상번호)

⑧ 단면홈 바이트

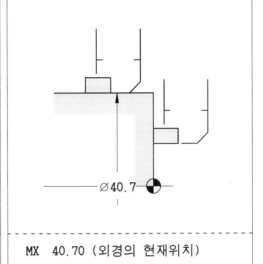

MX   40.70 (외경의 현재위치)

MZ   0 (단면의 현재위치)

T   7 (형상번호)

⑨ 내경 홈 바이트

(내경구멍이 뚫여있을 때)

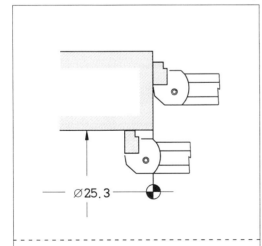

MX   25.3 (내경의 현재위치)

MZ   0 (단면의 현재위치)

T   6 (형상번호)

(내경이 막혀있을 때)

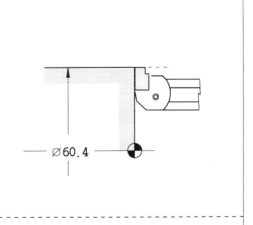

MX   60.4 (외경의 현재위치)

MZ   0 (단면의 현재위치)

T   6 (형상번호)

참고 22) Offset량 직접 입력기능의 장점

---

1) FANUC System 0 Series이전의 콘트롤라 (3T,6T,10T,11T등)들은 Offset량
   의 직접입력 기능은 사용할 수 없다.(OT 에서도 파라메타를 수정해야 가
   능함) 따라서 Offset를 하는 방법이 다르므로 "공작물 좌표계 설정 방법
   3" 편을 참고 하십시오.

2) Offset량 직접 입력 기능을 사용하면 다음과 같은 장점이 있다.
   ① Setting 시간이 단축 된다.
   ② Setting이 정밀하다.
   (기준공구의 위치에 관계 없이 Setting할 공구를 이동하여 외경을 가
   공한 후 가공한 외경의 치수를 정밀측정하여 수치를 MX와 같이 지령
   하면 자동으로 Offset량이 계산되어 입력 된다.)

4.7 공작물 좌표계 설정 방법 2 (FANUC 0T System 자동좌표계 설정 기능)

자동좌표계 설정 기능을 사용하기 위해서는 다음과 같이 파라메타를 설정해야 한다.

파라메타 번호	Bit	입력 Data
10	7	1
10	6	1
708		기계원점에서 공작물 원점까지의 X축 거리
709		기계원점에서 공작물 원점까지의 Z축 거리

파라메타를 수정하고 최초에 한번은 수동 원점복귀를 해야한다. 그러면 자동으로 공작물 좌표계가 설정된다.

또 다른 공작물을 좌표계 설정할때는 708, 709번의 파라메타를 수정하지 않고 Offset 화면의 Work Shift 기능을 아래 방법으로 사용한다.

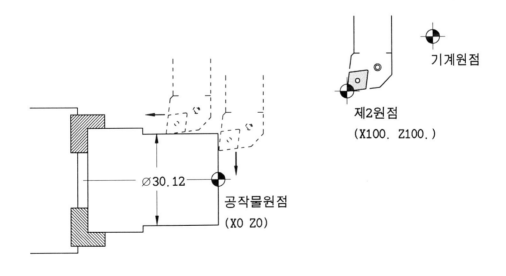

그림 4-5 공작물 원점

(1) 기준공구 선택(통상 1번 공구로 한다.)

① 반자동(MDI) Mode 선택후 ⇒ PRGRM 버튼을 누르고 T0100 타자후 INPUT
버튼을 누르고 START 버튼을 누르면 기준공구가 선택 된다.

② 핸들(MPG) Mode에서도 선택 가능하다.

(2) 소재외경및 단면가공 후 공작물 좌표계 설정

① 반자동(MDI) Mode 선택후 ⇒ PRGRM 버튼을 누르고 G97 타자후 INPUT
버튼을 누르고 S200 타자후 INPUT 버튼을 누르고 M03 타자후 INPUT
버튼 누르고 START 버튼을 누르면 주축이 200rpm으로 회전한다.

② 핸들(MPG) Mode 선택후 ⇒ Z축을 선택하여 〈그림 4-6〉과 같이 외경가공 한다.
가공후 X축을 이동하지 말고 Z축을 후퇴 시킨다. 주축을 Stop 시킨후 가공된 외
경을 정밀하게 측정한다.

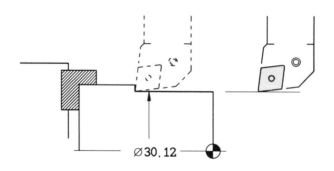

Ø30.12

그림 4-6 기준공구 외경가공

측정결과 직경 30.12mm라 하자.

③ Offset 화면의 Work Shift 화면을 선택하고 MX를 타자하고 외경 측정치수를
입력 한다.

예) 화면 하단을 확인 하면서 입력한다. (MX 30.12 INPUT 한다.)

WORK SHIFT 화면

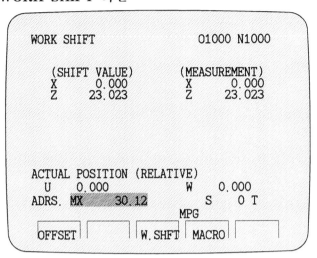

```
WORK SHIFT                    01000 N1000

    (SHIFT VALUE)          (MEASUREMENT)
    X      0.000           X      0.000
    Z     23.023           Z     23.023




ACTUAL POSITION (RELATIVE)
    U   0.000           W   0.000
 ADRS. MX      30.12        S   0 T
                        MPG
  OFFSET        W.SHFT MACRO
```

④ 다시 핸들(MPG) Mode 선택후 ⇒ X축을 선택하여 <그림 4-7>과 같이 단면가공
한다. 가공후 Z축을 이동하지 말고 X축을 후퇴 시킨다.

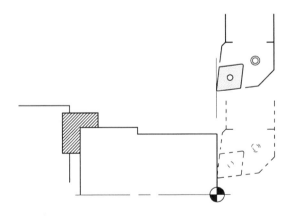

그림 4-7 기준공구 단면가공

⑤ Offset 화면의 Work Shift 화면을 다시 선택하고 MZ를 타자하고 단면의 위치
를 입력한다. (일반적으로 Z0를 입력한다.)

예) 화면 하단을 확인 하면서 입력한다. (MZ 0 INPUT 한다.)

WORK SHIFT 화면

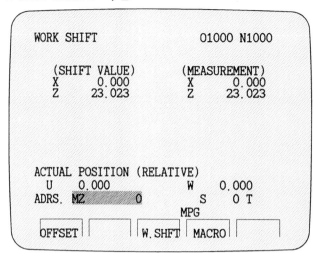

이것으로 자동좌표계 설정이 완료된다.

⑥ 공구보정은 Offset 화면에서 MX, MZ기능을 사용하면 편리하다.

4.8 공작물 좌표계 설정 방법 3

(Offset량 직접입력 기능이 없는 0T, 6T, 10T등의 Setting 방법)

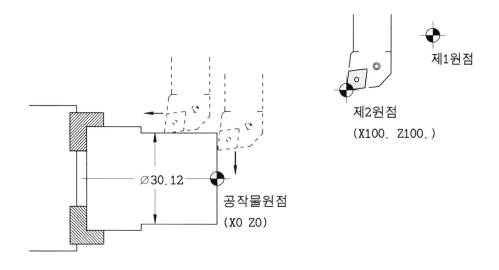

그림 4-8 공작물 원점

(1) 기준공구 선택(통상 1번 공구로 한다.)

① 반자동(MDI) Mode 선택후 ⇒ │PRGRM│ 버튼을 누르고 T0100 타자후 │INPUT│
버튼을 누르고 │START│ 버튼을 누르면 기준공구가 선택된다.

② 핸들(MPG) Mode에서도 선택 가능하다.

(2) 소재외경및 단면가공 후 공작물 좌표계 설정

① 반자동(MDI) Mode 선택후 ⇒ │PRGRM│ 버튼을 누르고 G97 타자후 │INPUT│ 버
튼을 누르고 S200 타자후 │INPUT│ 버튼을 누르고 M03 타자후 │INPUT│ 버튼
누르고 │START│ 버튼을 누르면 주축이 200rpm으로 회전한다.

② 핸들(MPG) Mode 선택후 ⇒ Z축을 선택하여 외경가공 한다.

가공후 X축을 이동하지 말고 Z축을 후퇴 시킨다. 이 위치에서 $\boxed{POS}$ 버튼을 누르고 다시 상대좌표를 선택하고 U 타자후 $\boxed{CAN}$ 버튼을 누르면 X축의 상대좌표가 아래와 같이 변한다.

상대(RELATIVE) 위치화면

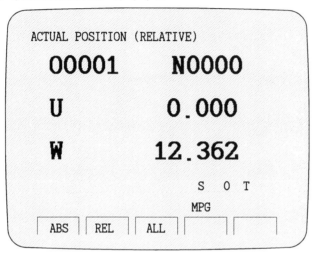

다시 X축을 선택하여 단면을 절삭한 후 Z축은 이동하지 말고 X축만 후퇴시킨다 상대좌표 화면에서 W 타자후 $\boxed{CAN}$ 버튼을 누르면 Z축의 상대좌표가 0.0이 된다.

 핸들을 이용 하여 상대좌표의 수치가 U 0, W 0 이 되도록 이동하면 공구선단 의 위치는 아래 〈그림 4-9〉와 같은 위치로 된다.

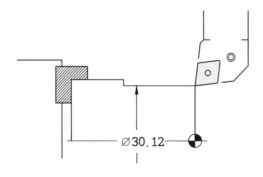

그림 4-9 기준공구 선단위치

상대(RELATIVE) 위치화면

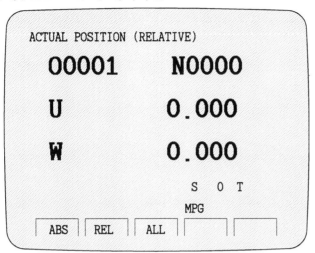

```
ACTUAL POSITION (RELATIVE)
  00001        N0000

    U              0.000

    W              0.000

                       S    O   T
                 MPG
  ABS    REL    ALL
```

주축을 STOP시킨 후 가공된 외경을 정밀하게 측정한다.

③ 반자동(MDI) Mode 선택후 ⇒ PRGRM 버튼을 누르고 G50 타자후 INPUT 버튼을 누르고 X30.12(외경측정수치)를 타자후 INPUT 버튼을 누르고 Z0 타자후 INPUT 버튼을 누르고 START 버튼을 누른다. 이것으로 공작물 좌표계 설정이 완료된다.

(3) 제2원점 설정

① 공작물 좌표계 설정 후 공구 교환점을 지정<그림 4-8의 제2원점>한다.

핸들(MPG) Mode 선택후 ⇒ POS 버튼을 누르고 절대좌표 화면을 선택한다.

절대(ABSOLUTE)위치 화면

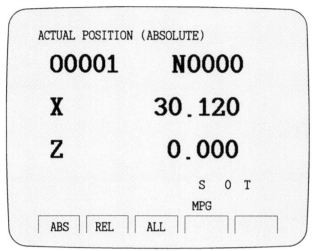

```
ACTUAL POSITION (ABSOLUTE)

  00001        N0000

  X          30.120

  Z           0.000

                    S   O   T
                MPG
 ABS   REL   ALL
```

핸들을 이용하여 절대좌표의 수치가 X100. Z100. 되도록 공구를 이동 시킨다.
다시 화면을 기계좌표의 화면으로 선택한다. 현재위치의 기계좌표를 Memo한다.

전체(ALL)위치 화면

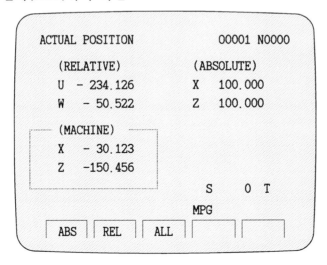

```
ACTUAL POSITION              00001 N0000

   (RELATIVE)           (ABSOLUTE)
   U  - 234.126         X   100.000
   W  - 50.522          Z   100.000

   (MACHINE)
   X  - 30.123
   Z  -150.456
                           S   O   T
                       MPG
 ABS   REL   ALL
```

② Memo 한 기계좌표의 수치를 제2원점 파라메타(NO 735, 736)에 입력한다.
파라메타 입력 방법은 "파라메타 입력방법" 편을 참고 하십시오.

(4) 공구 Offset

① 기준공구(T0100)의 Offset량은 기본적으로 X0, Z0로 한다.

② 반자동(MDI) Mode 선택후 ⇒ PRGRM 버튼을 누르고 T0200 타자후 INPUT
버튼을 누르고 START 버튼을 누른다 다시 S200타자후 INPUT M03 타자후
INPUT 버튼을 누른후 START 버튼을 누른다.

③ 다음에 핸들(MPG) Mode 선택후 ⇒ X, Z축을 이용하여 공구를 외경에 Touch한
다.
Touch한 상태에서 OFSET 버튼을 누르고 아래와 같은 화면을 선택한다.

OFFSET 화면

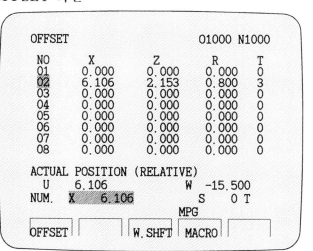

```
OFFSET                   O1000 N1000

NO    X         Z         R       T
01   0.000     0.000     0.000    0        NO: OFFSET 번호
02   6.106     2.153     0.800    3        X : X축 OFFSET 량
03   0.000     0.000     0.000    0        Z : Z축    "
04   0.000     0.000     0.000    0        R : 공구선단의 코너 R량
05   0.000     0.000     0.000    0        T : 가상인선(공구형상)
06   0.000     0.000     0.000    0            번호
07   0.000     0.000     0.000    0
08   0.000     0.000     0.000    0

ACTUAL POSITION (RELATIVE)
  U   6.106            W  -15.500
NUM.  X   6.106            S   0 T
                    MPG
OFFSET  |     | W. SHFT | MACRO |
```

공구번호와 같은 번호의 Offset 번호에 Cursor를 이동(예 2번)한 후 화면 아래
위치의 U6.106을 X6.106으로 타자하고 INPUT 버튼을 누르면 X축의 Offset량
이 입력된다.

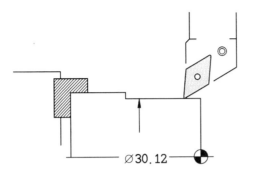

∅30.12

다시 핸들을 이용하여 단면에 공구를 Touch 시킨다. 이 상태에서 화면 아래 위치의 W2.502을 Z2.502으로 타자하고 ⟦INPUT⟧ 버튼을 누르면 X축의 Offset량 이 입력된다.

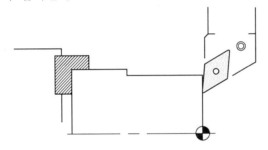

OFFSET 화면

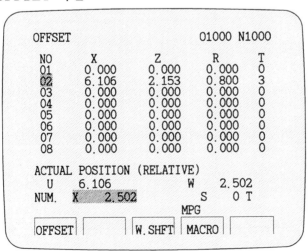

④ 다음 공구의 Offset는 공구를 선택하고 ③번을 반복한다.

4.9 SENTROL 시스템의 조작 상세

SENTROL CNC 시스템은 통일중공업(주)에서 개발한 국산 CNC Controller로써 FANUC 시스템과 프로그램 및 기본적인 조작방법은 같다.

(1) SENTROL 조작판의 스위치와 위치

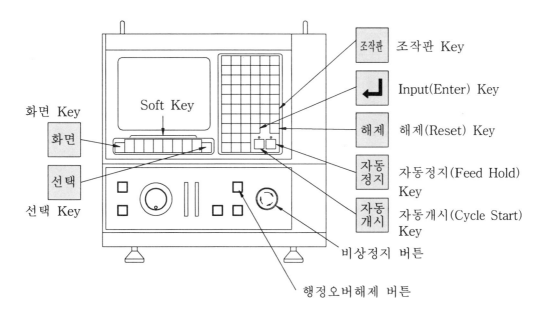

그림 4-10 SENTROL 조작판의 스위치와 위치

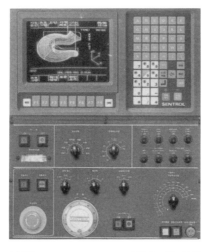

외부 조작판은 다품종 소량 생산을 하는 중소기업체에서 편리하게 사용할 수 있다.

사진 4-11 SENTROL 외부 조작판

(2) 조작판 스위치 설명

1. **선택** Key : 선택 Key를 누르고 다음과 같은 모드(DNC 운전, 원점복귀, 편집, 자동운전, 수동운전, 반자동, 핸들운전)를 선택한다.

2. **화면** Key : 위치, 이송속도, 명령지시, 프로그램, 보정, 진단, 설정, 경보 기능을 선택할 수 있다.

3. Soft Key : 기능에 따라서 F1~F8까지 나타나는 기능을 표시한다.

4. **조작판** Key : 〈사진 4-11〉과 같이 외부에 없는 조작 스위치가 Soft Key로 내장되어 있다.

5. **마침** Key : ";"(EOB)를 표시하는 Key이다.

6. **⇦** Key : 입력준비 Line의 Data를 뒤쪽부터 한 비트씩 삭제한다.(Back Space)

7. **취소** Key : 입력준비 Line의 Data를 전부 삭제한다.

8. **해제** Key : 알람을 해제하고 NC를 Reset 상태로 한다.

9. **자동개시** Key : 자동운전, 반자동, DNC 운전 모드에서 자동운전을 실행한다.

10. **자동정지** Key : 자동운전 상태에서 축이동을 일시정지 시킨다.(자동개시 Key를 누르면 재개한다.)

11. **행정오버해제** 버튼 : 행정오버해제 알람을 해제 시킬때 사용한다.

(3) 화면 표시

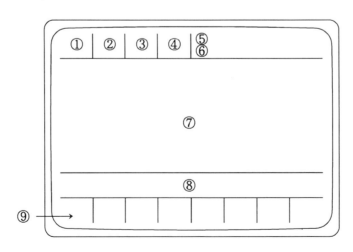

① 선택된 모드를 표시한다.(**위치선택** −F1 Soft Key로 변경)

② 화면 기능으로 선택된 기능을 표시한다.(**화면** Key로 변경)

③ ②번에 선택된 기능의 상세화면을 표시한다.(예, 보정기능 화면에서 일반보정 또는 워크보정 화면이 선택된다.)

④ 좌표계의 종류를 표시한다.(**위치선택** −F1 Soft Key로 변경)

⑤ 자동 또는 편집 가능한 프로그램 번호를 표시한다.

⑥ 자동실행 중 일때 실행 중인 시퀀스 번호를 표시한다.

⑦ 프로그램 표시 영역

⑧ 조작판 기능 표시 부분으로 작동된(ON) 스위치의 내용을 표시한다.(예, 싱글 블록 스위치(S.BLK), 드라이런(D.RUN))

⑨ Soft Key를 표시한다.

(4) 신규 프로그램 편집

아래 조건으로 프로그램을 작성한다.(순서대로 따라 하십시오.)

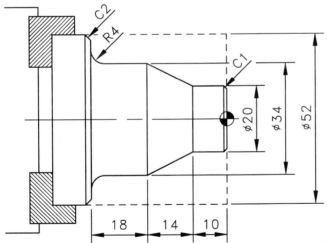

* 공작물 재질 : S45C

사용공구	공구 번호	절삭 속도
외경황삭	T01	S180
외경정삭	T03	S200

1. 조작판의 **"전원투입"** 스위치(녹색)를 누르면 NC 장치에 전원이 투입되고 잠시 후(약4초) **"SYSTEM CHECK"**의 자막이 점멸하면서 내부 시스템을 Check하고 초기화면이 나타난다.

2. 초기화면에서   선반 –F3 Soft Key를 누른다.(선반기계인 경우는 자동으로 선반 시스템의 초기화면이 선택된다.)

⚠ 이때 "0724 EMERGENCY BUTTON ON" 알람이 발생되면 조작판의 **비상정지** 버튼을 오른쪽으로 돌리면 알람이 해제된다.

3. 프로그램의 신규작성이나 이미 등록된 프로그램을 수정하기 위해서는 **PRO, PROTECT** Key를 ON 시킨다. 조작방법은 다음과 같다.

▶ 조작판 기능 사용 방법

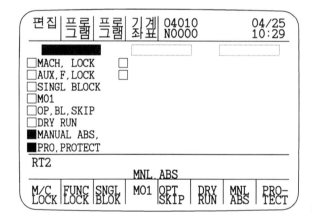

* 조작판 Key를 한번 누르면(분홍색 커서)가 오른쪽으로 이동한다. 현재 커서가 있는 아래쪽의 기능들이 Soft Key에 순차적으로 표시된다.

조작판 Key를 누르고 **PRO, PROTECT**–F8 Soft Key를 한번 눌러서 ☐ PRO, PROTECT 상태에서 ■ PRO, PROTECT 상태로 바꾼다.(☐ 상태는 OFF이고 ■ 상태는 ON 이다.)

4. 선택 Key를 누르고 편집 –F4 Soft Key를 누른다.

5. ☞ –F8 Soft Key를 누르고, 신규작성 –F1 Soft Key를 누른다.

6. 프로그램 번호를 타자하고 입력시킨다.("O"를 생략하고 4자리 숫자만 타자한다.)

예) "4010"를 타자하고 입력 Key를 누른다.

 .... 입력 Key

(이미 등록된 프로그램 번호와 같은 번호를 입력하면 "**같은 번호가 있습니다.**"는 메세지가 나타난다. 등록되지 않은 번호를 다시 입력한다.)

7. 〈그림 4-12〉와 같이 프로그램 편집 화면이 나타난다.

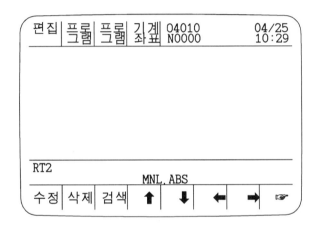

그림 4-12 프로그램 편집 화면

▶ **프로그램 편집의 기초사항**

① 프로그램 편집에서 입력준비 Line과 프로그램 영역

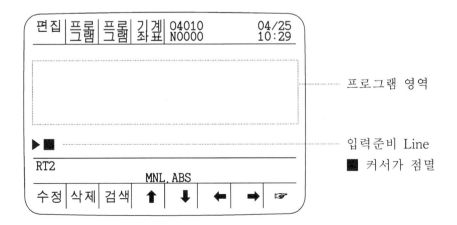

프로그램 영역

입력준비 Line
■ 커서가 점멸

② 입력준비 Line에서 프로그램 영역으로 입력

프로그램 편집 Data를 타자하면 먼저 입력준비 Line에 나타나고 입력 Key를 누르면 프로그램 영역으로 입력된다.

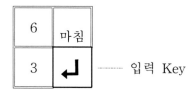
------- 입력 Key

💡 프로그램 이름을 일람표에 표시하기 위하여 "O4010(TURNING TEST 1)"와 같이 타자하여 입력한다.(SENTROL에서는 프로그램 선두에 프로그램 번호를 생략할 수 있지만 프로그램 일람표에 이름을 표시하기 위하여 프로그램 선두에 번호를 등록하는 것이 좋다.)

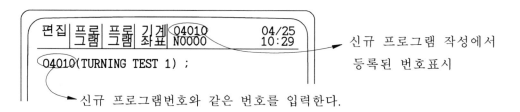
➤ 신규 프로그램 작성에서
등록된 번호표시
➤ 신규 프로그램번호와 같은 번호를 입력한다.

☞ **다음 내용을 프로그램 영역으로 입력하십시오.**

O4010(TURNING TEST 1) ;   --- 프로그램 번호의 선두는 알파벳 "O"를 지령한다. ;(EOB)의 입력은 생략해도 프로그램 영역으로 등록 되면서 생성된다.(단. 블록과 블록사이에 블록을 삽입할 경우 입력준비 Line의 마지막에 ;(EOB)를 타자후 프로그램 영역으로 등록해야 한다.)

N01 G30 U0. W0. ;   --- 입력준비 Line에서 워드와 워드의 공백은 입력하지 않는다. 프로그램 영역으로 등록되면서 자동으로 워드 사이에 공백이 생긴다.

③ 입력준비 Line의 Data를 삭제하는 방법

ⓐ 입력준비 Line의 Data를 뒤쪽에서 부터 1 Byte 삭제 방법

취소 버튼 오른쪽의 ⇦ 버튼(Back Space)을 누르면 뒤쪽에서 부터 1 Byte 의 Data가 삭제된다.

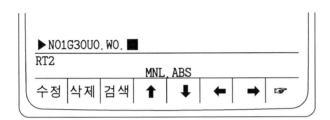

ⓑ 입력준비 Line의 Data를 전부삭제

오른쪽의 취소 버튼을 누른다.

④ 워드의 삽입

워드의 삽입은 현재 커서 위치의 앞쪽으로 워드가 삽입된다.

예) N01 G30 U0. W0. ; 에서

G30과 U0.사이에 S2000의 워드를 삽입할려면 먼저 커서 이동 Soft Key(F4, F5, F6, F7)를 이용하여 U0.에 커서를 이동하고 S2000을 타자한 후 입력 Key 를 누르면 아래와 같이 입력된다.

N01 G30 S2000 U0. W0. ;

💡 편집화면에서 Soft Key에 커서 이동 Key(⬆️-F4, ⬇️-F5, ⬅️-F6, ➡️-F7)가 없으면 ☞-F8 Soft Key를 눌러서 아래와 같이 선택할 수 있다.(☞-F8 Soft Key는 다음 페이지의 다른 기능을 선택한다.)

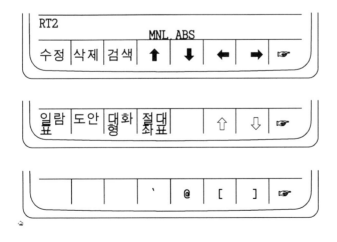

☞-F8 Soft Key를 누른 경우 다음과 같 은 Soft Key의 내용 이 변한다.

⑤ 워드의 수정

수정하고자 하는 워드에 커서를 이동하고 수정할 Data를 타자한 후 │수정│
─F1 Soft Key를 누른다.

예) N01 G30 S2000 U0. W0. ; 에서

S2000을 S3000으로 수정하기 위하여 먼저 커서 이동 Soft Key를 이용하여
S2000에 커서를 이동하고 S3000을 타자한 후 │수정│─F1 Soft Key를 누르면
아래와 같이 수정된다.

N01 G30 S3000 U0. W0. ;

⑥ 워드의 삭제

삭제하고자 하는 워드에 커서를 이동하고 │삭제│─F2 Soft Key를 누른다.

예) N01 G30 S3000 U0. W0. ; 에서

S3000을 삭제하기 위하여 먼저 커서 이동 Soft Key를 이용하여 S3000에 커
서를 이동하고 │삭제│─F2 Soft Key를 누르면 아래와 같이 삭제된다.

N01 G30 U0. W0. ;

8. 아래 프로그램을 입력하십시오.

```
O4010(TURNING TEST 1) ;
N01 G30 U0. W0. ;
N02 G50 X150. Z100. S2500 T0100 ;
N03 G96 S180 M03 ;
N04 G00 X54. Z2. T0101 M08 ;
N05 G71 U2. R0.5 ;
N06 G71 P07 Q15 U0.4 W0.1 F0.25 ;
N07 G00 X16. ;
N08 G01 Z1. ;
N09 X20. Z-1. ;
N10 Z-10. ;
N11 X34. Z-24. ;
N12 Z-38. ;
N13 G02 X42. Z-42. R4. ;
```

N14 G01 X48. ;

N15 X54. Z-45. ;

N16 G00 X150. Z100. T0100 M09 ;

N17 T0300 ;

N18 G00 X54. Z2. S200 T0303 M08 ;

N19 G70 P07 Q15 F0.2 ;

N20 G00 X150. Z100. T0300 M09 ;

N21 M05 ;

N22 M02 ;

△ 도안을 실행하기 위하여 먼저 커서를 프로그램 선두로 복귀시킨다.

☞ ─F8 Soft Key 누른 후 🗁 ─F4 Soft Key를 누르면 커서가 선두로 복귀된다.

9. 프로그램 확인(도안 확인)

☞ ─F8 Soft Key를 누르고 도안 ─F2 Soft Key를 누른 후 스케일링 ─F6 Soft Key를 누르면 자동으로 도안이 작성된다.(스케일링 기능은 "SCAL" 자막이 점멸하면서 내부적으로 공작물의 크기와 프로그램의 이상을 체크한다.)

스케일링 중 프로그램에 이상이 있으면 경보화면에서 알람내용을 표시한다. 알람내용을 Memo하고 복귀 ─F8 Soft Key를 누른 후 프로그램 ─F1 Soft Key를 누르면 이상이 발생한 프로그램의 위치에 커서가 있다. 보통 알람이 발생한 위치를 찾기위해서는 알람이 발생한 상태의 커서 위치의 앞(스케일링, 신속확인의 경우), 뒤쪽(이송확인, 자동운전의 경우)의 2~3 블록을 확인한다.)

스케일링으로 작성된 도안은 작은 형상으로 나타나기 때문에 신속확인으로 도안을 확인할 수 있다.

△ 스케일링이 완료 될때까지 다른 조작을 하지 마십시오.(스케일링 실행 중 정지시키고자 할 경우 해제 Key를 누른다.)

10. 신속확인

신속확인 ─F7 Soft Key를 누르면 "QCHK" 자막이 점멸하면서 내부적으로 결정된 표준크기로 신속하게 도안을 작성한다.

칼라 모니터의 경우 공구교환으로 공구경로 색깔이 변한다.

⚠ 신속확인이 완료 될때까지 다른 조작을 하지 마십시오.(신속확인을 실행 중 정지시키고자 할 경우 해제 Key를 누른다.)

* 도안 화면(신속확인)

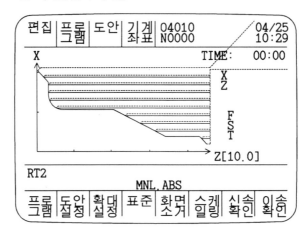

11. 도안 확대 축소

신속확인으로 나타난 도안의 일부분을 확대하여 확인할 수 있다.

* 도안 화면(확대설정)

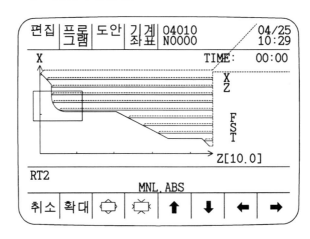

확대설정 ―F3 Soft Key를 누르면 직사각형의 Box(확대 크기를 결정하는

Box)가 나타난다. 먼저 확대 하고자 하는 위치에 확대 Box의 중심을 F5, F6, F7, F8 커서 이동 Soft Key를 사용하여 이동하고, 확대 Box의 크기를 ⬡ —F3 Soft Key 또는 ⬡ —F4 Soft Key를 이용하여 조정한다. 확대 Box의 크기 조정이 끝나면 확대 —F2 Soft Key를 누르고 신속확인 —F7 Soft Key를 누르면 확대 도안을 표시한다.

* 도안 화면(신속확인)

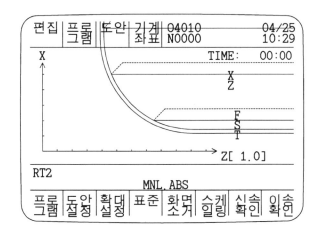

화면에 나타난 X, Z축 방향의 좌표축의 눈금은 Z축 우측 하단에 표시된 "Z[ ]"의 크기로 한 눈금이 표시되고, 이 눈금으로 도안의 크기를 비교할 수 있다.

도안의 확대 크기는 한 눈금의 크기가 Z[0.2]까지 가능하고 확대 화면에서 또 확대를 할 수 있지만 축소 기능은 없다. 표준 —F4 Soft Key를 누르면 신속 확인 초기 상태로 나타난다.

12. 이송확인

자동실행과 동일한 속도로 도안을 확인할 수 있다. 싱글블록 스위치를 ON 하면 한 블록씩 실행하여 이상이 있는 블록의 위치를 쉽게 찾을 수 있고. 싱글블록 ON 상태에서 다음 블록의 실행은 이송확인 —F8 Soft Key를 누르면 다음 블록을 실행할 수 있다.

4.10 공작물 좌표계 설정 방법 4(SENTROL-L 시스템)

(1) 공작물 좌표계 설정

SENTROL 시스템의 기계에서 공작물 좌표계 설정 방법을 설명한다. 기본적인 내용은 FANUC 시스템과 같고, 조작 방법에 약간의 차이점이 있다.

기계원점에서 공작물 좌표계 원점(프로그램 원점)까지의 거리를 찾아내는 방법을 셋팅(Setting)이라 한다. 셋팅의 방법은 여러 종류가 있지만 본 교재에 설명된 방법은 일반적으로 가장 많이 사용하는 방법이다. 제2원점 설정 방법과 공구세팅 방법이 순서대로 상세하게 기록되어 있다. FANUC 셋팅 방법을 참고하십시오.

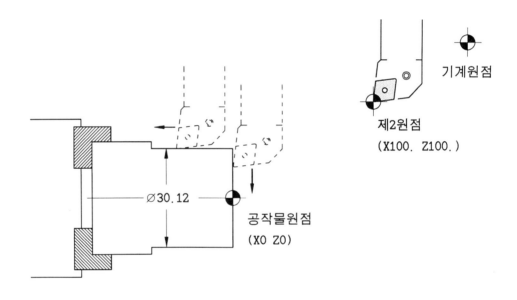

그림 4-13 공작물 원점

① [선택] Key를 누르고, [원점복귀]-F3 Soft Key를 누른다. ⇒ 각축을 원점복귀 시킨다.(X축을 먼저 원점복귀 시키고 Z축을 원점복귀 시킨다.)

② 기준공구(1번 황삭공구)를 공구대에 장착한다.

③ [선택] Key를 누르고, [반자동]-F7 Soft Key를 누른 후 ⇒ G97S500M03 타자 후 [↵] Key를 누르고 [자동개시] Key를 누르면 주축이 회전한다.

④ 선택 Key를 누르고, 핸들운전 —F8 Soft Key를 누른다. ⇒ X, Z축을 이
동시켜 〈그림 4-14〉와 같이 외경가공을 한다. 가공 후 X축을 이동하지 말고 Z
축을 후퇴 시킨다.

* 반자동 화면

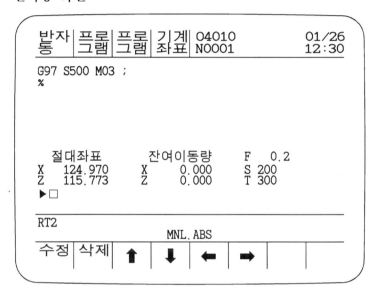

〈그림 4-14〉와 같은 상태에서 위치선택 —F1 Soft Key를 눌러 상대좌표를
선택한다. 상대0SET —F4 Soft Key를 누르고 U0 —F5 Soft Key를 누른다.

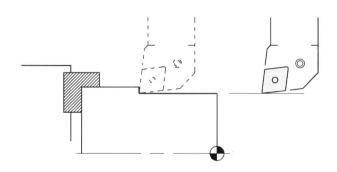

그림 4-14 기준공구 외경가공

* 핸들운전 화면(상대좌표)

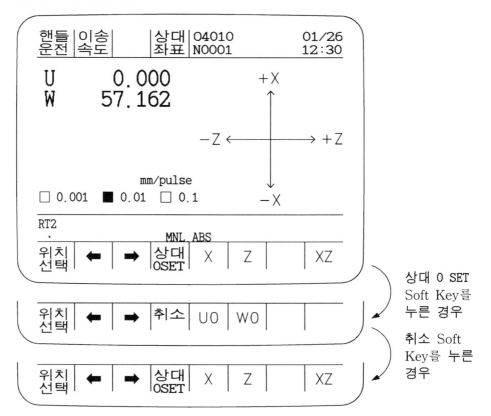

| | | | 상대 0 SET Soft Key를 누른 경우 |
| 취소 Soft Key를 누른 경우 |

다시 ⎡취소⎤ —F4 Soft Key를 누르고 핸들을 이용하여 〈그림 4-15〉와 같이 단면을 절삭한 후 Z축은 이동하지 말고 X축만 후퇴시킨다. 상대좌표 화면에서 ⎡상대OSET⎤ —F4 Soft Key를 누르고 ⎡WO⎤ —F6 Soft Key를 누른다.

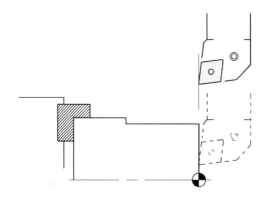

그림 4-15 기준공구 단면가공

⑤ 다시 ▢취소▢ −F4 Soft Key를 누르고 핸들을 이용하여 상대좌표계의 수치가 U0, W0 이 되도록 이동하면 공구선단의 위치가 〈그림 4-16〉과 같은 위치로 된다.

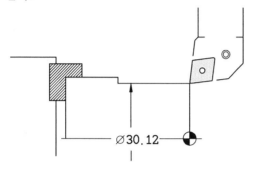

그림 4-16 기준공구 선단위치

⑥ 주축을 정지시킨 후 가공된 외경을 정밀하게 측정한다.
   (측정결과 30.12mm라 한다.)

⑦ ▢선택▢ Key를 누르고, ▢반자동▢ −F7 Soft Key를 누른 후 ⇒ G50X30.12Z0. 타자 후 ▢←▢ Key를 누르고 ▢자동개시▢ Key를 누르면 공작물 좌표계 설정 이 완료 된다.

⚠ 이것으로 공작물 좌표계 설정은 완료 되었지만 비상정지 버튼을 누른 경우와 전원을 차단하여 다시 투입한 경우 기계원점과 공작물 좌표계를 다시 설정해야 하는 번거로움있다. 이와 같이 다시 공작물 좌표계 설정을 하지안기 위하여 기 계원점에서 제2원점을 지정하여 기계원점에서 제2원점까지의 기계좌표를 Memo하 여 제2원점 파라메타에 입력하므로서 완백한 공작물 좌표계 설정에 끝난다.

(2) 제2원점 설정

① 공작물 좌표계 설정 후 공구 교환점을 설정 한다.
   ▢선택▢ Key를 누르고, ▢핸들운전▢ −F8 Soft Key를 누른다. ⇒ ▢위치선택▢ − F1 Soft Key를 눌러 절대좌표를 보면서 X, Z축을 이동시켜 〈그림 4-13〉의 제2 원점(공구교환시 간섭받지 않는 임위의 지점, 예 X150. Z100.) 위치에 이동시킨 다.

* 핸들운전 화면(절대좌표)

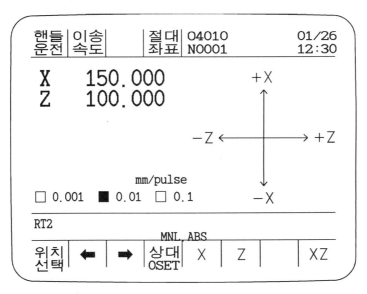

② 현재위치에서 [위치선택]—F1 Soft Key를 눌러 기계좌표를 선택하고 제2원점
위치의 기계좌표계를 Memo한다.

* 핸들운전 화면(기계좌표)

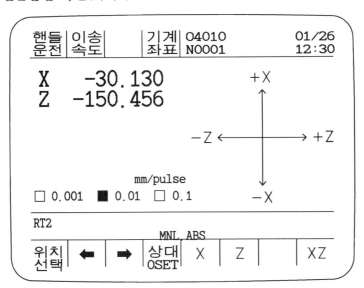

③ Memo한 기계좌표계의 수치를 제2원점 파라메타(번호 1241)에 입력한다.

(3) 파라메타 수정 방법

① 파라메타를 수정하기 위해서는 **PRO, PROTECT** Key를 ON 시킨다.

▶ 조작판 기능 사용 방법

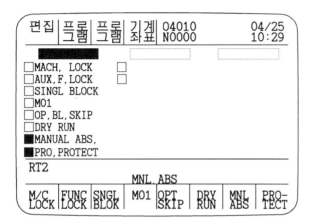

* 조작판 Key를 한번누르면 (분홍색 커서)가 오른쪽으로 이동한다. 현재 커서가 있는 아래쪽의 기능들이 Soft Key에 순차적으로 표시된다.

조작판 Key를 누르고 **PRO, PROTECT**-F8 Soft Key를 한번 눌러서 ON 시킨다. (□ **PRO, PROTECT** 상태에서 ■ **PRO, PROTECT** 상태로 바꾼다.)

② ⌗선택⌗ Key를 누르고 ⌗반자동⌗-F7 Soft Key를 누른다.(파라메타 수정은 반자동 모드에서 가능하다.)

③ ⌗화면⌗ Key를 누르고 ⌗설정⌗-F7 Soft Key를 누른 후 ⌗조작설정⌗-F1 또는 ⌗보수설정⌗-F4 를 선택하고 수정할 파라메타 번호를 선택하여 수정 Data를 입력한다.(제2원점 파라메타를 수정하는 경우 번호 1241번을 수정한다.)

4.11 공구 Offset 방법 2(SENTROL-L 시스템)

프로그램을 작성할 때 공구길이(기준공구와 X, Z방향의 차이 값)를 생각하지 않고 프로그램을 작성하지만 실제 가공을 하기 위하여 장착된 여러 종류의 공구들은 길이에 차이가 있다. 다음은 절대좌표계를 이용한 기준공구와의 편차 값을 측정하는 방법을 설명한다.

① 기준공구(1번 황삭공구)의 Offset량은 기본적으로 X0, Z0으로 한다.

② 반자동 모드를 선택하고(선택 Key를 누르고 반자동 -F7 Soft Key를 누른다.) ⇒ T0200 타자후 ↵ Key를 누르고 자동개시 Key를 누르면 2번 공구가 교환된다.(수동으로 공구를 회전 시킬 수 있다.) 다시 G97S500M03 타자후 ↵ Key를 누른후 자동개시 Key를 누르면 주축이 회전한다.

③ 다음에 핸들운전 모드를 선택하고(선택 Key를 누르고 핸들운전 -F8 Soft Key를 누른다.) ⇒ X, Z축을 이용하여 공구를 외경에 터치(Touch)한다. 이때 공구위치는 아래와 같다.

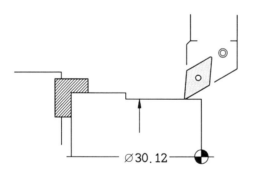

∅30.12

그림 4-17 X축 공구보정

터치한 상태에서 화면 Key를 누르고 보정 -F5 Soft Key를 누른 다음 커서를 02번에 이동하고 직접 -F3 Soft Key를 누른 후 X30.12(공구가 터치한 직경)를 타자하고 ↵ Key를 누르면 자동으로 X축의 공구보정 량이 계산되어 입력된다.

* 일반보정 화면

```
┌────┬────┬────┬────┬──────────┬────────────┐
│핸들│보정│일반│기계│O4010     │     01/26  │
│운전│    │    │좌표│N0001     │     12:30  │
├────┴────┴────┴────┴──────────┴────────────┤
│번호     X축         Z축        인선R   팁 │
│01      0.000       0.000       0.000    0 │
│02      0.000       0.000       0.000    0 │
│03      0.000       0.000       0.000    0 │
│04      0.000       0.000       0.000    0 │
│05      0.000       0.000       0.000    0 │
│06      0.000       0.000       0.000    0 │
│07      0.000       0.000       0.000    0 │
│08      0.000       0.000       0.000    0 │
│09      0.000       0.000       0.000    0 │
│10      0.000       0.000       0.000    0 │
│11      0.000       0.000       0.000    0 │
│12      0.000       0.000       0.000    0 │
├───────────────────────────────────────────┤
│NO. 02 =                                   │
│RT2                                        │
│              MNL. ABS                     │
├────┬────┬────┬────┬────┬────┬────┬────────┤
│    │상대│직접│워크│ ↑  │ ↓  │ ⇧  │  ⇩     │
└────┴────┴────┴────┴────┴────┴────┴────────┘
```

다시 핸들을 이용하여 단면에 공구를 터치시킨다.

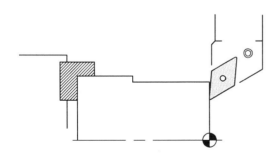

그림 4-18 Z축 공구보정

이 상태에서 [화면] Key를 누르고 [보정]-F5 Soft Key를 누른 다음 [직접]-F3 Soft Key를 누른 후 Z0.(공구가 터치한 Z축 방향의 절대좌표계 위치) 타자 후 [←] Key를 누르면 자동으로 Z축의 공구보정 량이 계산되어 입력된다.

④ 다음 공구의 보정은 공구를 선택하고 ③번을 반복한다.

4.12 Test 운전 방법

　　Test 운전하는 목적은 프로그램의 이상 유무와 그래픽 기능이 없는 경우 공구 경로를 확인하고 셋팅(공작물 좌표계 설정과 공구보정)이 정확하게 되었는지를 확인한다. 수동이나 자동프로그램(CAM)으로 작성된 프로그램을 NC 장치에 입력하고 셋팅을 완료한다. Test 운전의 순서는 공작물을 고정장치에서 분리시키고 자동운전을 실행한다.

△ 이상한 공구경로나 위험한 상황이 발생하면 비상정지 버튼을 누른다.

　　Test 운전을 실행하기 전에 싱글블록 스위치 ON 시키고, 절삭유 스위치는 OFF 시킨 상태에서 급속속도를 최저로 설정하고 자동개시 버튼을 누른다. 현재블록이 종료하면 다음 블록의 프로그램을 확인(보정번호, 소숫점 사용, 좌표값의 부호, 보정말소 등)하면서 프로그램 끝까지 실행한다. Test 운전중에 프로그램 이상이 있는 경우 편집화면에서 프로그램을 수정하고 처음부터 다시 실행한다. 약간의 문제가 있는 부분은 Memo를 하여 Test 운전이 완료된 후 프로그램을 수정하는 방법이 시간을 절약할 수 있다.

　　(Test 운전의 조작판 스위치 상태 : Manual ABS ON, 급속속도 저속, 싱글블록 ON, 절삭유 OFF, 경우에 따라 드라이런 스위치를 사용한다.)

4.13 시제품 가공 방법

　　TEST 운전이 완료되면 공작물을 고정장치에 고정하고, 절삭유 스위치를 자동 상태로 한다. 프로그램 위치표시 ON 상태 화면을 선택하고 자동운전을 실행한다.

△ 이상한 공구경로나 위험한 상황이 발생하면 비상정지 버튼을 누른다.

　　Test 운전에서 정확한 공구보정을 확인하지 못한 상태이므로 공구보정을 하면서 X, Z축이 이동할 때 공구 선단이 공작물에 근접하면 자동정지(Feed Hold) 버튼을 누르고 프로그램 잔여이동량(잔여이동 좌표 : 현재 블록의 나머지 거리) 좌표계를 확인한다. 이때 잔여이동 좌표값과 공구 선단과 공작물의 거리를 눈으로 확인하여 비슷하면 자동개시(Cycle Start)를 누른다. 다시 자동정지를 눌러 확인하고 이상이 없는 경우 다음 공구도 마찬가지 방법으로 계속확인 한다. 가공이 완료

되면 전 부위의 치수를 측정하여 편차가 발생한 량을 보정화면에서 보정량을 수정하고 보정값으로 수정할 수 없는 편차량은 프로그램을 수정한다.

가공중 주축회전수와 이송속도가 맞지않을 경우 가능하면 조작판의 주축 오버라이드, 이송속도 오버라이드 스위치를 이용하여 조절하고 가공이 완료되면 프로그램을 수정한다.

* 프로그램 위치표시 ON 상태 화면

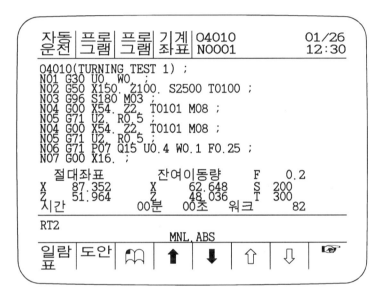

(시제품 가공의 조작판 스위치 상태 : Manual ABS ON, 급속속도 저속, 싱글블록 ON, 절삭유 Auto)

4.14 공작물 연속 가공

공작물을 교환하고 자동개시를 실행한다. 시제품 가공 후 수정한 프로그램을 확인하면서 연속가공을 한다.

⚠ 이상한 공구경로나 위험한 상황이 발생하면 비상정지 버튼을 누른다.

(공작물 연속가공의 조작판 스위치 상태 : Manual ABS ON, 급속속도 고속, 싱글블록 OFF, 절삭유 Auto)

(1) 자동운전 실행 순서

① 선택 Key를 누르고 자동운전 -F5 Soft Key를 누른다.

② 선택 -F5 Soft Key를 누른다.

③ ↓ -F4, ↑ -F5 Key를 사용하여 자동운전을 실행할 프로그램 번호에 커서(노란색)를 이동시키고 선택결정 -F3 Soft Key를 누른다.(자동실행할 프로그램 번호를 확인하고 현재 선택된 프로그램 번호가 다른 경우 일람표 -F1 Soft Key를 누르고, 선택 -F5 Soft Key를 누른 후 자동실행할 프로그램에 커서를 이동하고 선택결정 -F3 Soft Key를 누른다.)

⚠ 편집 모드에서 프로그램을 확인하고 자동운전을 실행하십시오.

⚠ 자동운전을 실행하기 위하여 먼저 커서를 프로그램 선두로 복귀시킨다.

　공구경로 표시에서 프로그램의 앞쪽부분이 나타나지 않는 경우 도안을 시작하기 전 커서를 프로그램 선두로 복귀시킨다.(프로그램 -F1 Soft Key를 누르고 ☞ -F8 Soft Key 누른 후 🗁 -F4 Soft Key를 누르면 커서가 선두로 복귀된다.)

④ 자동개시 버튼을 누른다.

제 5 장

기술자료

5.1 Insert Tip 규격 선정법

5.2 선반 외경용 Tool Holder 규격 선정법

5.3 선반 내경용 Tool Holder 규격 선정법

5.4 Tool Holder 규격 선정풀이

5.5 공구선택(Tooling)

5.6 가공시간(Cycle Time) 계산

5.7 이론 조도

5.8 나사가공 절입 조건표

5.9 좌표계산 공식 1

5.10 좌표계산 공식 2

5.11 절삭속도, 절삭시간, 소요동력 계산공식

5.12 소프트 죠우(Soft Jaw) 가공 방법

5.13 정밀하게 센타를 찾는 방법

5.14 공작기계의 정밀도와 열변형

5.1 Insert Tip 규격 선정법

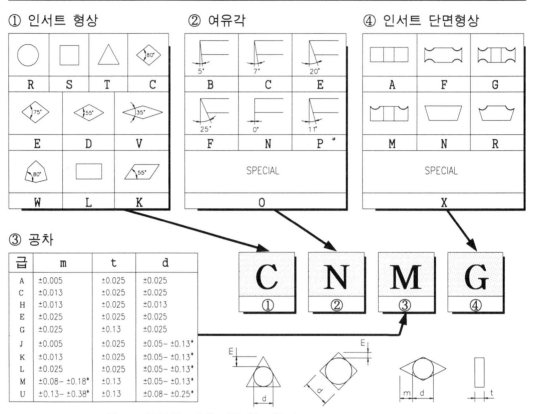

① 인서트 형상

R	S	T	C
E	D	V
W	L	K

② 여유각

| B | C | E |
| F | N | P * |
| O (SPECIAL) |

④ 인서트 단면형상

| A | F | G |
| M | N | R |
| X (SPECIAL) |

③ 공차

급	m	t	d
A	±0.005	±0.025	±0.025
C	±0.013	±0.025	±0.025
H	±0.013	±0.025	±0.013
E	±0.025	±0.025	±0.025
G	±0.025	±0.13	±0.025
J	±0.005	±0.025	±0.05- ±0.13*
K	±0.013	±0.025	±0.05- ±0.13*
L	±0.025	±0.025	±0.05- ±0.13*
M	±0.08- ±0.18*	±0.13	±0.05- ±0.13*
U	±0.13- ±0.38*	±0.13	±0.08- ±0.25*

※ R, S, T, C, D, V, W형 TIP형상은 아래표를 참조할것

d	m				d	
	M 급			U 급	J,K,L,M급	U 급
	TIP형상 S,T,C,W	TIP형상 D	TIP형상 V	TIP형상 S,T	TIP형상 S,T,C,W,R	TIP형상 S,T
5.0					±0.05	
5.56	±0.05				±0.05	
6.0					±0.05	
6.35	±0.08			±0.13	±0.05	±0.08
7.94	±0.08				±0.05	
8.0					±0.05	
9.525	±0.08	±0.11	±0.15	±0.13	±0.05	±0.08
10					±0.05	
12					±0.08	
12.7	±0.13	±0.15		±0.20	±0.08	±0.13
15.875	±0.15			±0.27	±0.10	±0.18
16					±0.10	
19.05	±0.15			±0.27	±0.10	±0.18
20					±0.10	
25					±0.13	
25.4	±0.18			±0.38	±0.13	±0.25
31.75	±0.18			±0.38	±0.13	
32					±0.13	

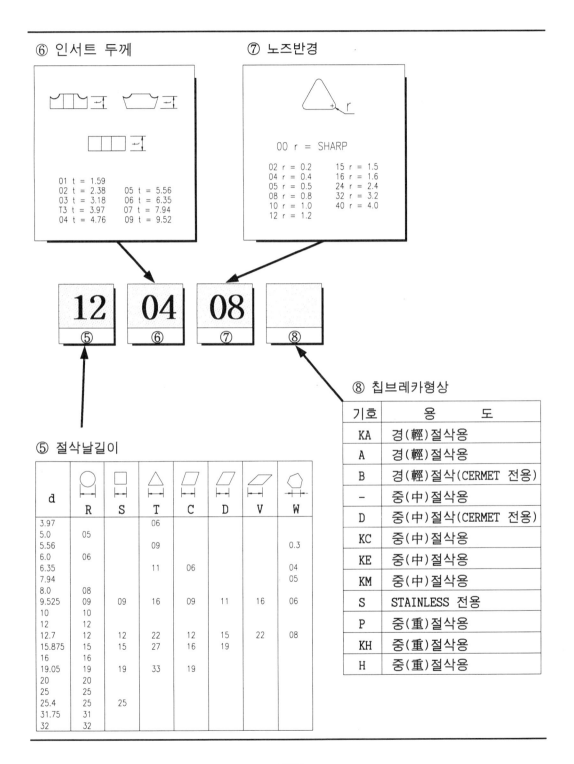

⑥ 인서트 두께

01 t = 1.59
02 t = 2.38   05 t = 5.56
03 t = 3.18   06 t = 6.35
T3 t = 3.97   07 t = 7.94
04 t = 4.76   09 t = 9.52

⑦ 노즈반경

00 r = SHARP

02 r = 0.2   15 r = 1.5
04 r = 0.4   16 r = 1.6
05 r = 0.5   24 r = 2.4
08 r = 0.8   32 r = 3.2
10 r = 1.0   40 r = 4.0
12 r = 1.2

12 ⑤ | **04** ⑥ | **08** ⑦ | ⑧

⑧ 칩브레카형상

기호	용 도
KA	경(輕)절삭용
A	경(輕)절삭용
B	경(輕)절삭(CERMET 전용)
–	중(中)절삭용
D	중(中)절삭(CERMET 전용)
KC	중(中)절삭용
KE	중(中)절삭용
KM	중(中)절삭용
S	STAINLESS 전용
P	중(重)절삭용
KH	중(重)절삭용
H	중(重)절삭용

⑤ 절삭날길이

d	R	S	T	C	D	V	W
3.97			06				
5.0	05						
5.56			09				0.3
6.0	06						
6.35			11	06			04
7.94							05
8.0	08						
9.525	09	09	16	09	11	16	06
10	10						
12	12						
12.7	12	12	22	12	15	22	08
15.875	15	15	27	16	19		
16	16						
19.05	19	19	33	19			
20	20						
25	25						
25.4	25	25					
31.75	31						
32	32						

5.2 선반 외경용 Tool Holder 규격 선정법

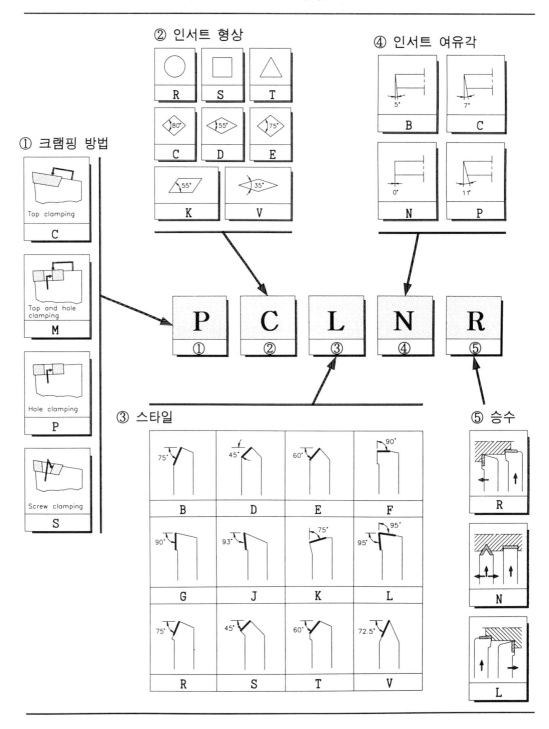

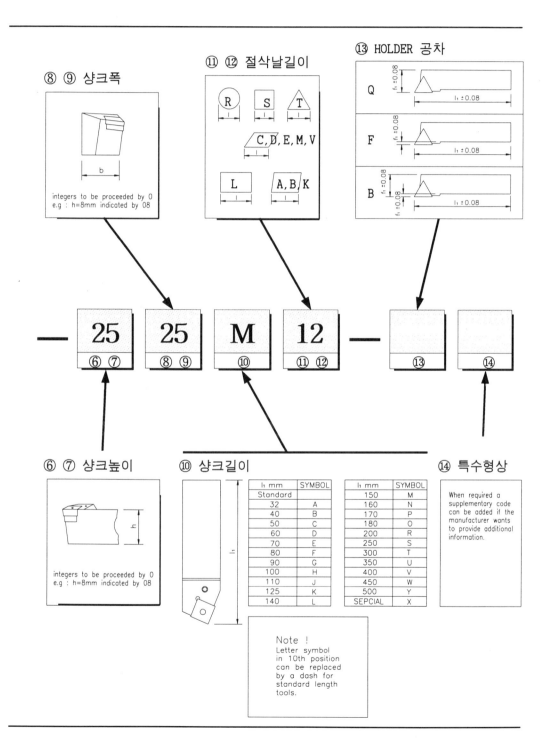

5.3 선반 내경용 Tool Holder 규격 선정법

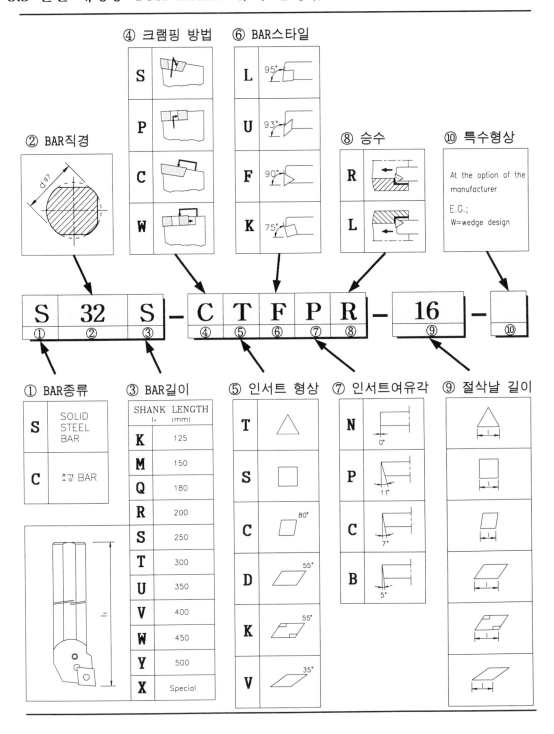

5.4 Tool Holder 규격선정 풀이

1) 외경 Tool Holder

P	C	L	N	R	–	25	25	M	12	
①	②	③	④	⑤		⑥	⑦	⑧	⑨	⑩

구 분		내 용
① 클램핑 방식	P Type	레바 클램핑(Lever Clamping) 방식으로 일반적인 황삭용에 적합
	C Type	탑 클램핑(Top clamping) 절삭량이 작은 황삭에 적합
	M Type	P Type과 C Type을 결합한 것으로 체결력이 강력하다.(중절삭용에 적합)
	S Type	스크류 온 클램핑(Screw On Clamping) 정삭가공과 내경가공에 적합
	W Type	Wedge & Pin Clamping(Copy 용 많이 사용)
② 인서트 팁의 형상		각도가 클수록 강성증가, 작을수록 Copy 가공에 적합
③ 절입각		절입각이 작을수록 공구수명이 증가하지만 주분력, 배분력의 증가로 떨림현상이 발생된다.
④ 인서트의 여유각		여유각이 클수록 강도 저하되고 절삭저항은 감소된다. 연하고 점성이 있는 소재는 여유각을 크게하고 강한 소재는 작게한다.(정삭용은 여유각을 크게한다.)
⑤ 승수		R(우승수), L(좌승수), N(좌,우승수)
⑥ 샹크의 높이		공구 바닥면에서 인서트 팁 선단까지의 높이(보통 샹크의 높이를 표시한다.)
⑦ 샹크의 폭		샹크의 높이 직각방향의 폭
⑧ 샹크의 전체길이		공구 전체길이
⑨ 인서트 절삭날 길이		인서트 팁의 절삭날 길이
⑩ 임의 기호		

2) 내경 Tool Holder

S	25	R	–	P	C	L	N	R	12	
①	②	③		④	⑤	⑥	⑦	⑧	⑨	⑩

① BAR 재질	S Type	Steel
	A Type	Steel-Coolant Hole
	C Type	초경(Carbide)
	E Type	초경-Coolant Hole
② BAR 직경	③ BAR 길이	④ 클램핑 방법
⑤ 인서트 팁의 형상	⑥ 절입각	⑦ 인서트 여유각
⑧ 승수	⑨ 인서트 절삭날 길이	⑩ 임의 기호

3) 인서트 팁(Insert Tip)

C	N	M	G	12	04	08		
①	②	③	④	⑤	⑥	⑦	⑧	⑨

① 인서트 팁 형상	② 인서트 팁 여유각	③ 공차
④ 단면형상 또는 칩브레이크 형상	⑤ 절삭날 길이	⑥ 인서트 두께
⑦ 노즈(Nose) R 　클수록 공구수명, 조도는 양호하지만 떨림의 원인이 된다. 　연한 소재는 클수록 수명, 조도가 좋지 않다.	⑧ 칩 브레이크(Chip Breaker)	

5.5 공구선택(Tooling)

1) Tooling의 순서

1. 공작물의 가공부위를 결정한다.

2. 공작물의 크기와 황삭 가공량에 따라 기종을 선정한다.

3. 공정을 구분한다.(1차 공정, 2차 공정 ... 등)

   ① 완성 가공후 정밀도를 생각한다.

   ② 각 공정별 Clamping 부위를 결정하고 지그(Jig)를 결정한다.

     (Clamping부위의 폭과 두께를 결정하고 Chucking 압력을 상상하면서 절입량을 결정한다.)

   ③ 각 공정의 가공부위 결정

4. 각 공정의 공구선정을 한다.

   ① 결정된 기종에 맞추어서 샹크의 크기를 결정한다.

     예) PCLNR1616, PCLNR2020, PCLNR2525등

   ② 가공방향에 맞는 공구의 형상을 결정한다.

     (다음 "2) 바이트의 종류와 용도"편을 참고 하십시오.)

   ③ 공구의 규격을 선정한다.

     (제5장 기술자료 "Tool Holder 규격 선정법"을 참고 하십시오.)

   ④ 공구형상에 맞는 인서트 팁을 결정한다.

     (제5장 기술자료 "Insert Tip 규격 선정법"을 참고 하십시오.)

   ⑤ Chip Breaker를 결정한다.

     (상세한 자료는 Insert Tip 제조회사의 Catalog를 참고 하십시오.)

   ⑥ 인서트 팁의 재종을 결정한다.

     (상세한 자료는 Insert Tip 제조회사의 Catalog를 참고 하십시오.)

5. 가공시간(Cycle Time)을 산출하여 원가를 계산한다.

    절삭가공 시간과 비절삭시간(급속 위치결정, 공구회전, Clamping Unclamping 시간)을 포함한다.

2) 바이트의 종류와 용도

아래 그림의 공구들은 일반적인 가공에 많이 사용되는 공구이다.

이외의 공구들은 팁의 형태, 치수및 샹크의 크기에 따라서 많은 종류가 있다.

각 공구의 용도를 구분하는 방법은 그 공구가 가공할 수 있는 방향을 이해 해야 공구선정을 쉽게할 수 있다.(화살표 방향이 주 절삭 방향이다.)

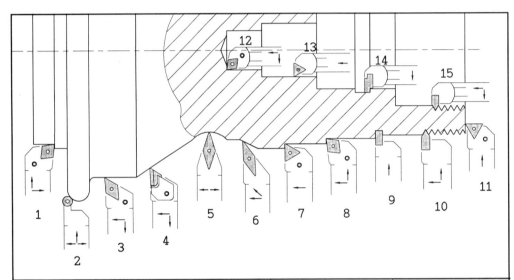

순	용 도	TOOL HOLDER 규격	INSERT TIP 규격
1	외경 모방, 단면가공(황삭)	PCLNL2525-M12	CNMG120408
2	외경 모방 가공	SRDCR2525-P06	RCMX100300
3	외경 모방 가공(황, 정삭)	PDJNR2525-M15	DNMG150408
4	외경 모방 가공(황, 중삭)	CKJNR2525-M16	KNUX160405
5	외경 모방 가공(중, 정삭)	SVVBN2525-M16	VBMM160404
6	외경 모방 가공(중, 정삭)	SVJBR2525-M16	VBMM160404
7	외경 일반 가공	STGNR2525-M16	TNMG160408
8	외경 모방 단면가공(황삭)	PCLNR2525-M12	CNMG120408
9	외경 홈가공	GVGX2525RE	GVXGR6340S
10	외경 나사가공	TH2525RE	THR42M
11	외경 단면가공	STFCR2525-M16	TNMG160408
12	내경 모방, 단면가공(황삭)	S25T-PCLNR-12	CNMG120408
13	내경 모방가공(중, 정삭)	S20S-STFCR-11	TCMT110204
14	내경 홈가공	S20Q-GVCGXR	GVGIR5230
15	내경 나사가공	S16M-THSNR-16	TH16NR20

3) 인서트 팁의 재종을 결정한다.

(1) 재종별 특징

순	재 종	특 징
1	피복초경합금 (Coated Tool)	초경합금을 모재로하고 그위에 모재보다 강도가 높은 Tic, Tin, Al_2O_3등을 5-10μm의 두께로 피복시킨 공구다. 인성이 강하고 고온에서 내마모성이 우수하다.
2	서메트 (Cermet)	세라믹과 금속(Ni, Co, Mo등)과의 합금 재료이다. 세메트 팁의 3대특징 1. 고속 절삭 2. 긴 공구 수명 3. 아름다운 가공면
3	세라믹 (Ceramic)	Al_2O_3(알루미나)또는 Si_3N_4(질화규소)를 주원료로하여 약간의 금속산화물이나 탄화물을 결합하여 소결시킨 것이다. * 장점 1. 고온 경도와 내마모성이 높기 때문에 초경공구 의 2~5배의 고속으로 절삭 가능하다. 2. 피삭재와 친화성이 적기 때문에 양질의 가공면을 얻을 수 있다. * 단점 1. 단속절삭에 공구 수명이 짧아진다. 2. Chip Breaker가 다양하지 않다.

위 피복초경합금, 서메트, 세라믹 이외에 고속도강(HSS), 초경합금, CBN, 다이아몬드와 같은 공구들이 선반가공에 많이 사용된다.

고속도강(HSS) 공구는 드릴(Drill), 엔드밀(End Mill) 공구가 사용되고 초경합금은 용접 바이트에 많이 사용된다.

CBN 공구는 열처리 후가공 용으로 많이 사용되고 다이아몬드 공구는 고속 가공에 적용된다.

(4) 절삭공구 재종의 선정기준(대한중석)

ISO분류		CERAMIC	CERMET	피복초경합금	성능경향
P,	01	AW20 AB30			절삭속도↑ 내마모성↑ 이송↓ 인성↓
	10		CT10 CT20 CT30	KT150 KT200 KT300 KT350 KT650	
	20				
	25				
	30				
	40				
M	10		CT10 CT20	KT150 KT200 KT300 KT350	절삭속도↑ 내마모성↑ 이송↓ 인성↓
	20				
	40				
K	01	AW20 AB30 AS10	CT10	KT150 KT200 KT300 KT650	절삭속도↑ 내마모성↑ 이송↓ 인성↓
	10				
	20				
	30				
	40				

(5) 재종 대비표

재종 \ 제조회사	대한중석 (KTMC)	SANDVIK	TOSHIBA	SUMITOMO	KENNAMETAL
피복초경합금 (COATING)	KT150	GC415 GC425	T821	AC05	AC950
	KT350	GC435	T822	AC10	
	KT200	GC015	T801 T802 T803		AC910
	KT300	GC1025 GC135	T553 T530	AC815 AC720 AC835	AC250 AC810 AC850
서메트 (CERMET)	CT05		N302	T05A	
	CT10	CT515	N308	T12A	KT150
			N310		
	CT20	CT520	N350	T25A	
	CT30				

주) 상세한 재종은 Insert Tip 제조회사의 Catalog를 참고 하십시오.

(6) Insert Tip의 재종및 적용(대한중석)

분류	ISO분류	K.T 초경재종	경 도 (HRA)	항절력 (kg/mm2)	피 삭 제	작 업 조 건 및 용 도
절삭공구용재종	p	10 KTP10	92.5이상	150이상	강 주강 가단주철 (연속형 Chip)	고속절삭, 사상적삭 모방선삭, 나사가공
		20 KTP20	92.0이상	180이상		일반적인 선반작업, 모방선삭 내마모성을 요하는 Milling작업
		25 30 KTP25	91.5이상	200이상		일반적인 Milling작업, 단속선삭, 황삭
		40 KTP40	89.0이상	230이상		저속절삭, 흑피, 단면가공작업, 황삭
	M	10 KTM10	92.5이상	180이상	강 주강 Stainless강 고만간강 주철	사상선삭, 모방선삭
		20 KTM20	92.0이상	190이상		일반적인 선반작업
		40 KTM40	88.5이상	250이상		저속절삭, 흑피, 단속부, 용접부절삭, 황삭
	K	01 KTUF1	93.0이상	200이상	주철 칠드주철 가단주철 (비연속성 Chip) 고Si-Al합금 비철금속(Cu, Al) 비금속류 (목재, Plastic)	고속절삭, 사상가공
		10 KTK10	92.5이상	180이상		일반적인 고정밀도 요구되는 선반작업
		20 KTK20M	92.0이상	180이상		일반적인 Milling작업
		KTK20	91.5이상	200이상		일반적인, 황삭, 단속작업
		30 KTK30	90.0이상	220이상		중절삭, 단속작업, 황삭
		40 KTK40	89.0이상	230이상		중절삭, 황삭
내마모성공구용재종	D	10 KTD10	91.5이상	200이상	내마모용 내충격용	Drawing, Dies, Plug gage, Nozzle, Lathe Center등
		20-30 KTDX2	89.5이상	240이상		Drawing, Dies용
		40-50 KTDX5	87.0이상	270이상		Dies, Punch용
		60 KTD60	83.0이상	250이상		Header dies, 내충격 Dies용
		70 KTD70	82.0이상	250이상		내충격 Dies용
광산·토목공구용재종	E	10 KTE10	90.5이상	220이상	착공용 석공용	석탄, 연암, 착공용
		15 KTE15	89.5이상	230이상		석탄, 연암, 중경암 착공용
		20 KTE20	89.0이상	230이상		석탄, 연암, 중경암 착공, 석공용
		30 KTE30H	88.0이상	250이상		중경암, 경암 착공, 석공용
		35 KTE35	87.5이상	270이상		중경암, 경암, 초경암 착공
		50 KTE50	85.0이상	270이상		경암, 초경암, 토목광산 착공
초미립자합금		KTUF1	93.0이상	200이상	일반강, 주철 비철금속 칠드주철	자동선반, 정밀 Boring, Hob, Reamer작업
		KTUFA	91.5이상	250이상		
		KTUF2	90.0이상	300이상		End Mill, Dill작업
비자성 초경합금		KTNM50	87.5이상	200이상	내마모, 내충격 비자성금형공구	비자성 Dies류, Punch류 Mechanical Seal
고온내식성합금		KTCR	89.0이상	90이상	내열성, 내산화성 내식성, 내마모성	고압수증기 Valve, Valve Seat, 석유화학공업의 Valve, Plastic, Glass, Lens용의 Mold

(7) 선삭가공 절삭 조건표

재 질	구 분	절삭속도 V (m/min)	절삭깊이D (mm)	이송속도 F (mm/rev)	공구재질
탄 소 강 (인장강도 60kg/mm)	황 삭	150 ~ 180	3~5	0.3~0.4	P10~20
	중 삭	160 ~ 200	2~3	0.3~0.4	〃
	정 삭	200 ~ 220	0.2~0.5	0.08~0.2	P01~10
	나 사	100 ~ 120	—	—	P10~20
	홈 가 공	90 ~ 110	—	0.05~0.12	〃
	센타드릴	1400~ 2000rpm	—	0.08~0.15	HSS
	드 릴	25	—	~0.2	HSS
합 금 강 (인장강도 140kg/mm)	황 삭	120 ~ 140	3~4	0.3~0.4	P10~20
	정 삭	140 ~ 180	0.2~0.5	0.08~0.2	P01~10
	홈 가 공	70 ~ 100	—	0.05~0.1	P10~20
주 철	황 삭	130 ~ 170	3~5	0.3~0.5	P10~20
	정 삭	150 ~ 180	0.2~0.5	0.08~0.2	P01~10
	나 사	90 ~ 110	—	—	P10~20
	홈 가 공	80 ~ 110	—	0.06~0.15	P10~20
	센타드릴	1400~ 2000rpm	—	0.08~0.15	HSS
	드 릴	25	—	~0.2	HSS
알루미늄	황 삭	400 ~ 1000	2~4	0.2~0.4	K10
	정 삭	700 ~ 1600	0.2~0.4	0.08~0.2	〃
	홈 가 공	350 ~ 1000	—	0.05~0.15	〃
청 동 황 동	황 삭	150 ~ 300	3~5	0.2~0.4	K10
	정 삭	200 ~ 500	0.2~0.5	0.08~0.2	〃
	홈 가 공	150 ~ 200	—	0.05~0.15	〃
스텐레스 스 틸	황 삭	90 ~ 130	2~3	0.2~0.35	P10~20
	정 삭	140 ~ 180	0.2~0.5	0.06~0.2	P01~10
	홈 가 공	60 ~ 90	—	0.05~0.15	P10~20

주) ① 위 표의 조건은 Coating된 초경 Insert공구이다.

② 형상, 각도및 공구 메이카에 따라 절삭조건이 변경될 수도 있다.

(8) 칩 브레이크(Chip Breaker)에 관하여

자동화, 무인 고속가공을 하기 위하서 제일중요한 것은 Long Chip의 발생을 억제 하는것이다.

Long Chip이 발생되면 절삭유의 공급을 방해하고 열이 발생될뿐 아니라 Chip이 가공된 공작물의 표면에 상처를 주고, Insert Tip의 파손 원인이 된다.

특히 내경가공에서 Long Chip이 발생 된다면 발생된 Chip으로 공작물과 Tool Holder를 파손 시킨다. 결과적으로 Chip Breaker의 선택은 Tip의 재종선택과 같이 정상적인 가공을 위해서는 대단히 중요하다.

Chip Breaker의 성능과 모양, 용도 등은 제조회사에 따라서 약간의 차이가 있지만 그보다 중요한 것은 작업자가 공작물의 재질과 가공상태(황삭, 정삭등)와 절삭조건에 맞추어서 선택적으로 사용해야 한다.

아래 <사진 5-1>은 절입량과 이송속도의 변화에 따른 Chip의 모양을 알수 있다.

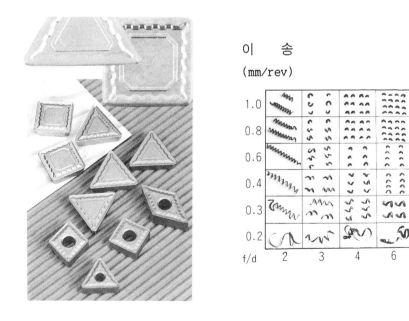

사진 5-1 Chip Breaker의 형상과 Chip의 모양

주물, 황동과 같이 전단형 Chip이 발생되는 가공에는 Chip Breaker가 필요없다.

5.6 가공시간(Cycle Time) 계산

아래 도면의 공구선정과 가공시간을 계산한다.

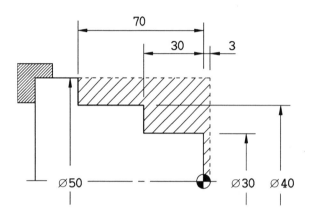

1) 공구선정

(1) 황삭가공

단면가공과 외경가공을 동시에 할 수 있고 기계에 맞는 샹크 높이의 공구를 결정한다.(제5장 "선반 외경용 Tool Holder 규격 선정법"을 참고 하십시오.)

Tool Holder 규격 **PCLNR2525-M12**

공구에 맞는 Insert Tip의 규격과 재종을 결정한다.

Insert Tip 규격 **CNMG120408** --황삭가공의 인선 R은 0.8를 많이 사용한다.

Insert Tip 재종 **KTP10** (대한중석)

(2) 정삭공구

외경가공과 약간(0.1~0.2mm)의 단면을 정삭할 수 있는 공구를 선택한다.

(제5장 "선반 외경용 Tool Holder 규격 선정법"을 참고 하십시오.)

Tool Holder 규격 **PDJNR2525-M15**

공구에 맞는 Insert Tip의 규격과 재종을 결정한다.

Insert Tip 규격 **DNMG150404** --정삭가공의 인선 R은 0.4를 많이 사용한다.

Insert Tip 재종 **KTP10** (대한중석)

2) 가공시간(Cycle Time) 계산

(1) 절삭가공 길이및 공구경로

공구경로 표시의 실선은 가공이고 점선은 급속 위치결정이다.

① 황삭가공

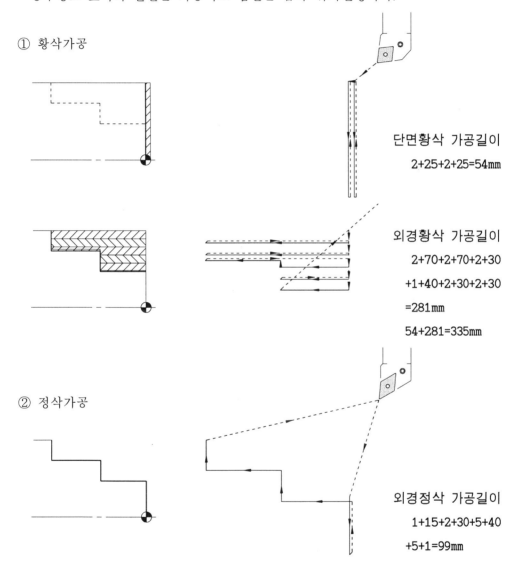

단면황삭 가공길이

2+25+2+25=54mm

외경황삭 가공길이

2+70+2+70+2+30

+1+40+2+30+2+30

=281mm

54+281=335mm

② 정삭가공

외경정삭 가공길이

1+15+2+30+5+40

+5+1=99mm

주)① 가공길이 계산에서 주의할 내용은 가공 시작할 때 2mm와 끝부분에서 1~
2mm의 여유를 가공길이에 포함하고 계산한다.

(2) 절삭조건

순	공 정 명	공 구 규 격	① 절삭속도 m/min	② 회전수 rpm	③ 이송속도 mm/rev	④ 이송속도 mm/min	⑤ 가공길이 mm	⑥ 가공시간 sec
1	외경황삭	PCLNR-2525M12 CNMG120408 KTP10	180	1637	0.3	491.1	335	40.9
2	외경정삭	PDJNR-2525M15 DNMG150404 KTP10	200	1819	1.18	327.4	99	18.1
							합 계	59

** 절삭조건의 해설 **

① 절삭속도 V (m/min)

일반적으로 공작물(소재)과 절삭공구의 재종이 결정되면 절삭속도의 값은 제5장 "선삭가공 절삭 조건표"에서와 같이 Data를 얻을 수 있다.

절삭속도 공식 $V = \dfrac{\pi \times D \times N}{1000}$ V = 절삭속도(m/min)
π = 원주율(3.14)
D = 공구의 직경
공작물의 직경(mm)
N = 회전수(rpm)

② 회전수 N (rpm)

* 황삭가공 회전수

$$N = \frac{1000 \times V}{\pi \times D} \quad \text{에서} \quad N = \frac{1000 \times 180}{3.14 \times 35} = 1637(\text{rpm})$$

D의 값이 35인것은 가공부위 직경의 평균값 이다.

(정확한 계산을 하기 위해서는 가공부위 별로 나누어서 회전수를 계산해야 한다.)

* 정삭가공 회전수(가공부위 직경의 평균값)

$$N = \frac{1000 \times 200}{3.14 \times 35} = 1819(\text{rpm}) \text{ 이다.}$$

③ 회전당 이송속도 f (mm/rev)

주축 1회전당의 이송량을 표시한다.

(제5장 "선삭가공 절삭 조건표"를 참고 하십시오.)

④ 분당 이송속도 F (mm/min)

1분 동안의 이송량을 표시한다.

* 황삭가공의 분당 이송속도

$$F = f \times N \text{ 에서} \quad F = 0.3 \times 1637 = 491.1(\text{mm/min}) \text{ 이고}$$

* 정삭가공의 분당 이송속도

$$F = 0.18 \times 1819 = 327.4(\text{mm/min}) \text{ 이다.}$$

⑤ 가공길이 L (mm)

절삭가공 길이를 산출한다.

* 단면 황삭가공 길이(직경 54mm에서 센타까지 단면 2회가공)

(27×2회)=54mm

* 외경 황삭가공 길이(단면 2mm 앞에서 가공한다.)

(72×2회)+(32×3회)+1+40=281mm

황삭가공 길이   54+281=335mm 이다.

* 외경 정삭가공 길이

16+32+5+40+6=99mm 이다.

⑥ 가공시간 T (sec)

* 황삭가공 시간

$$T = \frac{L}{F} \times 60 \text{ 에서} \quad T = \frac{335}{491.1} \times 60 = 40.9(\text{sec}) \text{ 이고}$$

* 정삭가공 시간

$$T = \frac{99}{327.4} \times 60 = 18.1(\text{sec}) \text{ 이다.}$$

5.7 이론 조도

이론 조도는 설정된 절삭조건에서 얻을 수 있는 최소치 입니다.

** 다음식으로 구할 수 있다.

$$Rmax = \frac{f^2}{8R} \times 10^3$$

f : 이송(mm/rev)

R : 인선 R(mm)

Rmax	Rz	Ra	L	삼각기호
0.1S	0.1Z	0.025a		
0.2S	0.2Z	0.05a	--	▽▽▽▽
0.4S	0.4Z	0.10a		
0.8S	0.8Z	0.20a	0.25	
1.6S	1.6Z	0.40a		
3.2S	3.2Z	0.80a	0.8	▽▽▽
6.3S	6.3Z	1.6a		
12.5S	12.5Z	3.2a	2.5	▽▽
25S	25Z	6.3a		
50S	50Z	12.5a		▽
100S	100Z	25a		

* 각종 표면조도를 구하는 방법

종류	기 호	산 출 방 법	상 세 도
최대높이	Rmax	단면 곡선중 기준길이 L 내에서 최대높이를 구하고 이것을 미크론 단위로 나타냄. 흠으로 간주되는 유별나게 높은 산이나 골은 제외한다.	
+ 점평균조도	Rz	단면 곡선중 기준길이 L 내에서 높은쪽으로부터 3번째 점과 낮은쪽으로부터 3번째 통과하는 2개의 평행선의 차이를 측정하여 미크론 단위로 나타냄.	
중심선평균조도	Ra	단면 곡선을 중심선에서 뒤집어 사선을 그은 부분의 면적을 길이로 나눈 값이다. 일반적으로 중심선 평균 거칠기 측정기로 눈금을 읽는다.	

5.8 나사가공 절입 조건표 (S45C 소재를 초경공구로 가공하는 경우)

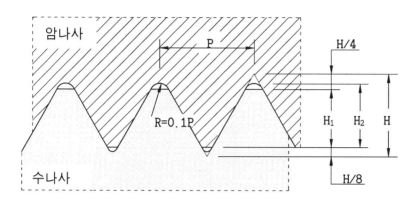

P : 나사피치

H_2 : 나사산 높이 (G76 Cycle의 절입 깊이로 사용)

H_1 : 접촉높이

	P	1.00	1.25	1.50	1.75	2.00	2.50	3.00	3.50	4.00
	H_2	0.60	0.74	0.86	1.05	1.19	1.45	1.79	2.08	2.38
	H_1	0.54	0.68	0.81	0.95	1.08	1.35	1.62	1.89	2.17
	R	0.10	0.13	0.15	0.18	0.20	0.25	0.30	0.35	0.40
	1	0.25	0.35	0.35	0.35	0.35	0.40	0.40	0.40	0.40
	2	0.20	0.19	0.20	0.25	0.25	0.30	0.35	0.35	0.35
	3	0.10	0.10	0.14	0.15	0.19	0.22	0.27	0.30	0.30
	4	0.05	0.05	0.10	0.10	0.12	0.20	0.20	0.20	0.25
절	5		0.05	0.05	0.10	0.10	0.15	0.20	0.20	0.25
입	6			0.05	0.05	0.08	0.10	0.13	0.14	0.20
	7				0.05	0.05	0.05	0.10	0.10	0.15
횟	8					0.05	0.05	0.05	0.10	0.14
	9							0.02	0.05	0.10	0.10
수	10								0.02	0.05	0.10
	11							0.02	0.05	0.05
	12								0.02	0.05
	13								0.02	0.02
	14									0.02

5.9 좌표계산 공식 1

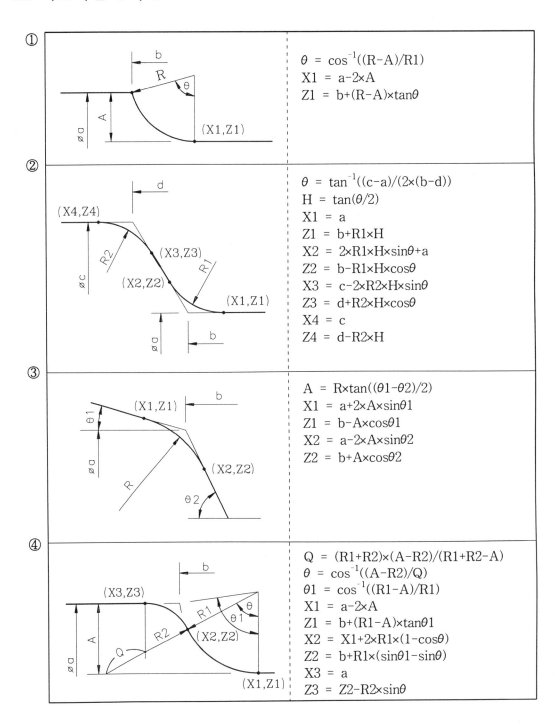

①
$$\theta = \cos^{-1}((R-A)/R1)$$
$$X1 = a-2\times A$$
$$Z1 = b+(R-A)\times\tan\theta$$

②
$$\theta = \tan^{-1}((c-a)/(2\times(b-d)))$$
$$H = \tan(\theta/2)$$
$$X1 = a$$
$$Z1 = b+R1\times H$$
$$X2 = 2\times R1\times H\times\sin\theta+a$$
$$Z2 = b-R1\times H\times\cos\theta$$
$$X3 = c-2\times R2\times H\times\sin\theta$$
$$Z3 = d+R2\times H\times\cos\theta$$
$$X4 = c$$
$$Z4 = d-R2\times H$$

③
$$A = R\times\tan((\theta1-\theta2)/2)$$
$$X1 = a+2\times A\times\sin\theta1$$
$$Z1 = b-A\times\cos\theta1$$
$$X2 = a-2\times A\times\sin\theta2$$
$$Z2 = b+A\times\cos\theta2$$

④
$$Q = (R1+R2)\times(A-R2)/(R1+R2-A)$$
$$\theta = \cos^{-1}((A-R2)/Q)$$
$$\theta1 = \cos^{-1}((R1-A)/R1)$$
$$X1 = a-2\times A$$
$$Z1 = b+(R1-A)\times\tan\theta1$$
$$X2 = X1+2\times R1\times(1-\cos\theta)$$
$$Z2 = b+R1\times(\sin\theta1-\sin\theta)$$
$$X3 = a$$
$$Z3 = Z2-R2\times\sin\theta$$

5.10 좌표계산 공식 2

좌표 계산 1	각 $\alpha°$ 의 테이퍼가공에서 위치편차 X를 구하는 식

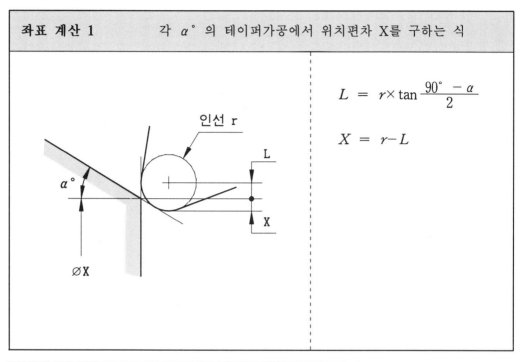

$$L = r \times \tan \frac{90° - \alpha}{2}$$

$$X = r - L$$

좌표 계산 2	각 $\alpha°$ 의 테이퍼가공에서 위치편차 Z를 구하는 식

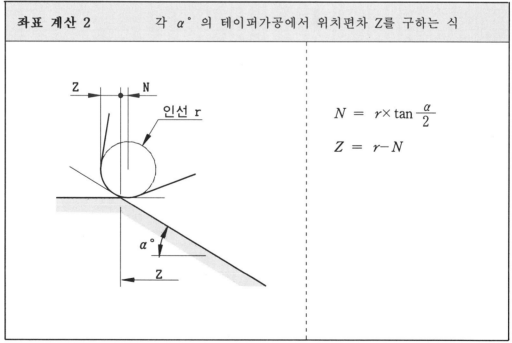

$$N = r \times \tan \frac{\alpha}{2}$$

$$Z = r - N$$

좌표 계산 3 각 $\alpha\,^\circ > \beta\,^\circ$ 의 테이퍼가공에서 위치편차 X, Z를 구하는 식

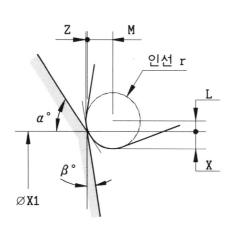

$$L = r \times \dfrac{\dfrac{\cos 90^\circ - (\beta - \alpha)}{2}}{\dfrac{\cos 90^\circ - (\beta + \alpha)}{2}}$$

$$X = r - L$$

$$M = r \times \dfrac{\dfrac{\sin 90^\circ - (\beta - \alpha)}{2}}{\dfrac{\cos 90^\circ - (\beta + \alpha)}{2}}$$

$$Z = r - M$$

좌표 계산 4 각 $\alpha\,^\circ < \beta\,^\circ$ 의 테이퍼가공에서 위치편차 X, Z를 구하는 식

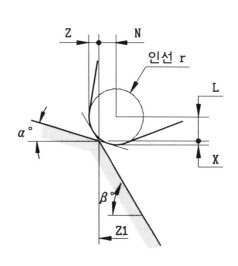

$$L = r \times \dfrac{\cos \dfrac{\alpha + \beta}{2}}{\cos \dfrac{\alpha - \beta}{2}}$$

$$X = r - L$$

$$M = r \times \dfrac{\sin \dfrac{\alpha + \beta}{2}}{\cos \dfrac{\alpha - \beta}{2}}$$

$$Z = r - M$$

5.11 절삭속도, 절삭시간, 소요동력 계산공식

기종	내 용	계 산 공 식	
선 반	절삭속도 (m/min)	$V = \dfrac{\pi \times D \times N}{1000}$	V = 절삭속도(m/min) π = 3.14(원주율) D = 가공물 직경(mm) N = 회전수(rpm)
	절삭저항	$P = A \times Ks \quad (A = d \times f)$	A = 절삭면적(mm^2) Ks= 피삭재 비절삭저항(kg/mm^2) d = 절삭깊이(mm) f = 이송량(mm/rev)
	소요동력 (Kw)	$HP = \dfrac{W}{0.75}$ $W = \dfrac{Q \times Ks}{60 \times 102 \times \eta}$ $\quad = \dfrac{V \times f \times d \times Ks}{60 \times 102 \times \eta}$	W = 소요동력(Kw) Q = Chip의 체적(Cm^3) V = 절삭속도(m/min) f = 회전당이송(mm/rev) d = 절삭깊이(mm) η = 기계효율(0.7~0.85) Ks= 피삭재 비절삭저항(kg/mm^2)
	절삭시간 (sec)	$T = \dfrac{L}{N \times f} \times 60$	T = 절삭시간(sec) L = 공작물 절삭길이(mm) N = 회전수(rpm) f = 회전당이송(mm/rev)
드 릴	절삭속도 (m/min)	$V = \dfrac{\pi \times D \times N}{1000}$	V = 절삭속도(m/min) π = 3.14(원주율) D = 공구직경(mm) N = 회전수(rpm)
	소요동력 (Kw)	$HP = \dfrac{d \times f \times Ks \times V}{6120}\left(1 - \dfrac{d}{D}\right)$	d = 공구반경(D:공구경) f = 회전당이송(mm/rev) Ks= 피삭재 비절삭저항(kg/mm^2) V = 절삭속도(m/min)
	절삭시간 (sec)	$T = \dfrac{\pi \times D \times L}{1000 \times V \times f} \times 60$	π = 3.14(원주율) D = 공구직경(mm) L = 공작물 절삭길이(mm) V = 절삭속도(m/min) f = 회전당이송(mm/rev)

5.12 소프트 죠우(Soft Jaw) 가공 방법

실제 선반가공을 하면 여러가지 문제에 부딪친다. 그중 가장 큰 문제점은 2차 가공에서 공작물의 동심도를 정확하게 맞추는 것이다.

저자가 10년간의 CNC가공 현장 실무경험과 국제기능올림픽대회 훈련에서 터득한 "정밀하게 소프트 죠우를 가공하는 방법"의 Know-How를 정리 한다.

중요한 것은 유압척의 구조와 힘의 원리를 이해하고, 특수한 용도의 척과 척 죠우를 제작할 수 있어야 한다.

(1) 특수용도의 척(Special Chuck)

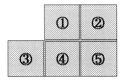

① Collet Chuck
② Tow-Jaw Chuck
③ Indexing Chuck
④ Eccentric
⑤ finger Chuck

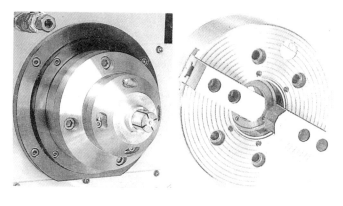

사진 5-2 특수용도의 척

(2) 척 죠우(Chuck Jaw)와 공작물의 고정

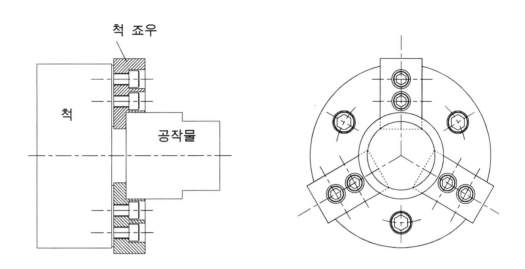

척 죠우

척

공작물

그림 5-3 척 죠우와 공작물의 고정

(3) 척 죠우(Chuck Jaw)의 종류

① 하드 죠우(Hard Jaw)

열처리된 죠우로서 보통 황삭가공용으로 사용하고, 죠우는 가공(성형)할 수 없다. 정밀하고 청결하게 관리하여 장착하면 0.02mm 정도의 동심도는 보장할 수 있다.

② 소프트 죠우(Soft Jaw)

연질의 죠우로서 보통 45C의 재질을 사용하여(알루미늄, 황동, 비금속의 재질 등도 있다.) 2차 가공할때 공작물 찍힘방지나 동심도, 직각도를 좋게한다.

보통 죠우를 가공(성형)하여 사용한다.

시중에서 판매하는 것 외에 작업자가 재질과 특수한 형상을 설계하여 좋은 척킹 시스템(Chucking System)을 만들 수 있다.

(4) 척 죠우 장착시 주의사항

1) 죠우(하드, 소프트 죠우) 장착은 척 본체의 베이스 죠우와 세레이션을 조합하고
고정 볼트로 체결한다.

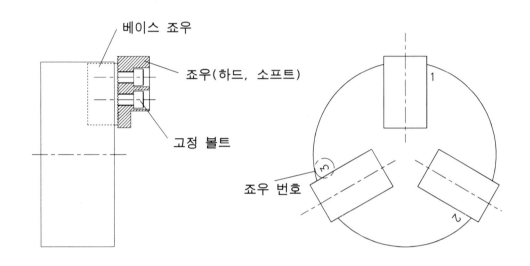

그림 5-4 소프트 죠우의 고정

2) 베이스 죠우에는 번호가 있으며(1, 2, 3) 이 번호와 소프트 죠우의 번호는 일치
하여야 동심이 보장된다.

 그러나 가공되지 않은 소프트 죠우에는 보통 번호가 없는 경우가 있으므로 가
공후에는 반드시 번호를 표시한 후에 분해해야 다음 죠우 장착시 쉽게 체결할
수 있다.

3) 죠우를 체결할 때는 죠우 세레이션 부위를 청결하게 세척하고 항상 일정한 압
력으로 볼트를 고정하는 것이 중요하다.

 보통 죠우 한개당 2개의 고정볼트 가 있는데 먼저 척 중심쪽의 고정볼트 3개를
조인후 바깥쪽의 볼트를 조이면 높은 정밀도를 얻을 수 있다.

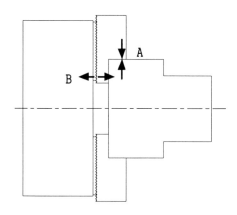

그림 5-5 공작물 장착시 힘의 방향

위 <그림 5-5>에서 죠우가공 후 공작물을 척킹하면 A와 같은 힘이 발생하여 베이스 죠우와 소프트 죠우 사이에 B와 같은 반작용의 힘이 발생된다.

B의 힘은 베이스 죠우와 소프트 죠우 사이를 벌어지게 하는 힘이다. 이때 고정볼트의 조임의 힘이 각각 다르면 죠우 3개의 기준면이 다르게 될것이다.

결과적으로 고정볼트를 조이는 순서와 압력은 척킹의 정밀도에 많은 영향을 준다.

(5) 척킹(Chucking) 압력

공작물을 척에 고정시킬때 가장 중요한 것은 척 압력이다.

이 척 압력은 공작물의 중량과 가공 부하및 재질, 물림량 등에 따라 큰차이가 있으며 이와같은 조건들이 맞지 않을때 공작물의 표면에 흠집이나 찌그러짐(타원)과 공작물이 죠우에서 이탈되는 등의 치명적인 사고가 발생될 수 있다.

1) 공작물을 척킹할 때 제일먼저 척 압력을 조정해야 하는데 이때 압력의 정확한 수치의 자료가 없을 것이다.

보통 경험으로 적당한 압력을 조정하여 사용하고 기록을 남겨둔다.

* 척 압력을 결정하는 조건은 다음과 같다.

① 공작물의 재질(강도)

② 물림부위의 폭과 두께

③ 심압대를 지지할때와 지지하지 않을 때

④ 주축 회전속도와 절입량, 이송속도(황삭, 중삭, 정삭 등)

※ 이와 같은 조건등을 참고하여 척 압력을 결정하고 적당한 조건들은 작업자의 경험으로 자료(Data)를 얻을 수 있다.

얻어진 척 압력 Data는 기계의 종류에 따라 다르다.(척 압력의 조건은 사용하는 척 실린더의 단면적과 비례하기 때문이다.)

주 8) 척의 파지력

일반적인 유압척은 주축이 고속으로 회전을 하면 파지력(공작물의 척킹 힘)이 떨어진다. 이것은 원심력 때문에 죠우가 바깥쪽으로 튀어 나가기 때문에 발생된다. 이와 같은 현상을 줄이기 위해서는 필요 이상의 고속회전을 사용하지 말고 죠우의 무게를 작게하는 것이 좋다.

최근에는 고속회전시 발생하는 파지력이 줄어드는 문제점을 보완한 척도 판매되고 있다.

(6) 소프트 죠우의 가공

소프트 죠우 가공목적은 공작물의 표면에 흠집과 동심도및 공작물의 (찌으러짐)을 방지한다.

공작물의 물림부위 직경치수와 소프트 죠우의 가공한 내경치수가 동일하게 가공 되어야 한다. (공작물의 가공 후 정밀도는 죠우 장착시 고정볼트의 고정 방법및 보조링을 끼워서 가공할 때 척 압력과 공작물의 물림부위의 직경이 동일하게 가공 되었는지 상태에 밀접한 관계가 있다.)

1) 핸들을 이용한 가공

① 적당한 크기의 보조링을 끼운다.
② 핸들(MPG) Mode를 선택하고 X, Z축을 이동하여 상대좌표를 보면서 물림부위의 직경치수와 길이를 정확하게 가공한다.

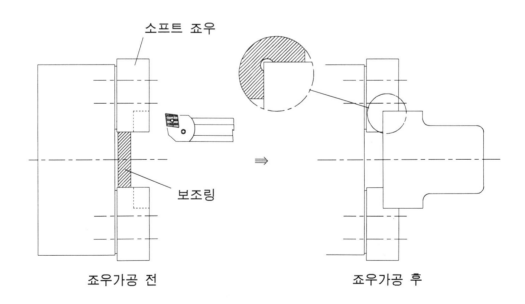

소프트 죠우

보조링

죠우가공 전   죠우가공 후

그림 5-6 소프트 죠우 가공형상

이 방법은 현장에서 가장 많이 사용하는 방법이지만 가공후 죠우의 내경이 공작물의 직경과 일치하지 않아 공작물에 약간의 흠집이 생긴다.

가능한 가공후의 소프트 죠우 치수와 공작물 물림부의 치수를 일치하게 하는 것이 중요하다.

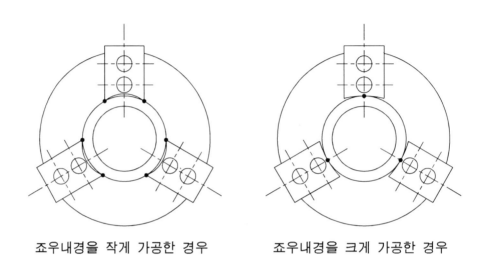

죠우내경을 작게 가공한 경우　　죠우내경을 크게 가공한 경우

그림 5-7 소프트 죠우의 가공후 형상

＊ 내경을 작게 가공한 경우는 외경에 흠집이 여섯군데 발생한다.
　공작물의 표면에 작은 흠집이 있어도 무방한 제품일때는 상관 없다.
＊ 내경을 크게 가공한 경우는 공작물의 접촉점이 세곳이 되면서 파지력이 약해지고 고속회전시 공작물이 튀어 나오기 쉽다.

2) 프로그램을 이용한 가공

① 적당한 크기의 보조링을 끼운다.
② 편집(EDIT) Mode에서 프로그램을 작성(소프트 죠우가공 프로그램은 별도 관리 (예 O8000)한다.
　항상 죠우를 가공할때는 O8000번의 프로그램을 호출하여(일부분 수정) 사용한다.
③ 죠우 가공용 공구를 좌표계 설정및 Offset 한다.

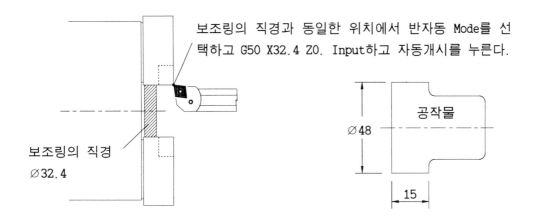

그림 5-8 소프트 죠우 가공

일반적으로 죠우 가공용 공구는 별도 관리하는 것이 좋고, 공구 Offset량이 없는 상태(X0 Z0)에서 기준공구로 생각하고 보조링의 직경과 동일하고 죠우의 단면과 일치한 위치에서(위 <그림 5-8>의 공구선단 참조) 반자동(MDI) Mode를 선택하고 좌표계 설정(G50 X32.4 Z0. ;)을 한다.

※ 소프트 죠우 외측을 가공할 때는 외측에 보조링을 끼우고 죠우 외측을 가공한다.(가공방법은 내측 죠우 가공과 동일하다.)

④ 자동(AUTO) Mode에서 죠우가공 실행

프로그램 내용

08000 ;(단일형 고정CYCLE 방법)

G00 X150. Z100. ;   -- 반자동 Mode에서 좌표계를 설정 하였기 때
                                       문에 생략한다.

G96 S120 M03 ;

X30. Z2. T0909 M08 ;

G90 X33. Z-9.95 F0.2 ;   -- 이하 가공 내용은 도면 형상에 따라 수정

한다.

```
X36. ;
X39. ;
X42. ;
X45. ;
X47.6 ;
G00 X28. Z-10. ;
G01 X48.4 F0.1 ;              -- 단면 정삭가공
G00 X47. ;
Z2. ;
X48. ;
G01 Z-10. ;                   -- 내경 정삭가공
G00 U-1. Z5. M09 ;
X150. Z100. T0900 M05 ;
M02 ;



08000 ;(복합형 고정 Cycle 방법)
G00 X150. Z100. ;
G96 S120 M03 ;
X30. Z2. T0909 M08 ;
G71 U1.5 R0.5 ;
G71 P1 Q2 U-0.4 W0.05 F0.2 ;   -- 황삭가공
N1 G00 X48. ;
N2 G01 Z-10. ;
G00 Z-10. ;
G01 X48.4 F0.1 ;              -- 단면 정삭가공
G00 X47. ;
Z2. ;
X48. ;
G01 Z-10. F0.15 ;            -- 내경 정삭가공
G00 U-1. Z5. M09 ;
X150. Z100. T0900 M05 ;
M02 ;
```

5.13 정밀하게 센타를 찾는 방법

센타드릴이나 드릴가공을 할때 공작물의 중심과 공구의 중심이 맞지않을 경우는 정상적인 가공을 할 수 없다.

공구의 중심과 공작물의 중심을 정밀하고 신속하게 아래와 같이 찾을 수 있다.

① 먼저 아래 <그림 5-9>과 같이 주축에 인디게이터를 부착한다.

② 센타드릴이나 드릴을 장착할 공구블록을 공구대(Turret)에 부착하고 공구번호를 선택한다.

　(공구대에 공구홀다를 바로 장착하는 형태(Gang Type)는 공구번호만 선택한다.)

③ 핸들을 이용하여 인디게이터 핀이 공구블록 안쪽으로 약간 들어가도록 이동한다.

④ 주축을 손으로 회전 시키면서 동시에 핸들을 조절하여 인디게이터의 눈금이 동심을 나타내도록 한다.

　이때 주축의 중심과 공구대(Turret)의 중심이 일치한다.

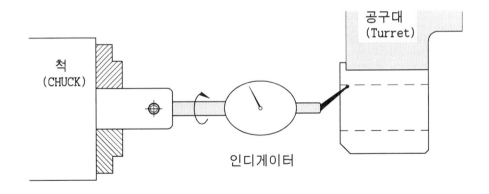

그림 5-9 공구대의 중심구하기

⑤ 위치(POS) 화면을 선택하여 기계좌표(Machine)의 X 값을 Memo 한다.

　예) X-147.463 (항상 사용하는 수치이므로 기록을 남겨둔다.)

⑥ 공구대(Turret)를 안전한 위치로 이동하고 주축의 인디게이터를 분리 시킨다.

⑦ 공작물과 공구를 장착하고 공작물 좌표계를 설정한다.

⑧ 순서대로 Offset를 하고 센타드릴이나 드릴의 Offset를 할때 Memo 한 수치 대로 기계좌표를 보면서 이동하면 이 위치는 주축의 중심과 공구의 중심이 일 치하는 위치이다.

⑨ 이때 Offset 화면을 선택하고 MX0를 입력하면 자동으로 X축의 Offset량이 입 력된다.

참고 23) 공구대 중심구하기

> 기계를 오래 사용하다 보면 주축의 중심과 공구 블록의 위치가 틀어지는 경우가 있다. 물론 A/S를 받고 수정하면 되지만 정밀하게 조정 하기가 쉽지 않다. 이때는 공구블록을 제작하여 부착하고 주축 에 보링홀다를 장착한 후 공구블록을 가공하면 아 주 정밀한 중심을 얻을 수 있다. 이때도 반드시 기계좌표를 Memo 하여 기록을 남겨둔다.

5.14 공작기계의 정밀도와 열변형

정지된 물체에 외력을 가하여 운동을 시키면 외력을 받은 물체는 운동을 하고 이 물체는 운동에너지를 갖게된다. 이때 운동을 방해하는 마찰력이 있는데 이 마찰력으로 발생되는 것이 마찰열이라 한다.

이때 발생되는 마찰열이 상승되면 물체의 온도가 상승되고 이로 인하여 물체는 평창할 것이다. 이 물체를 볼스크류라고 생각하고 공작기계의 정밀도와 열변형의 관계에 대하여 설명 하겠다.

(1) 볼스크류의 지지방법에 따른 열변형

① 외팔보 지지방법(한쪽 지지)

볼스크류의 샤프트(Shaft)를 한쪽만 지지하는 경우이며, 연속및 고속으로 움직이는 기계에서는 정밀도를 보장하기 어렵다.

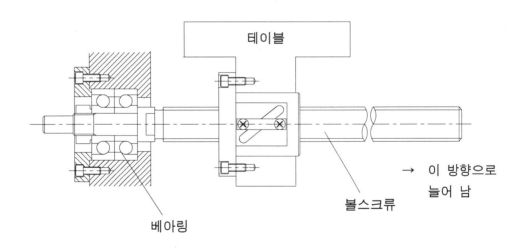

그림 5-10 볼스크류 한쪽 지지방법

나타나는 현상으로는 공작물을 연속 가공할 때 한쪽 방향(베아링 지지 부가 없는 쪽)으로 미세하게 치수 변화가 누적되어 공구보정(Offset)을 계속하게 되고, 휴식 시간이 지난 후 가공을 하면 연속가공으로 평창되었던 볼스크류 샤프트가 초기 상태로 수축하여 공구보정에 의해 수정된 량 만큼 불량인 제품이 발생 된다.

휴식 후 작업 시작할 때 작업자가 변화하는 양과 시간을 생각하고 변화하는 보정량을 관리하여 보정량 수정 후 작업을 하면 불량을 방지할 수 있다.

② 단순보 지지방법(양쪽 끝단 지지)

볼스크류 샤프트를 일정한 온도로 예열시켜 양쪽 끝단을 지지하고, 양쪽에 테이퍼 볼베어링을 사용하여 수축과 평창을 억제시켜 주는 역할을 하면서 회전한다. 치수변화가 적고 일반적으로 많이 사용하는 방법이지만 양쪽 베어링이 많은 부하를 받은 상태에서 회전하기 때문에 베어링 수명이 짧은 단점이 있다.

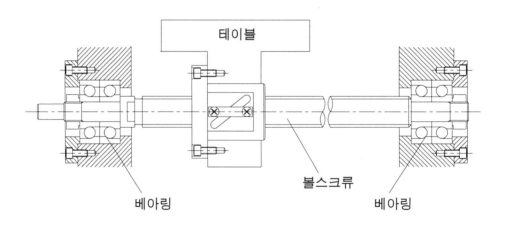

그림 5-11 볼스크류 양쪽 지지방법

(2) 베아링 부의 이상으로 인한 열변형

NC 공작기계의 볼스크류 지지용 베아링의 수명은 생각보다 짧다. 베어링의 수명은 정밀도와 직결됨으로 항상 상태를 체크하고 관리 해야한다.

베이링의 자체 결함이나 이물질 유입등으로 인하여 베아링 회전시 발생하는 열이 볼스크류로 전달되면서 볼스크류가 평창하는 경우와 양쪽 베아링과 볼스크류의 조립 정밀도가 좋지않은 경우의 열평창 등이 기계의 정밀도에 많은 영향을 준다.

참고 24) 가공중 치수변화

가공중의 미세한 치수 변화는 위에서 설명한 것 이외에도 절삭조건등 여러가지 복합적으로 나타나는 경우가 많다. 이러한 문제점들은 원인 파악이 힘들고 잘못 판단하면 또 다른 문제점들이 발생하여 많은 시간과 경제적 손실을 초래 한다.
※ 복잡한 문제는 공작기계의 전문가와 상담 하십시오.

정밀가공을 하기 위해서는 기계의 정밀도도 중요하지만 작업자가 기계구조를 이해하고 프로그램을 작성하는 것도 많은 영향을 끼친다.
(예) 급송 이동거리를 최대한 짧게 프로그램을 작성(기계수명 연장)한다.

참고 25) 볼스크류 온도 평창

강철 1m의 소재를 온도 1° 상승 시키면 12μ (0.012mm)이 평창 한다.

** 외팔보 지지 방법 기계의 열변화 Check
　(G00 으로 250mm 연속 이동)

시 간	온 도	변화량
10분	21.9°	30μ
20분	↓	40μ
30분	↓	54μ
40분	↓	60μ
50분	↓	64μ
60분	34.2°	66μ

MEMO

제 6 장

부 록

6.1 수치제어(CNC) 선반/밀링 기능사 출제 기준

6.2 수치제어(CNC) 선반/밀링 기능사(실기) 채점 기준

6.3 수치제어 선반/밀링 기능사 예상문제

6.4 기계 조작시 많이 사용하는 파라메타

6.5 기계 일상 점검

6.6 일반적으로 많이 발생하는 알람 해제 방법

6.7 NC 일반에 대한 규정

6.8 FANUC OT/OM 알람 일정표

6.1 수치제어(CNC) 선반/밀링 기능사 출제 기준

(1) 수치제어선반기능사 필기시험

계 열	기능계	기술분야	기 계	자격종목	수치제어선반기능사	검정방법	필기

시험과목	출제문제수 60문제	출 제 기 준	
		주 요 항 목	세 부 항 목
NC 기계 가공법 및 안전관리	35	1. 공작기계 일반	1. 공작기계의 종류 및 용도 2. 절삭이론 3. 절삭제, 윤활제 및 절삭공구 재료
		2. 기계가공법	1. 선반가공 2. 밀링가공 3. 연삭가공 4. 드릴링가공 및 보링 가공 5. 기타 기계가공
		3. 측정 및 수기가공	1. 길이 및 각도측정 2. 표면거칠기 측정, 형상 및 위치의 정도측정 3. 윤곽측정, 나사 및 기어측정 4. 수기가공법
		4. CNC공작기계의 개요	1. 공작기계의 구성 2. 공작기계에 의한 절삭가공 3. 절삭공구 및 Tooling에 관한 사항 4. CAD/CAM 일반
		5. CNC공작기계 가공	1. CNC선반 가공 2. 머시닝센타 가공
		6. 기계안전	1. 일반적인 안전사항 2. 기계가공시 안전사항 3. CNC 기계가공시 안전사항
기계재료 및 요소	15	1. 기계재료	1. 응력과 변형 2. 체결용 기계요소 3. 제어용 기계요소 4. 축에 관한 기계요소
		2. 기계요소	1. 탄소강의 종류 및 특성과 용도 2. 특수강의 종류 및 특성과 용도 3. 주철의 종류 및 특성과 용도 4. 금속의 열처리 및 재료시험 5. 비철금속 및 그 합금의 종류 및 특성과용도

기계제도 (절삭부분)	10	1. 제도통칙	1. 일반사항 (양식, 척도, 선, 문자 등) 2. 투상법 및 도형의 표시방법 3. 치수의 표시방법 4. 허용한계치수 기입방법 5. 최대 실체 공차방식 6. 기하공차 도시방식 7. 표면의 결 도시방법 8. 가공기호 등 표시방법
		2. KS 도시기호	1. 운동용 기계요소 2. 체결용 기계요소 3. 제어용 기계요소
		3. 도면해독	1. 투상도면해독 2. 기계가공도면 3. 비절삭가공도면 4. 기계조립도면

(2) 수치제어선반기능사 실기시험

계 열	기능계	기술분야	기　계	자격종목	수치제어선반기능사	검정방법	실기

시험과목	출　제　기　준	
	주 요 항 목	세　부　항　목
수치제어 선반 작업	CNC 선반작업에 요구되는 실기작업	1. 수동 프로그래밍 　1) 기계가공 조건 　2) 공정도 작성 　3) CNC선반 수동프로그래밍
		2. 장비의 운용 　1) 데이터 인터페이스 　2) NC데이터 전송
		3. CNC선반에 의한 가공 　1) 공구선정 및 장착 　2) 좌표계 설정 　3) 기계가공

(3) 수치제어밀링기능사 필기시험

계 열	기능계	기술분야	기 계	자격종목	수치제어밀링기능사	검정방법	필기

시험과목	출제 문제수 60문제	출 제 기 준	
		주 요 항 목	세 부 항 목
NC 기계 가공법 및 안전관리	35	1. 공작기계 일반	1. 공작기계의 종류 및 용도 2. 절삭이론 3. 절삭제, 윤활제 및 절삭공구 재료
		2. 기계가공법	1. 선반가공　　　2. 밀링가공 3. 연삭가공　　　4. 드릴링가공 및 보링 가공 5. 기타 기계가공
		3. 측정 및 수기가공	1. 길이 및 각도측정 2. 표면거칠기 측정, 형상 및 위치의 정도측정 3. 윤곽측정, 나사 및 기어측정 4. 수기가공법
		4. CNC공작기계의 개요	1. 공작기계의 구성 2. 공작기계에 의한 절삭가공 3. 절삭공구 및 Tooling에 관한 사항 4. CAD/CAM 일반
		5. CNC공작기계 가공	1. CNC선반 가공　　　2. 머시닝센타 가공
		6. 기계안전	1. 일반적인 안전사항 2. 기계가공시 안전사항 3. CNC 기계가공시 안전사항
기계재료 및 요소	15	1. 기계재료	1. 응력과 변형　　　2. 체결용 기계요소 3. 제어용 기계요소　　4. 축에 관한 기계요소
		2. 기계요소	1. 탄소강의 종류 및 특성과 용도 2. 특수강의 종류 및 특성과 용도 3. 주철의 종류 및 특성과 용도 4. 금속의 열처리 및 재료시험 5. 비철금속 및 그 합금의 종류 및 특성과용도
기계제도 (절삭부분)	10	1. 제도통칙	1. 일반사항 (양식, 척도, 선, 문자 등) 2. 투상법 및 도형의 표시방법 3. 치수의 표시방법 4. 허용한계치수 기입방법 5. 최대 실체 공차방식 6. 기하공차 도시방식 7. 표면의 결 도시방법 8. 가공기호 등 표시방법
		2. KS 도시기호	1. 운동용 기계요소　　　2. 체결용 기계요소 3. 제어용 기계요소
		3. 도면해독	1. 투상도면해독　　　2. 기계가공도면 3. 비절삭가공도면　　　4. 기계조립도면

(4) 수치제어밀링기능사 실기시험

계 열	기능계	기술분야	기 계	자격종목	수치제어밀링기능사		검정방법	실기
시험과목		**출 제 기 준**						
		주 요 항 목		세 부 항 목				
수치제어 밀링 작업		CNC 밀링작업에 요구되는 실기작업		1. 수동 프로그래밍 1) 기계가공 조건 2) 공정도 작성 3) 머시닝센타 프로그래밍				
				2. 자동프로그래밍				
				3. 장비의 운용 1) 데이터 인터페이스 2) NC데이터 전송				
				4. 머시닝센타에 의한 가공 1) 공구선정 및 장착 2) 좌표계 설정 3) 기계가공				

6.2 수치제어(CNC) 선반/밀링 기능사(실기) 채점 기준

① 프로그래밍(제한시간 : 1시간)
 - 수치제어 선반 응시자는 CNC 선반 도면을, 수치제어 밀링 응시자는 CNC 밀링
  도면을 Process Sheet에 프로그램을 한다.

② CNC 공작기계 가공(제한시간 : 1시간)
 - Process Sheet에 작성한 프로그램을 MDI로 입력한다. 이 때 3개소 이내에서는
  수정이 가능하며 3개소 이상이 되면 실격 처리한다.
 - 실제 수검자가 작업조건을 갖추어서 가공을 한다.

※ 수검자는 실기검정장에 설치된 CNC 공작기계(선반, 밀링)를 사용하여 가공을 해
 야 하므로 검정장에 설치된 CNC 공작기계의 기종을 사전에 확인하여 실기검정에
 응시하는 것이 좋다.

6.3 수치제어 선반/밀링 기능사 예상문제

문제 1. 다음 중 NC의 종류가 아닌 것은?

㉮ 직선절삭 NC ㉯ 위치결정 NC

㉱ 나사절삭 NC ㉰ 연속절삭 NC

해설 1
 NC의 종류로는 위치결정(급속 위치결정) NC, 직선절삭(직선가공) NC, 연속절삭(직선 또는 곡면가공) NC가 있다.

문제 2. 다음 중 CNC 공작기계를 사용하는 것이 유리한 생산 방식은?

㉮ 소품종 다량생산 ㉯ 다품종 소량생산

㉱ 단품종 다량생산 ㉰ 단품종 소량생산

해설 2
 CNC 공작기계는 다량생산에 적합하고, 단품종 다량생산은 전용기에 적합

문제 3. 10진법 28을 2진수으로 나타내면 얼마인가?

㉮ 11100 ㉯ 10101

㉱ 11011 ㉰ 01110

해설 3
$$
\begin{array}{r}
2)\underline{28} \\
2)\underline{14} \cdots 0 \\
2)\underline{7} \cdots 0 \\
2)\underline{3} \cdots 1 \\
1 \cdots 1 \quad \Rightarrow \quad (11100)
\end{array}
$$

문제 4. 2진법 10100을 10진수로 나타내면 얼마인가?

㉮ 18 ㉯ 20

㉱ 22 ㉰ 24

해설 4
$10100 \Rightarrow (1 \times 2^4) + (0 \times 2^3) + (1 \times 2^2) + (0 \times 2^1) + (0 \times 2^0) = 20$

문제 5. 여러대의 CNC 공작기계를 컴퓨터로 직접 제어하는 생산관리 시스템은?

㉮ FA ㉯ CAM

㉱ DNC ㉰ FMS

해설 5
 FA(Factory Automation):공장자동화
 CAM(Computer Aided Manufacturing):컴퓨터를 이용한 제조생산 시스템
 DNC(Direct Numerical Control):직접 톱합제어
 FMS(Flexible Manufacturing System):유연생산 시스템, 무인화 공장

문제 6. 다음 중 CNC 공작기계의 장점이 아닌 것은?

㉮ 경영관리의 유연성 ㉯ 리드 타임의 연장

㉱ 준비 시간의 절약 ㉰ 사용 기계수의 절약

해설 6
 CNC 기계는 준비시간, 리드타임 단축 등이 장점이다.

문제 7. 다음 중 CNC 공작기계의 안전에 관한 것으로 틀린 것은?

【정답】 1. ㉱ 2. ㉮ 3. ㉮ 4. ㉯ 5. ㉱ 6. ㉯ 7. ㉮

㉮ 먼지나 칩을 제거하기 위해 강전반 및 NC 장치를 압축공기로 청소한다.

㉯ 강전반 및 NC 장치는 어떠한 충격도 가하지 말아야 한다.

㉰ 항상 비상정지 버튼을 누를 수 있도록 염두에 두어야 한다.

㉱ 조작판 Key(MDI)로 프로그램 입력시 입력이 끝난 후 필히 확인하여야 한다.

해설 7
강전반(전기 박스)의 칩제거 및 청소를 압축공기로 하면 이물질이 전기회로 안쪽으로 들어가 누전 및 기계 오동작의 원인이 된다.

문제 8. 다음 중 CNC 공작기계의 경제성 평가 방법으로 가장 많이 사용하는 방법은?

㉮ 항공기 부품과 같이 복잡한 형상의 부품가공에 유리하다.

㉯ 대량생산에 유리하다.

㉰ 다품종 소량생산에 유리하다.

㉱ 제조비와 인건비가 절약된다.

해설 8
CNC 공작기계의 경제성 평가 방법으로 복잡하고 형상이 복잡한 공작물의 생산을 범용기계 또는 전용기와 비교평가하는 방법을 많이 사용한다.

문제 9. 유연성 있는 생산 시스템으로 무인화 공장을 가능하게 하는 시스템은?

㉮ FMC   ㉯ FMS
㉰ DNC   ㉱ CIM

해설 9
FMS(유연 생산 시스템)

문제 10. 다음 CNC 시스템 중 하드웨어에 속하지 않는 것은?

㉮ 공작기계 본체   ㉯ 제어용 컴퓨터
㉰ 서보기구   ㉱ 가공 프로그램

해설 10
기계본체, 서보기구, 볼스크류, 공구대 장치, 제어용 컴퓨터 등은 하드웨어라 하고, 가공 프로그램은 소프트웨어에 속한다.

문제 11. 다음 중 소프트웨어는 어느 것인가?

㉮ 제어장치   ㉯ NC 테이프
㉰ 검출장치   ㉱ 인터페이스 장치

해설 11
NC 테이프는 가공 프로그램으로 생각한다.

【정답】 8. ㉮   9. ㉯   10. ㉱   11. ㉯

문제 12. CNC 프로그램을 작성하기 위하여 가공계획이 필요하다. 가공계획과 가장 관련이 적은 것은 어느 것인가?

㉮ 공작물 고정 방법

㉯ 가공순서

㉰ CNC 기계로 수행할 가공범위와 사용할 CNC 기계 선정

㉱ 파트 프로그램

문제 13. 커플링으로 연결된 CNC기계의 볼스크류 피치가 10mm 이고, 서보모터의 회전 각도가 120° 일 때 테이블의 이동 거리는?

㉮ 3.333mm ㉯ 3.000mm

㉰ 30.00mm ㉱ 33.33mm

해설 13

테이블 이동거리 = x
서보모터의 회전각도 = θ
볼스크류의 피치 = p 일 때
서보모터와 볼스크류의 회전비는 커플링으로 연결되어 있으므로 1:1 이다.

$x = p \times (\frac{\theta}{360°}) \times 회전비$

$x = 10 \times (\frac{120°}{360°}) = 3.333mm$

문제 14. 타이밍 벨트로 연결된 CNC기계의 볼스크류 피치가 12mm 이고, 타이밍 벨트 풀리비가 2:1 일 때 서보모터의 회전 각도가 180° 회전한 경우 테이블의 이동 거리는?(단 볼스크류 측의 풀리비가 2이다.)

㉮ 3mm ㉯ 6mm

㉰ 12mm ㉱ 24mm

해설 14

테이블 이동거리 = x
서보모터의 회전각도 = θ
볼스크류의 피치 = p 일때
서보모터와 볼스크류의 회전비는 2:1 이다.

$x = p \times (\frac{\theta}{360°}) \times 회전비$

$x = 12 \times (\frac{180°}{360°}) \times \frac{1}{2} = 3mm$

문제 15. 천공 테이프에 기록된 내용이 아닌 것은?

㉮ 이송속도 ㉯ CNC 기계의 선정

㉰ 준비기능 ㉱ 공구의 가공경로

해설 15

천공테이프(종이테이프 또는 NC 테이프)에는 가공 프로그램이 기록된다. NC 기계의 선정은 가공계획 수립에서 결정된다.

문제 16. 천공 테이프에 관한 설명으로 틀린 것은?

㉮ ISO 코드 체계는 "국제표준화기구"의 코드 체계이다.

㉯ EIA 코드 체계는 "미국전기규격협회"의 코드 체계

해설 16

ISO(국제 표준화 기구)
EIA(미국 전기규격 협회)

【정답】 12. ㉱ 13. ㉮ 14. ㉮ 15. ㉯ 16. ㉰

이다.

㉔ ISO 코드와 EIA 코드의 가공 프로그램은 다르다.

㉕ EIA 코드의 캐릭터당 구멍수의 합은 홀수개 이다.

[문제] 17. 천공 테이프 용어 중 패리티 체크의 설명으로 틀린 것은?

㉮ EIA 코드의 패리티 채널은 5번째이다.

㉯ ISO 코드의 패리티 채널은 8번째이다.

㉰ 캐릭터의 구멍갯수가 홀수개 인지 짝수개 인지를 확인하는 기능이다.

㉱ 채널 9번째의 구멍이 패리티 체크를 한다.

[해설 17]
패리티 체크(Parity Bit Check)란?
외적인 요인으로 인한 Data의 오류를 방지하기 위하여 패리티 비트를 첨가하여 전송한다.
ISO 코드의 패리티 비트는 8번 채널이고, EIA 코드의 패리티 비트는 5번 채널이다.

[문제] 18. 정보처리 회로에서 서보기구로 보내는 신호의 형태는?

㉮ 펄스   ㉯ 마이크로 프로세스

㉰ 전압   ㉱ 전류

[해설 18]
정보처리 회로에서 서보모터로 Data를 펄스(Pulse)화 하여 서보기구로 전송한다.

[문제] 19. CNC 공작기계에서 서보모터의 회전운동을 테이블의 직선운동으로 바꾸는 기구는?

㉮ 볼스크류   ㉯ 커플링

㉰ 기어   ㉱ 타이밍 벨트

[해설 19]
CNC 공작기계의 동력전달 기구로 마찰계수가 작고 정밀한 위치결정을 할 수 있는 볼스크류(Ball Screw)를 많이 사용한다.

[문제] 20. 테이프 리더로 읽은 정보를 마이크로 컴퓨터에 전달하고 또한 정보를 받아서 서보기구에 펄스화하여 정보를 보내 주는 장치는?

㉮ 천공 테이프   ㉯ 인터페이스 회로

㉰ 콘트롤러   ㉱ 서보기구

[해설 20]
천공 테이프=가공 프로그램 입출력, 인터페이스 회로=데이타의 입출력 장치, 컨트롤러=CNC 장치, 서보기구=서보모터와 서보 Unit

[문제] 21. 다음 서보기구 중 가장 널리 사용되는 제어방식은?

【정답】 17. ㉱   18. ㉮   19. ㉮   20. ㉯   21. ㉰

㉮ 개방회로 제어방식

㉯ 폐쇄회로 제어방식

㉰ 반폐쇄회로 제어방식

㉱ 하이브리드 제어방식

문제 22. 다음 서보기구의 설명 중 틀린 것은?

㉮ 일반적으로 가장 널리 사용되는 제어방식은 반폐쇄회로 방식이다.

㉯ 대형기계등 반폐쇄회로 방식으로 정밀도를 얻기 힘들 경우 폐쇄회로 방식을 채택한다.

㉰ 하이브리드 제어방식은 가격이 저렴하다.

㉱ 개방회로 제어방식은 검출장치가 없다.

문제 23. 다음 모드에 대한 설명으로 틀린 것은?

㉮ 편집(EDIT) 모드는 프로그램을 수정, 삽입 및 삭제를 할 수 있다.

㉯ 반자동(MDI) 모드는 수동 데이터 입력으로 기능을 실행시킬 수 있다.

㉰ 자동(AUTO) 모드는 메모리에 등록된 프로그램을 실행한다.

㉱ 핸들(MPG) 모드는 각축을 급속으로 이동시킬 수 있다.

문제 24. CNC 공작기계에서 백래쉬(Backlash)의 오차를 줄이기 위해 사용하는 기계 부품은?

㉮ 유니파이 스크류   ㉯ 볼스크류

㉰ 사각나사   ㉱ 리드 스크류

문제 25. 다음 가공 프로그램을 천공 테이프로 펀칭하면 몇 mm가되는가?

해설 21, 22

개방회로=검출장치가 없다.

반 폐쇄회로=가장널리 사용하는 제어방식으로 위치제어를 서보모터 축 또는 볼스크류의 회전 각도로 제어한다.

폐쇄회로=테이블에 검출장치를 부착하여 오차를 피드백 시켜 정밀한 위치결정을 할 수 있는 제어회로

하이브리드=반 폐쇄제어회로와 폐쇄회로 제어방식을 혼합한 제어방식

해설 23

편집(EDIT) 모드에서 프로그램의 수정, 삽입, 삭제를 할 수 있다.

반자동(Manual Data Input) 모드에는 수동 Data를 입력 실행할 수 있다.

자동(AUTO) 모드는 프로그램을 실행할 수 있다.

핸들(Manual pulse Generator) 모드는 핸들을 이용하여 각 축을 이동시킬 수 있다.

해설 24

CNC 기계의 이송장치는 마찰계수가 작고, 정밀한 볼스크류를 사용한다.

해설 25

Data 하나가 가로방향의 구멍(캐릭터) 하나를 표시하고, 캐릭터와 캐릭터의 간격은 2.54mm이다.

【정답】 22. ㉰   23. ㉱   24. ㉯   25. ㉮

```
N01 G00 X100.2 Z2. ;
```

㉮ 40.64mm ㉯ 42.55mm

㉰ 44mm ㉭ 44.2mm

N01 G00 X100.2 Z2. ;는 16캐릭터 이므로 천공 테이프 길이는 16×2.54＝40.64mm이다.
이와 같이 NC 프로그램의 용량은 천공 테이프의 길이로 나타낸다.

문제 26. 다음 중 EIA코드에서 블록을 구분하는 코드는?

㉮ END ㉯ LF

㉰ CR ㉭ %

해설 26
LF=ISO 코드에서 블록을 구분한다.
CR=EIA 코드에서 블록을 구분한다.
%=프로그램의 끝을 표시한다.

문제 27. CNC 공작기계의 움직임을 전기적인 신호로 표시하는 회전피드백 장치는?

㉮ 레졸버 ㉯ 서보기구

㉰ NC 장치 ㉭ 볼스크류

해설 27
레졸버(Resolver)=이동량을 전기적인 신호로 바꾸는 회전 피드백 장치
서보기구=펄스 신호를 받아 기계를 구동시키는 구동 장치(서보 모터와 서보 Unit)

문제 28. 다음 설명 중 틀린 것은?

㉮ 동일 프로그램 내에서 절대지령과 증분지령을 혼합해서 지령할 수 있다.

㉯ 급속 위치결정은 프로그램에 지령된 이송속도로 이동한다.

㉰ M01 기능은 자동운전 실행에서 선택적으로 정지시킬 수 있다.

㉭ 머신록 스위치를 ON 하면 자동운전을 실행해도 축이 움직이지 않는다.

해설 28
CNC 선반계의 경우 동일블록에서도 절대지령과 증분지령을 할 수 있다.
급속 위치결정은 파라메타에 입력된 급속 속도로 이동한다.

문제 29. 직경지령으로 설정된 최소지령 단위가 0.001mm인 CNC 선반에서 U20.으로 지령한 경우 X축의 이동량은 얼마인가?

㉮ 10mm ㉯ 20mm

㉰ 40mm ㉭ 이동량이 없다.

해설 29
직경지령의 경우 CNC 선반 X축의 이동량은 지령치 반으로 된다.

문제 30. 다음 중 나머지 셋과 그룹이 다른 하나는?

㉮ G01 ㉯ G96 ㉰ G90 ㉭ G32

해설 30
G01, G32, G90 = 01그룹
G96 = 02그룹
같은 그룹이란 동시에 실행할 수 없는 기능들로 되어 있다.

【정답】 26. ㉰ 27. ㉮ 28. ㉯ 29. ㉮ 30. ㉯

문제 31. 다음 중 CNC 선반의 나사가공 기능이 아닌것은?

㉮ G32   ㉯ G76   ㉰ G92   ㉱ G96

해설 31
　G96 = 주속일정제어 기능

문제 32. 다음 블록의 구성 내용으로 맞지 않는 것은?

㉮ 워드 순서에 제한을 받지 않는다.

㉯ 워드 갯수에 제한을 받지 않는다.

㉰ 같은 워드를 한 블록에 두개 이상 지령하면 뒤쪽에 지령된 것이 무시된다.

㉱ 시퀀스 번호는 생략이 가능하다.

해설 32
　G-코드와 같이 보조기능도 한 블록에 두개 이상 지령하면 뒤쪽에 지령된 기능이 실행된다.
　시퀀스 번호는 생략이 가능하지만 CNC 선반의 경우 G70~G73 기능은 생략할 수 없다.

문제 33. 다음 설명 중 틀린 것은?

㉮ M08 기능을 실행시킨 상태에서 조작판의 절삭유 OFF 스위치를 작동시키면 절삭유가 나오지 않는다.

㉯ G-코드는 그룹이 다르면 몇개라도 동일블록에 지령할 수 있다.

㉰ 공작물 좌표계는 편리한 가공 프로그램을 작성하기 위하여 임의 점을 원점으로 정한 좌표계이다.

㉱ 편집모드에서 프로그램을 실행시킬 수 있다.

문제 34. 주 프로그램과 보조 프로그램의 설명으로 맞지 않는 것은?

㉮ 보조 프로그램에는 공작물 좌표계 설정을 할 수 없다.

㉯ 보조 프로그램 마지막에는 M99를 지령한다.

㉰ 보조 프로그램 호출은 M98 지령으로 한다.

㉱ 보조 프로그램은 프로그램을 간단하게 하기 위하여 사용한다.

해설 34
　보조 프로그램의 작성에는 특별한 제한은 없지만 프로그램 마지막에는 M99를 지령해야 한다. 보조 프로그램 호출 지령은 M98 기능이다.

【정답】31. ㉱　32. ㉰　33. ㉱　34. ㉮

문제 35. 조작판의 옵셔날 블록스킵(/) 스위치가 ON 된 상태에서 다음 프로그램 중 실행되지 않는 기능은?

> N01 G00 X200. Z100. T0100 / M08 ;

㉮ G00 　　　　　㉯ X200.

㉰ T0100 　　　　㉫ M08

문제 36. 다음 중 소수점을 사용할 수 있는 어드레스로만 짝지어진 것은?

㉮ X, Z, P 　　　　㉯ I, K, P

㉰ X, K, R 　　　　㉫ G, M, T

문제 37. 다음 어드레스 중 원호반경 좌표어는 어느 것인가?

㉮ G 　　　㉯ M 　　　㉰ X 　　　㉫ R

문제 38. 다음 중 One shot G-코드는?

㉮ G01 　　㉯ G04 　　㉰ G40 　　㉫ G96

문제 39. 모달 G-코드의 설명 중 틀린 것은?

㉮ 모달 G-코드는 그룹 별로 나누어져 있다.

㉯ 모달 G-코드는 같은 그룹의 다른 G-코드가 나올 때까지 다음 블록에 영향을 준다.

㉰ 같은 기능의 모달 G-코드는 생략할 수 있다.

㉫ 같은 그룹의 모달 G-코드를 한블록에 지령할 수 있다.

문제 40. 다음 프로그램의 ㉠부분에 생략된 모달 G-코드는?

【정답】 35. ㉫　36. ㉰　37. ㉫　38. ㉯　39. ㉫　40. ㉮

```
N01 G01 X20. F0.25 ;
N02  ㉠  Z-50. ;
N03 G00 X150. Z100. ;
```

㉮ G01   ㉯ G00   ㉰ G40   ㉱ G32

모달 G-코드는 생략이 가능하므로 ㉠부분에 G01 기능이 생략되어 있다.

문제 41. 다음 프로그램에서 N03 블록의 가공시간은 얼마인가?

```
N01 G00 X0. Z0. ;
N02 G97 S1200 M03 ;
N03 G01 X40. Z-40. F0.2 ;
```

㉮ 10.5초   ㉯ 11.2초   ㉰ 12.5초   ㉱ 13.2초

X0. Z0.에서 X40. Z-40.으로 테이퍼가공을 하는 프로그램이므로 삼각형의 빗변의 길이가 가공길이가 된다.

$L=\sqrt{20^2+40^2}=44.7mm$ 이다.

F=회전수×회전당이송에서
F=1200×0.2=240mm/min

$$가공시간(T)=\frac{가공길이(L)×60초}{분당이송속도(F)}$$

$$T=\frac{44.7×60초}{240}=11.2초$$

문제 42. CNC 선반에서 다음 중 전원투입시 자동으로 설정되는 G-코드는?

㉮ G02   ㉯ G42   ㉰ G99   ㉱ G04

문제 43. 다음 좌표계 중 일시적으로 0(Zero)을 만들 수 있고, 핸들 작업에 많이 사용되는 좌표계는?

㉮ 절대좌표계   ㉯ 상대좌표계
㉰ 기계좌표계   ㉱ 잔여좌표계

전원 투입하면 자동으로 설정되는 G-코드는 G23,G25,G40, G69,G97,G99,(G00,G01)기능으로 ()안의 G-코드는 파라메타에서 선택한다.
대부분 전원 투입시 자동으로 설정되는 기능은 기능무시 지령이고, 특별한것은 G20,G21기능으로 전원 차단 직전의 기능으로 되살아 난다.

문제 44. 다음 절대좌표계의 설명으로 맞지 않는 것은?

㉮ 공작물의 임의의 점을 원점으로 지정한 좌표계
㉯ 공작물 좌표계라고 말하기도 한다.
㉰ 절대좌표계의 설정은 G50 기능으로 할 수 있다.
㉱ 항상 공작물의 우측 선단이 절대좌표계의 원점이다.

절대좌표계의 원점은 항상우측선단이 아니다. 임의의 점을 지정할 수 있다.

문제 45. CNC 선반에서 다음 설명 중 틀린 것은?

㉮ 절대지령은 X, Z 어드레스로 결정한다.

【정답】 41. ㉯   42. ㉰   43. ㉯   44. ㉱   45. ㉱

㉯ 증분지령은 U, W 어드레스로 결정한다.

㉰ 프로그램 작성은 절대지령과 증분지령을 혼용해서 사용할 수 있다.

㉱ 절대지령 증분지령을 한블록에 지령할 수 없다.

문제 46. 다음 설명 중 틀린 것은?

㉮ 상대좌표계 설정은 X, Z 어드레스로 할 수 있다.

㉯ 증분지령은 현재위치에서 이동거리를 지령한다.

㉰ 절대좌표계 설정은 G50 기능으로 할 수 있다.

㉱ 절대지령은 공작물 원점에서 위치를 지령한다.

문제 47. 다음 도형의 ㉠에서 ㉡까지의 프로그램 중 맞는 것은?

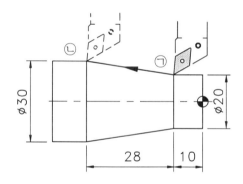

㉮ G01 X30. Z-28. ;

㉯ G01 U30. W-28. ;

㉰ G01 X30. Z-38. ;

㉱ G01 U10. W-38. ;

문제 48. 다음 급속이송의 내용으로 틀린 것은?

㉮ 급속이송 속도는 파라메타에 입력되어 있다.

㉯ 급속이송의 방법은 직선형 보간과 비직선형 보간 방법이 있다.

【정답】46. ㉮ 47. ㉰ 48. ㉰

ⓓ 급속이송 기능에는 자동가감속 기능이 적용되지 않는다.

ⓔ 절대지령과 증분지령을 할 수 있다.

문제 49. 자동가감속이란?

ⓐ 급속이송시 기계의 충격 감소와 정밀한 위치결정을 위하여 급속이송 기능에 포함되어 있다.

ⓑ 가공속도를 자동으로 가감속한다.

ⓒ 주축 회전수를 자동으로 가감속한다.

ⓓ 가공량에 따라 이송속도를 자동으로 조절한다.

해설 49
해설 48 참조

문제 50. 다음 도형의 ⓐ→ⓑ→ⓒ의 가공 프로그램에서 ㉠, ㉡에 들어갈 내용으로 맞는 것은?

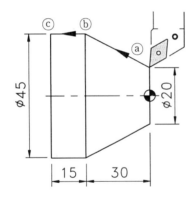

```
ⓐ → ⓑ : N01 G01 ㉠ Z-30. F0.2 ;
ⓑ → ⓒ : N02 ㉡ ;
```

ⓐ ㉠X45. ㉡W-15.　　ⓑ ㉠X45. ㉡W-45.
ⓒ ㉠X15. ㉡Z-30.　　ⓓ ㉠U15. ㉡Z-15.

해설 50
절대지령과 증분지령을 이해한다. 해설 46을 참조하십시오.

문제 51. 다음 중 소숫점을 사용할 수 없는 어드레스는?
ⓐ X　　ⓑ O　　ⓒ Z　　ⓓ R

해설 51
프로그램 번호를 나타내는 어드레스는 소숫점을 사용하지 않는다.

【정답】49. ⓐ　50. ⓐ　51. ⓑ

문제 52. 최소 지령단위가 0.001mm인 CNC 기계 프로그램에서 X500을 지령하면 얼마가 되는가?

㉮ X0.5mm   ㉯ X5mm

㉰ X0.05mm   ㉱ X0.005mm

문제 53. 데이타 설정 기능을 이용하여 직경방향 2.5, 단면방향 1.2의 보정량을 입력하고자 한다. 다음 중 바르게 지령된 것은?(단, 보정번호는 No2 이다.)

㉮ G10 T02 U2.5 W1.2 ;   ㉯ G10 T02 X2.5 Z1.2 ;

㉰ G10 P02 U2.5 W1.2 ;   ㉱ G10 P02 X2.5 Z1.2 ;

문제 54. 다음 프로그램을 실행하면 몇번째 시퀀스 블록에서 알람이 발생하는가?

```
N01 G50 X150. Z100. S2500 T0100 ;
N02 G96 S200. M03 ;
N03 G00 X20. Z2. T0100 M08 ;
N04 G01 Z-20. F0.25 ;
```

㉮ N01   ㉯ N02   ㉰ N03   ㉱ N04

문제 55. S20C의 공작물을 ∅16 HSS 드릴을 사용하여 구멍가공을 할 때 주축 회전수를 계산하면 얼마인가? (단, 절삭속도는 25m/min 이다.)

㉮ 356rpm   ㉯ 398rpm   ㉰ 498rpm   ㉱ 456rpm

문제 56. 다음 중 기계원점과 관계없는 기능은?

㉮ G50   ㉯ G30   ㉰ G28   ㉱ G27

문제 57. 다음은 직선보간 지령방법이다. ㉠에 들어갈 어드레스는?

해설 52

최소 지령단위가 0.001mm이고 소숫점 입력방식이 계산기식 입력방법이 아닌경우 500mm=0.5mm가 되고, 계산기식 입력방식인 경우 500mm=500.mm가 된다.

해설 53

G10 Data 설정기능을 이용하여 보정량을 보정화면에 입력할 수 있다.

* 절대지령의 경우

G10 P__ X__ Z__ R__ Q__ ;

* 증분지령의 경우

G10 P__ U__ W__ C__ Q__ ;

해설 54

N02 블록의 소숫점 입력 에라 (S200. ⋯→ S200)

해설 55

$V = \dfrac{\pi \times D \times N}{1000}$ 에서

$N = \dfrac{1000 \times V}{\pi \times D} = \dfrac{1000 \times 25}{\pi \times 16}$

= 498rpm

해설 56

G50 : 공작물 좌표계 설정

G30 : 제2원점 복귀(기계원점에서의 위치)

G28 : 기계원점 복귀

G27 : 기계원점 복귀 Check

【정답】 52. ㉮   53. ㉱   54. ㉯   55. ㉰   56. ㉮   57. ㉯

```
G01 X(U)___ Z(W)___ ㉠___ ;
```

㉮ M   ㉯ F   ㉰ S   ㉱ T

문제 58. 다음 ㉠에서 ㉡까지의 원호보간 프로그램으로 틀린 것은?

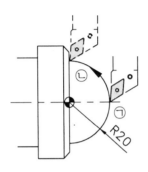

㉮ G03 X40. Z0. R20. F0.25 ;

㉯ G03 X40. Z0. K-20. F0.25 ;

㉰ G03 X40. Z0. I20. F0.25 ;

㉱ G03 X40. Z0. I0. K-20. F0.25 ;

문제 59. 다음 중 원호보간 지령과 관계없는 것은?

㉮ G02, G03   ㉯ R

㉰ I, K   ㉱ M08

문제 60. 공구 기능 T0201의 내용으로 틀린 것은?

㉮ 공구번호 02번과 보정번호 01번을 지령한다.

㉯ 공구 보정량이 X2mm이고 Z1mm이다.

㉰ 공구번호와 보정번호가 다른경우 잘못된 지령이 아니다.

㉱ T201과 같이 지령해도 된다.

해설 58
　원호보간 지령 방법
$\begin{matrix}G02\\G03\end{matrix}$ X(U)_ Z(W)_ R_ F_ ; 또는

$\begin{matrix}G02\\G03\end{matrix}$ X(U)_ Z(W)_ I_ K_ F_ ;

해설 59
　해설 58 참조

해설 60
　T0201 = T201은 Leading Zero 생략

【정답】58. ㉰　59. ㉱　60. ㉯

문제 61. 다음 중 ㉠ ~ ㉣ 가공 프로그램으로 적당한 것은?

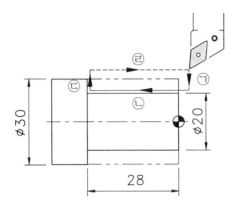

㉮ G92 X20. Z-28. F0.25 ;

㉯ G94 X20. Z-28. F0.25 ;

㉰ G90 X20. Z-28. F0.25 ;

㉱ G94 X20. W-28. F0.25 ;

해설 61
G90 = 단일형 내, 외경 절삭 싸이클

문제 62. 다음 CNC 선반 프로그램에서 N05 블록의 주축 회전수는 얼마인가?

```
O1234 ;                .
N01 G30 U0. W0. ;
N02 G50 X200. Z100. S2000 T0100 ;
N03 G96 S200 M03 ;
N04 G00 X30. Z2. T0101 M08 ;
N05 G01 Z-25. F0.25 ;
```

㉮ 200rpm ㉯ 400rpm ㉰ 2123rpm ㉱ 2000rpm

해설 62

$V = \dfrac{\pi \times D \times N}{1000}$ 에서

$N = \dfrac{1000 \times V}{\pi \times D} = \dfrac{1000 \times 200}{\pi \times 30}$

$= 2123rpm$

직경 30mm 부위의 회전수는 2123rpm 이지만 N02 블록의 최고회전수 지령이 2000rpm 이므로 N05 블록의 회전수는 2000이 된다.

문제 63. CNC 선반 기능 중 G99 기능의 이송단위는?

㉮ mm/rev ㉯ mm/drg ㉰ mm/min ㉱ mm/sec

해설 63
회전당 이송 단위 = mm/rev
분당이송 단위= mm/min
회전축 이송 단위 = mm/drg

【정답】 61. ㉰ 62. ㉱ 62. ㉮

문제 64. 다음 인선 R보정 기능 중 G42 기능으로 바른것은?

㉮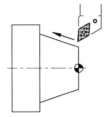

㉯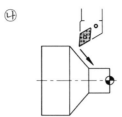

㉰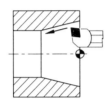

㉱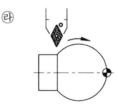

해설 64

　G40 = 인선 R보성 무시

　G41 = 좌측보정

　G42 = 우측보정

　＊ 공작물을 기준하여 공구진행 방향으로 보았을 때 공구가 공작물의 좌측에서 이동할 경우 G41 기능이 되고, 우측에서 이동할 경우 G42 기능이 적용된다.

문제 65. CNC 선반의 인선 R보정 기능과 관계없는 것은?

㉮ G41 기능 　　　　㉯ G42 기능

㉰ D 어드레스 　　　㉱ T 어드레스

해설 65

　T 어드레스 = 공구보정 번호 지정(인선 R, 공구형상 번호)

문제 66. 다음 인선 R보정 기능 설명 중 틀린 것은?

㉮ G41 -- 인선 R 좌측 보정

㉯ G40 -- 인선 R 좌, 우측 보정

㉰ G42 -- 인선 R 우측 보정

㉱ T 어드레스 -- 공구 보정번호 지정

해설 66

　G40 = 인선 R보정 무시

문제 67. Start-Up 블록이란?

㉮ 절삭가공을 시작하는 블록

㉯ 원호가공을 시작하는 블록

㉰ 공구길이 보정을 시작하는 블록

㉱ 인선 R보정을 시작하는 블록

문제 68. 다음 인선 R보정 기능 설명 중 틀린 것은?

【정답】64. ㉮ 　65. ㉰ 　66. ㉯ 　67. ㉱ 　68. ㉰

㉮ Start-Up 블록에서의 이동량은 인선 R 값보다 같거나 커야한다.

㉯ Start-Up 블록에서 절대지령 또는 증분지령을 할 수 있다.

㉰ Start-Up이 지령된 블록에 G02, G03 지령을 할 수 있다.

㉱ G41 보정 상태에서 G42 보정을 할 수 있다.

해설 68
원호보간 지령 블록에서 인선 R보정을 시작할 수 없다.(알람 발생)

문제 69. 다음 중 Start-Up 블록은?

```
N01 G50 X200. Z100. S2000 T0100 ;
N02 G96 S200 M03 ;
N03 G42 G00 X20. Z2. T0101 M08 ;
N04 G01 Z-15. F0.18 ;
```

㉮ N01   ㉯ N02   ㉰ N03   ㉱ N04

해설 69
인선 R보정을 시작하는 블록

문제 70. 다음 이송 기능의 설명 중 틀린 것은?

㉮ 분당이송(G98) 속도는 1분 동안 이동 할 수 있는 거리를 속도로 나타낸다.

㉯ 회전당이송(G99) 기능은 주축 회전당 이송속도이다.

㉰ 전원 투입하면 선반계의 시스템은 G99 기능이 준비되어 있다.

㉱ G99 G01 Z-20. F0.2 ; 지령에서 주축 정지 상태에서도 절삭가공이 된다.

해설 70
회전당 이송의 경우 주축이 회전하지 않을 경우 절삭가공이 않된다.

문제 71. 다음 중 2.5초 동안 프로그램의 진행을 정지시키는 프로그램으로 틀린 것은?

㉮ G04 X2.5   ㉯ G04 P2.5

㉰ G04 U2.5   ㉱ G04 P2500

해설 71
드웰타임 지령은 G04를 사용하고, 시간지령은 X, U 또는 P로 지령한다. X, U는 소수점을 사용할 수 있고, P는 소수점을 사용할 수 없다.

【정답】 69. ㉰   70. ㉱   71. ㉯

문제 72. 다음 제 2원점 복귀 지령으로 맞지 않는 것은?

㉮ G30 T01 ;

㉯ G30 X0. Z0. ;

㉰ G30 X0. ;

㉱ G30 U0. W0. ;

해설 72

제2원점 복귀 방법으로 G30과 절대, 증분지령이 가능하고, P02 지령은 생략이 가능하다. 또 G30 X0. 과 같이 하나의 축좌표 만 지령하면 지령된 축만 제2원 점 복귀한다.

문제 73. 다음 파라메타에 관한 설명 중 틀린 것은?

㉮ 백래쉬 보정량은 파라메타에 입력한다.

㉯ 파라메타의 형태는 실수형과 비트형(2진수) 두가지 형태가 있다.

㉰ 파라메타에 입력된 수치는 기계종류에 따라 다르 다.

㉱ 파라메타 수치는 ROM에 저장된다.

해설 73

파라메타 수치는 RAM에 저장 되고 전원을 차단해도 내장된 밧데리에 의해 수치가 기억된다.

문제 74. ㉠위치에서 공작물 좌표계 설정 프로그램으로 맞 는 것은?

해설 74

G50 : 공작물 좌표계 설정

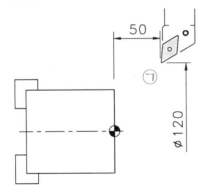

㉮ G50 X60. Z50. ;

㉯ G50 X120. Z50. ;

㉰ G50 X120. Z-50. ;

㉱ G50 U120. W50. ;

문제 75. 다음 중 백래쉬(Backlash) 보정 설명으로 맞는 것은?

㉮ 축의 이동이 한 방향에서 반대 방향으로 이동할 때 발생하는 편차값을 보정하는 기능

㉯ 볼스크류의 부분적인 마모 현상으로 발생된 피치간의 편차값을 보정하는 기능

㉰ 백보오링 기능의 편차량을 보정하는 기능

㉱ 한 방향 위치결정 기능의 편차량을 보정하는 기능이다.

해설 75
백래쉬 = 축의 이동이 반대방향으로 이동될 때 나타나는 편차량

문제 76. 피치에라(Pitch error) 보정이란?

㉮ 볼스크류 피치를 검사하는 기능이다.

㉯ 축의 이동이 한 방향에서 반대 방향으로 이동할 때 발생하는 편차값을 보정하는 기능

㉰ 나사가공의 피치를 정밀하게 보정하는 기능

㉱ 볼스크류의 부분적인 마모 현상으로 발생된 피치간의 편차값을 보정하는 기능

해설 76
피치에라 보정 = 볼스크류의 부분적인 마모 현상으로 발생된 피치간의 편차값을 보정하는 기능

문제 77. 다음 중 조작판의 보조기능 록 스위치를 ON 시켜도 실행되는 기능은?

㉮ M00 ㉯ M03 ㉰ M12 ㉱ M09

문제 78. 다음 보조기능에 대한 설명으로 틀린 것은?

㉮ 보조장치를 제어하는 기능이다.

㉯ 프로그램을 제어하는 기능과 기계측의 보조기능을 제어하는 기능이 있다.

㉰ 동일한 NC 장치를 사용해도 기계의 종류에 따라 보조기능이 다를 수 있다.

㉱ 조작판에서 보조기능 록 스위치를 ON 시키면 보조기능 전체가 실행되지 않는다.

해설 77, 78
보조기능에는 프로그램을 제어하는 보조기능과 보조장치를 제어하는 보조기능이 있다. 보조기능 록 스위치를 ON 하면 프로그램을 제어 하는 보조기능은 정상적으로 작동된다.
프로그램을 제어하는 보조기능은 M00,M01,M02,M30,M98,M99이다.
보조기능은 기계종류에 따라 코드번호가 다를 수 있고, 같은 코드번호라도 실행되는 내용이 다를 수 있다. 왜냐 하면 보조기능은 기계종류에 따라 소프트웨어가 다르게 만들어질 수 있다. (기계 취급설명서를 참고 하십시오.)

【정답】 75. ㉮ 76. ㉱ 77. ㉮ 78. ㉱

문제 79. 다음 중 드라이런 기능 설명으로 맞는 것은?

㉮ 드라이런 스위치가 ON 되면 이송속도가 빨라진다.

㉯ 드라이런 스위치가 ON 되면 프로그램의 이송속도를 무시하고 조작판에서 이송속도를 조절할 수 있다.

㉰ 드라이런 스위치가 ON 되면 이송속도의 단위가 회전당이송 속도로 변한다.

㉱ 드라이런 스위치가 ON 되면 급속속도가 최고 속도로 바뀐다.

해설 79

드라이런 스위치가 ON 되면 프로그램에 지령된 이송속도를 무시하고 외부(조작판)에서 이송속도를 조절한다.

문제 80. 싱글블록 스위치의 설명으로 맞는 것은?

㉮ 싱글블록 스위치가 ON 되면 프로그램을 한 블록씩 실행시킬 수 있다.

㉯ 싱글블록 스위치가 ON 되면 프로그램을 한 블록씩 스킵(Skip) 한다.

㉰ 싱글블록 스위치가 OFF 되면 반자동모드에서 프로그램을 실행할 수 없다.

㉱ 싱글블록 스위치가 ON 되면 편집모드에서 커서(Cursor)를 한 블록씩 이동시킬 수 있다.

해설 80

싱글블록 스위치가 ON 되면 자동, 반자동모드에서 프로그램을 실행할 때 한 블록씩 실행한다.

문제 81. 다음 M01 기능 설명으로 틀린 것은?

㉮ 조작판 M01 스위치가 ON 상태일 때 프로그램에 지령된 M01 기능이 실행되면 프로그램이 정지한다.

㉯ 조작판 M01 스위치가 OFF 상태일 때 프로그램에 지령된 M01 기능이 실행되면 프로그램이 정지하지 않는다.

㉰ M01 기능을 실행하여 정지된 상태에서 자동개시 버튼을 누르면 현재 위치부터 실행한다.

㉱ M01 기능이 실행되면 프로그램이 정지되고 커서(Cursor)가 선두로 복귀한다.

해설 81

M01 기능은 조작판의 M01 스위치가 ON 인 경우 프로그램 진행이 정지되고, OFF 인 경우 프로그램의 M01 지령은 무시된다.

【정답】79. ㉯ 80. ㉮ 81. ㉱

문제 82. 다음 중 절삭가공에 사용되는 준비기능이 아닌 것은?

㉮ G01   ㉯ G03

㉰ G02   ㉱ G00

해설 82

G00 = 급속위치 결정
G01 = 직선절삭
G02 = 시계방향 원호절삭
G03 = 반 시계방향 원호절삭

문제 83. 자동실행 중 기계의 이동을 일시적으로 정지 시킬수 있는 기능은?

㉮ 싱글블록 스위치

㉯ 자동정지(Feed Hold)

㉰ 옵셔날 블록 스킵

㉱ 주축정지

해설 83

자동정지(Feed Hold) 스위치가 ON 되면 축의 이동을 정지시킨다.

문제 84. 다음 중 NC에서 사용되는 최소지령 단위가 아닌 것은?

㉮ inch   ㉯ mm   ㉰ feet   ㉱ deg

해설 84

G20 = inch 시스템의 기본단위
G21 = metric 시스템의 기본단위
deg = 회전축의 각도지령 단위

문제 85. 다음 고정 싸이클 중 CNC 선반 반자동(MDI) 모드에서 실행할 수 있는 기능은?

㉮ G71   ㉯ G72   ㉰ G73   ㉱ G74

【정답】 82. ㉱ 83. ㉯ 84. ㉰ 85. ㉱

6.4 기계 조작시 많이 사용하는 파라메타

파 라 메 타 내 용		FANUC 0T 시스템			SENTROL-L 시스템		
		번호	Bit	기준값	번호	Bit	기준값
1. 출력 Code를 EIA로 한다.	Setting 1		ISO	1	0000	4	0
2. Foreground용 입력기기 I/F 번호	Setting 1		I/O	0	0020		0
3. Foreground용 출력기기 I/F 번호	Setting 1		I/O	0	0021		0
4. RS232C 1에 접속하는 I/O Device 번호					5001		1
5. Device 1에 대응하는 Device I/F 번호					5110		1
6. Device 1에 대응하는 Stop Bits		0002	0	1	5111		2
7. Device 1에 대응하는 Baud Rate		0552		10	5112		10
1. 같은 프로그램 번호를 등록할 때 먼저 입력된 번호를 삭제한다.		0015	6	0	2200	0	0
2. O8000-O8999의 프로그램번호는 편집 못한다.		-	-	-	0011	0	0
3. O9000-O9999의 프로그램번호는 편집 못한다.		0010	4	0	2201	2	0
1. 제2 원점설정 X축		0735		*	1241		*
Z축		0736		*			*
2. 제1 금지영역 설정 +X축		0700		500	5220		500
+Z축		0701		500			500
-X축		0704		*	5221		*
-Z축		0705		*			*
3. 백래쉬 보정량 X축		0535		*	1811		*
Z축		0536		*			*
1. 나사 챔퍼링 각도		0109			6212		
2. 계산기식 소숫점 입력		0015	7	1	2400	0	I

"*" 표의 파라메타 값은 작업자가 측정하여 임의의 값으로 입력한다.

6.5 기계 일상 점검

구 분	점 검 내 용	점 검 세 부 내 용
매일 점검	1. 외관 점검	* 장비 외관 점검 * 베드면에 습동유가 나오는지 손으로 확인한다.
	2. 유량 점검	* 습동면 및 볼스크류 급유탱크 유량 확인 * Air Lubricator Oil 확인(Air에 Oil을 혼합하여 실린더를 보호하는 장치) * 절삭유의 유량은 충분한가? * 유압탱크의 유량은 충분한가?
	3. 압력 점검	* 각부의 압력이 명판에 지시된 압력을 가르키는가?
	4. 각부의 작동 검사	* 각축은 원활하게 급속이송 되는가? * 공구대 장치는 원활하게 작동되는가? * 주축의 회전은 정상적인가?
매월 점검	1. 각부의 Filter 점검	* NC 장치 Filter 점검(교환 및 먼지를 제거한다.) * 전기 제어반 Filter 점검(교환 및 먼지를 제거한다.)
	2. 각부의 Fan 모터 점검	* 각부의 Fan 모터 회전 점검 * Fan 모터 부의 먼지 및 이물질 제거
	3. Grease oil 주입	* 지정된 Gear 및 작동부에 Grease를 주입한다.
	4. 백래쉬 보정	* 각축 백래쉬 점검 및 보정
매년 점검	1. 레벨(수평) 점검	* 기계본체 레벨 점검 및 조정
	2. 기계정도 검사	* 기계 제작회사에서 작성된 각부 기능 검사 List 확인 및 조정
	3. 절연 상태 점검	* 각부 전선의 절연상태를 점검 및 보수한다.

6.6 일반적으로 많이 발생하는 알람 해제 방법

(기계종류에 따라 알람 내용이 약간씩 다를 수 있다.)

순	알 람 내 용	원 인	해 제 방 법
1	EMERGENCY STOP SWITCH ON	비상정지 스위치 ON	비상정지 스위치를 화살표 방향으로 돌린다.
2	LUBR TANK LEVEL LOW ALARM	습동유 부족	습동유를 보충한다.(기계 제작회사에서 지정하는 규격품을 사용하십시오.)
3	THERMAL OVERLOAD TRIP ALARM	과부하로 인한 Over Load Trip	원인 조치후 마그네트와 연결된 Overload를 누른다.(2번 이상 계속 발생시 A/S 연락)
4	P/S____ ALARM	프로그램 알람	알람 일람표를 보고 원인을 찾는다.
5	OT ALARM	금지영역 침범	이송축을 안전한 위치로 이동한다.
6	EMERGENCY L/S ON	비상정지 리미트 스위치 작동	행정오버해제 스위치를 누른 상태에서 이송축을 안전한 위치로 이동 시킨다.
7	SPINDLE ALARM	* 주축모터의 과열 * 주축모터의 과부하 * 과 전류	* 다음 순서대로 실행한다. ① 해제버튼을 누른다. ② 전원을 차단하고 다시 투입한다. ③ A/S 연락
8	TORQUE LIMIT ALARM	충돌로 인한 안전핀 파손	A/S 연락
9	AIR PRESSURE ALARM	공기압 부족	공기압을 높인다.(5kg / cm²)
10	축 이동이 안됨	① 머신록스위치 ON ② Intlock 상태	① 머신록 스위치 OFF 시킨다. ② A/S 문의

6.7 NC 일반에 대한 규정

(1) 수치제어 일반에 대한 규정

용 어	용 어 풀 이
수치제어 (numerical control)	수치제어 공작 기계에서 공작물에 대한 공구의 위치를 그에 대응하는 수치정보로 지령하는 제어.
위치 결정제어 (positioning control, point to point control)	수치제어 공작 기계에서 공작물에 대하여 공구가 주어진 목적위치에 도달하는 것만이 제어되는 제어방식 따라서 어떤 위치부터 다음 위치까지의 이동중의 통로 제어는 필요하지 않다.
직선 절삭제어 (straight cut control)	수치제어 공작기계의 한 축을 따라서 공작물에 대한공구의 운동을 제어하는 방식
윤곽 제어 (contouring control)	수치제어 공작기계의 2축 또는 그 이상의 축의 운동을 동시에 서로 관련시키므로서 공작물에 대한 공구의 통로를 계속하여 제어하는 방식

(2) 프로그래밍에 관한 규정

용 어	용 어 풀 이
파트 프로그래밍 (part program)	주어진 부품을 가공하기 위하여 수치제어 공작기계의 작업을 계획하고, 이를 실현하기 위한 프로그램. 　이 프로그램에는 사람이 알기 쉬운 프로그램 언어로쓰는 것과 테이프 포멧에 따라 쓰여지는 것이 있다
메뉴얼 프로그래밍 (manual program)	테이프 포멧에 따라 파트 프로그램을 전자 계산기를 사용하지 않고, 수동으로 만드는 것.
자동 프로그래밍 (automatic programming)	파트 프로그램을 작성하기위해 고안된 컴퓨터 프로그램을 사용하여 자동으로 프로그램을 작성하는 것.

용 어	용 어 풀 이
포스트 프로세서 (post processor)	프로그램 언어로 쓰여진 파트 프로그램의 정보를 처리하여 얻은 공구위치, 이송속도, 주축회전에 관한 Data나, 보조기능의 명령등으로 부터 특정의 콘트롤러나 NC 공작기계에 맞는 수치제어 테이프(프로그램)를 만들기 위한 전자계산기 프로그램.
업솔루트 프로그래밍 (absolute programming)	위치 좌표를 절대좌표계를 사용하여 프로그래밍하는 방법.
인크리멘탈 프로그래밍 (incremental program- 　ming)	위치를 직전의 위치로부터의 증분지령으로 프로그래밍하는 방법.

(3) 수치제어 테이프와 그 정보에 관한 규정

용 어	용 어 풀 이
수치제어(NC) 테이프 (numerical control tape)	수치제어 공작기계를 제어하기 위하여 수치제어 장치에 입력으로 가해지는 정보를 포함한 천공 테이프.
트랙 (track)	정보가 기록되는 수치제어 테이프의 길이 방향의 한 줄.
캐랙터 (character)	수치제어 테이프를 가로지르는 1열 정보로 표시되는기호 숫자, 알파벳, +, -등을 표현한다.
패리티 첵크 (parity check)	0과 1의 조합으로 되는 1군의 정보에 의하에 여분의 비트를 부가하여, 그 전체에 포함되어 있는 1의 수를기수(홀수) 또는 우수(짝수)에 맞춤으로써 틀린 것을 검출하는 방법.
부호 (code)	정보를 포현하기 위한 기호의 체계, 수치제어 테이프의 캐랙터는 7비트의 패턴을 사용하여 표시한다. 수치제어에는 캐랙터, 준비기능, 보조기능, 주축기능 및 이송기능 등의 부호가 있다.

용 어	용 어 풀 이
블록 (block)	1단위로 취급할 수 있는 연속된 워드의 집합, 수치제어 테이프상의 각 블록은 EOB(end of block)를 나타내는 캐릭터로 서로 구별된다. 1블록은 기계제어를 위하여 필요한 정보를 포함하고 있다.
워드 (word)	어떤 순서로 배열된 캐릭터의 집합, 이것을 단위로 하여 정보가 처리 된다.
디멘션 워드 (dimension word)	수치제어 테이프상에 치수, 각도등을 표시하는 워드. 이 워드의 어드레스는 X, Y, Z, A, B, C등의 캐릭터가 있다.
어드레스 (address)	정보를 전송하는 경우의 출처 또는 행선지을 나타내는표시, 수치제어 장치에 몇개의 정보를 주는 경우 그들 정보를 구별하기 위하여 사용한다. 수치제어 테이프에서의 어드레스는 N, G, X, Y, Z, F, S, T, M 등의 캐릭트이다. 이들의 어드레스에 이어서 각기의 테이프가 기록 된다.
시퀀스번호 (sequence number)	수치제어 테이프상의 블록 또는 블록의 집합의 상대적 위치를 지시하기 위한 번호, 이 워드의 어드레스는 N을 사용하고 그에 계속되는 수로 표시한다.
테이프 포멧 (tape format)	수치제어 테이프상에 정보를 넣을때의 정해진 양식
고정 블록 포멧 (fixed block format)	각 블록에 있는 워드수와 캐릭터수및 워드의 순서가 일정하게 고정된 수치제어 테이프의 포멧
가변 블록 포멧 (variable block format)	각 블록 내의 워드 수와 캐릭터 수가 변화하여도 좋은 수치제어 테이프의 포멧
태브 시퀀셜 포멧 (tab sequential format)	블록 내에서 각 워드의 최초에 놓여진 "HT" 라는 캐릭터로 각 워드를 구별하고, 동시에 블록 내에서 그 "HT"가 몇번째인가에 따라서 그 워드 정보가 무엇인가를 판단하게 되는 포멧, 따라서 1블록 내의 워드는 어떤 정하여진 순서로 수치제어 테이프상에 주어진다.

용 어	용 어 풀 이
워드 어드레스 포멧 (word address format)	블록내의 각 워드의 처음에 그 워드가 무엇을 뜻하는가를 지정하기 위한 어드레스용 캐릭터를 가지는 수치제어 테이프의 포멧.
포멧 분류의 상세약기 (format classification detailed shorthard)	수치제어 테이프의 1블록 내의 각 워드 자리수를 어드레스 붙이의 숫자로 기술한 것, 어드레스는 정하여진 순서로 배열한다. 디멘션워드는 소숫점 이상의 자리수와 이하의 자리수를 표시하는 2 자리의 숫자이며, 기타의 워드는 1자리의 숫자로 표시된다.
얼라인멘트 기능 (alignment function)	시퀀스번호의 어드레스 N 대신에 사용되는 캐릭터 "."이며, 수치제어 테이프상의 특정위치를 표시하는데 사용한다. 이 뒤에 가공개시, 또는 재개에 필요한 모든 정보를 넣어야한다. 또 이 "얼라인먼트기능" 캐릭터는 대조하고 싶은 위치까지 되감아서 정지의 뜻으로 사용해도 좋다.
옵셔날 블록스킵 (optional block skip, block delete)	특정한 블록의 최초에 "/"(슬러쉬) 캐릭터를 부가하여 이 블록을 선택적으로 뛰어 넘길 수 있도록 하는 수단, 이 선택은 스위치로 시행한다.
드웰 (dwell)	이 지령이 있을 때 피드(Feed) 등을 어떤시간 만큼 정지시키는 것
옵셔널 스톱 (optional stop, planned stop)	보조기능의 하나이며 운전자가 이 기능을 유효하게 하는 스위치를 넣어두면 프로그램 스톱과 동일한 기능을 발휘한다. 스위치를 넣지 않을 때는 이 지령은 무시 된다.
프로그램 스타트 (program start)	프로그램의 최초를 표시하는 캐릭터 "%"이며 수치제어 테이프의 되감음의 정지 위치를 표시하는데 사용한다.

용 어	용 어 풀 이
프로그램 스톱 (program stop)	보조기능의 하나이며 이것이 실행되면 프로그램에서는 그 작업이 완료 후에 기계의 피이드, 주축회전, 절삭유공급 등이 정지한다. 계속하여 프로그램을 실행하려면 시동버튼을 눌러야 한다.
엔드 오브 블록(EOB) (end of block)	수치제어 테이프상의 1블록의 끝을 나타내는 기능, EOB로 약칭하고 "NL"의 캐릭터로 표시한다.
엔드 오브 프로그램 (end of program)	공작물의 가공 프로그램의 끝을 나타내는 보조기능. 수치제어장치가 이것을 나타내는 워드를 읽으면 그 블록의 작업을 완료한 후에 주축, 절삭유제 이송 등은 정지된다. 필요하면 테이프를 되감는데도 사용된다.
엔드 오브 테이프 (end of tape)	수치제어 테이프의 끝을 나타내는 보조기능, 엔드오브 프로그램이 가지는 작용에 대하여, 프로그램 스타아트 캐릭터의 끝까지 수치제어 테이프를 되감거나, 제2의 테이프리더를 스타아트 시키거나 하는데 사용할 수 있다.

(4) 제어장치의 그 특성에 의한 규정

용 어	용 어 풀 이
인클리멘탈 위치검출기 (incremental position transducer)	직전의 위치로부터의 증분으로 기계의 이동을 검출하여 전송에 편리한 신호로 변환하는 기기.
버퍼레지스터 (buffer resistor)	서로 동작의 보조가 다른 2개의 장치(예컨데 입출력장치와 내부기억 장치) 사이에 있어 속도 시간등의 조정을 시행하도록 하고, 양자를 독립적으로 동작시 키도록 하는데 필요한 기억장치.
지령 펄스 (command pulse)	수치제어 공작기계에 운동 지령을 주기 위한 펄스.

용 어	용 어 풀 이
업솔루트 위치검출기 (absolute position tran- sducer)	어떤 한 좌표계의 좌표치로 기계의 위치를 검출하여전송에 편리한 신호로 변환하는 기기.
폐쇄 루프계 (closed-loop system)	테이블이나 헤드의 위치 또는 이와 등가한 양을 검출하여 수치제어 장치의 출력인 지령신호(입력 신호와 등가한 물리량)와 비교하여 편차를 0이 되게 하는 제어계.
개방 루프계 (open-loop system)	테이블이나 헤드의 위치 또는 이와 등가한 양을 수치제어 장치의 출력인 지령 신호와 비교하는 수단을 사용하지 않는 제어계.
직선보간 (linear interpolation)	·양 끝사이의 수치 정보를 주고 그로부터 정하여지는 직선을 따라서 공구의 운동을 제어하는 것.
원호보간 (circular interpolation)	양 끝점과 보간을 위한 수치정보를 주고 그로부터 정하여지는 원호를 따라서 공구의 운동을 제어하는 것.
포물선 보간 (parabolic interpolation)	양 끝점과 보간을 위한 수치정보를 주고 그로부터 정하여지는 포물선을 따라서 공구의 운동을 제어하는 것.

(5) 기계몸체의 특성에 관한 규정

용 어	용 어 풀 이
최소 설정단위 (least input increment)	수치제어 테이프 또는 수동 테이프 입력장치에 의하여 설정 가능한 최소변위.
최소 이동단위 (least command increm- ent)	수치제어 장치가 수치제어 기계의 조작부에 주는 지령의 최소 이동량.

용 어	용 어 풀 이
가동원점 (floating zero)	수치제어 공작기계의 좌표계의 원점을 임의의 위치에 설정할 수가 있는 기능. 원점을 움직였을때 이전에 설치된 원점에 관한 정보는 상실된다.
원점 옵셋 (zero offset)	수치제어 공작기계의 좌표계의 원점을 어떤 고정된 원점에 대하여 이동시킬 수 있는 기능. 이 경우에는 영구적 원점이 기억되어 있는 것이 필요하다.
제로 동조 (zero synchronization)	수동으로 각 축을 어떤 희망하는 위치의 근방에 이동시킨 후 자동적으로 그 정확한 위치에 위치결정이 가능한 수치제어 공작기계의 기능.
공구경 보정 (cutter compensation)	프로그램된 공구 반지름 또는 지름과 실제의 공구경과의 차의 보정을 말함. 공구통로에 직교하는 방향에 대하여 시행함.
공구위치 옵셋 (tool offset)	제어축에 평행한 방향으로의 공구 위치의 보정을 말함.
미러 이미지 스위치 (mirror image switch)	수치제어 테이프상의 하나 또는 그 이상의 디멘션 워드의 부호를 반전하는 스위치.
수동 데이터 입력 (manual data input)	수치제어 테이프상의 1블록의 정보를 수동으로 수치제어 장치에 넣는 수단.
자동 가속 (automatic acceleration)	수치제어 공작기계의 변속시(시동시를 포함)에 있어서의 충격등을 피하기 위하여 원활한 가속을 자동적으로 시행하게 하는 기능.
자동 감속 (automatic deceleration)	수치제어 공작기계의 변속시(정지시를 포함)에 있어서의 충격등을 피하기 위하여 원활한 감속을 자동적으로 시행하게 하는 기능.
고정 사이클 (fixed cycle, canned cycle)	일련의 정의된 공구경로를 가진 Cycle 로써 단일형 고정 Cycle과 복합형 Cycle이 있다.

용 어	용 어 풀 이
이송속도 오버라이드 (feed rate override)	수치제어 테이프상에 프로그램된 이송속도를 다이얼 조작 등으로 수정하는 것.
준비기능, (G기능) (preparatory function)	제어동작의 모드를 지정하기 위한 기능, 이 워드의 어드레스에는 G를 사용하고, 그에 계속되는 코드화된 수로 지정한다.
보조기능, (M기능) (miscellaneous function)	수치제어 공작기계가 가지고 있는 보조적인 온오프 기능. 이 워드의 어드레스에는 M을 사용하고, 이에 계속되는 코드화된 수로 지정한다.
이송기능, (F기능) (feed function)	공작물에 대한 공구의 이송(이송 속도 또는 이송량)을 지정하는 기능. 이 워드의 어드레스에는 F를 사용하고, 이에 계속되는 코드에는 (1) 매직 3에 의한 숫자 코드 (2) 표준수에 의한 숫자 코드 (3) 기호 지정에 의한 숫자 코드 (4) 직접 지정에 의한 숫자 코드 등이 있다.
주축기능, (S기능) (spindle-speed function)	주축에 회전 속도를 지정하는 기능. 이 워드의 어드레스에는 S를 사용하고, 그에 계속되는 코드화된 수로 지정한다.
공구기능, (T기능) (tool function)	공구 또는 공구에 관련되는 사항을 지정하기 위한 기능, 이 워드의 어드레스에는 T를 사용하고, 그에 계속되는 코드화된 수로 지정한다.

(6) 정밀도에 관한 규정

용 어	용 어 풀 이
위치 결정 정밀도 (positioning accuracy)	실제의 위치와 지령한 위치와의 일치성. 양적으로는 오차로서 표현되고, 제어된 기계측의 오차(그것을 구동하는 제어계의 오차도 포함된다)를 말한다.

용 어	용 어 풀 이
반복 정밀도 (repeatability)	동일 조건하에서 같은방법으로 위치결정했을 때의 위치와 일치하는 정도.
로스트 모션 (lost motion)	어떤 위치에서 양(-)의 뱡향으로의 위치결정과 음(-)의 방향으로의 위치결정에 의한 정지 위치의 차.

6.8 FANUC 0T/0M 알람 일람표

(1) 프로그램 알람(P/S 알람)

번 호	내 용
000	한번 전원을 끊지 않으면 안되는 파라메타가 설정되어 있습니다. 전원을 끊어 주십시오.
001	TH알람(기수에 맞지 않는 문자가 입력되어 있습니다.) 테이프를 수정하여 주십시오.
002	TV알람(한 블럭 내의 문자 수가 기수로되어 있습니다.) TV Check가 ON 일때만 발생합니다.
003	허용 행수를 넘는 수치가 입력되어 있습니다. (최대지령치의 항 참조)
004	블록의 최초에 어드레스가 없고, 바로 숫자 또는 부호(-)가 입력 되어 있습니다.
005	어드레스의 뒤에 Data가 없고 갑자기 다음 어드레스 또는 EOB 코드가 있습니다.
006	부호"-"입력 일람(부호"-"가 허용 되지 않은 어드레스에 입력되어 있읍니다. 또는 부호"-"가 2개 이상 입력 되어 있습니다.)
007	소숫점 "."입력 알람(소숫점 "."이 허용되지 않는 어드레스에 입력되어 있습니다. 또는 소숫점 "."이 2개 이상 입력 되어 있습니다.)
009	유의정보 구간에 사용되지 않는 어드레스가 입력 되어 있습니다.
010	사용 할 수 없는 G Code를 지령하고 있습니다.
011	절삭이송에서 이송속도가 지령되어 있지 않습니다. 또는 이송속도의 지령이 부적당 합니다.

번 호	내 용
014	가변리드 나사절삭에 있어서, 어드레스 K에서 지령된 리드 증감치가 최대지령치를 넘고 있습니다, 또는 리드가 "-"값으로 지령되어 있습니다. (T경우만) 나사절삭 동기이송의 옵션이 없는데 동기이송을 지령하고 있습니다. (M경우만)
015	동시제어 축수를 넘어선 축수를 이동시키고 있습니다. (M경우만)
021	보간에 있어서 평면지정(G17, G18, G19) 이외의 축을 지령하고 있습니다. (M경우만)
023	원호의 반경 R지정에서 R에(-)를 지령 했습니다. (M경우만)
027	공구장보정 타입 C에서 G43, G44의 블록에서 축지정이 없습니다. 공구장보정 타입 C에서 옵셋트가 무시 되지않고 다른 축에 옵셋이 걸려 있습니다.
028	평면선택 지령에 대하여 같은 방향의 축을 2축 이상지령하고 있습니다.
029	H Code로 선택된 옵셋량의 값이 너무큽니다. (M경우만) T Code에서 선택된 옵셋량의 값이 너무큽니다. (T경우만)
030	공구경 보정 공구길이 보정의 H Code로 지령한 옵셋번호가 크기를 넘었습니다. (M경우만) T 기능에 있어서 공구위치 옵셋번호가 크기를 넘었습니다. (T경우만)
031	옵셋량 프로그램입력(G10)에 있어서 옵셋번호를 지정하는 P의 값이 크기를 넘었습니다. 또는 P가 지령되지 않았습니다.
032	옵셋량 프로그램입력(G10)에 있어서 옵셋량의 지정이 크기를 넘었습니다.
033	공구경 보정 C의 계산에서 교점이 구해지지 않았습니다. (M경우만) 인선 R보정의 교점 계산에서 교점이 구해지지 않았습니다. (T경우만)

번 호	내 용
034	공구경 보정C에 있어서 G02/G03 실행중에 Start Up 또는 무시를 행하도록 하고 있습니다. (M경우만) 인선 R보정에서 G02/G03 실행중에 Start Up 또는 무시를 행하도록 하고 있습니다. (T경우만)
035	공구경 보정B 무시 실행시 또는 옵셋평면 외에서 G39를 지령하고 있읍니다. (M경우만) 인선 R보정 실행중에 Skip 절삭(G31)을 지령하고 있습니다. (T경우만)
036	공구경 보정 실행중에 Skip 절삭(G31)을 지령하고 있습니다. (M경우만)
037	공구경 보정C중에 보정평면(G17, G18, G19)이 변환되어 있습니다. 또는 공구경 보정B에 있어서 옵셋평면 외에서 G40을 지령하고 있습니다. (M경우만) 인선 R보정 중에 보정 평면이 변환 되었습니다. (T경우만)
038	공구경 보정C에 있어서 원호의 시점 또는 종점에서 반경이 0 이므로 절입과다를 발생할 우려가 있습니다. (M경우만) 인선 R보정에 있어서 원호의 시점 또는 종점이 중심이므로 절삭과다를 발생할 우려가 있습니다. (T경우만)
039	인선 R보정에 있어서 Start Up, 무시 G41/G42 절환과 함께 챔퍼링, 코너R을 지령하고 있습니다. 또는 챔퍼링, 코너R에서 절입 과다를 발생할 우려가 있습니다. (T경우만)
040	단일형 고정싸이클 G90/G94에 있어서 인선 R보정에서 절입 과다를 발생할 우려가 있습니다. (T경우만)
041	공구경 보정C에 있어서 절입 과다를 발생할 우려가 있습니다. (M경우만) 인선 R보정에 있어서 절입 과다를 발생할 우려가 있습니다. (T경우만)
042	공구경 보정에서 공구위치 보정이 지령 되었습니다. (M경우만)

번 호	내 용
044	고정싸이클 실행중에 G27~G30을 지령하고 있습니다.(M경우만)
046	제2,3,4기준점복귀의 지령으로 P2,P3,P4 이외의 지령을 하고 있습니다.
050	나사절삭의 블록에서 챔퍼링, 코너R을 지령하고 있습니다.
051	챔퍼링, 코너R을 지령한 블록에 이동 또는 이동량이 부적당 합니다.
052	챔퍼링, 코너R을 지령한 블록의 다음 블록에 G01이 없습니다. 이동방향 또는 이동량이 부적당 합니다.
053	챔퍼링, 코너R지령에서 I,K,R중에서 2가지 이상을 지령하고 있습니다. 또는 도면치수 직접입력에서 컴마(,)후가 C또는 R이 아닙니다.
054	챔퍼링, 코너R을 지령한 블록이 테이퍼지령으로 되어 있습니다.
054	챔퍼링, 코너R을 지령한 블록이 테이퍼지령으로 되어 있습니다.
055	챔퍼링, 코너R을 지령한 블록에서 이동량이 챔퍼링, 코너R량 보다 적게 지령을 하고 있습니다.
056	각도 지정(A__)만의 블록 다음의 블록지령에서 종점지정과 각도지정 모두 들어있지 않습니다. 챔퍼지정에서 X축(Z축)에 I(K)를 지령하고 있습니다.
057	도면치수 직접입력에서 블록의 종점이 바르게 계산되어 있지 않습니다.
058	도면치수 직접입력에서 블록의 종점이 보이지 않습니다.
059	외부 프로그램번호 선택에 있어서 선택된 번호의 프로그램이 보이지 않습니다.
060	시퀀스번호 찾기에 있어서 지정된 시퀀스번호가 보이지 않습니다.

번 호	내　　　　　　　　용
061	G70, G71, G72, G73이 지령된 블록에 있어서 어드레스 P, Q 어느것도 지정되어 있지 않습니다. (T경우만)
062	＊ G71, G72에 있어서 절입량이 "0"또는(-)로 되어 있습니다. T경우만 ＊ G73에 있어서 반복횟수가 "0"또는(-)로 되어 있습니다. ＊ G74, G75에 있어서 Δi, Δk에서(-)값을 지정하고 있습니다. ＊ G74, G75에 있어서 Δi또는 Δk가 "0"라도 관계없지만 U또는 W가 "0"가 아닙니다. ＊ G74, G75에 있어서 도피하고자 하는 방향이 정해져 있지 않아도 관계없지만 Δd에(-)를 지정하고 있습니다. ＊ G76에 있어서 나사산의 높이및 1회째의 절입량에 0또는(-)의 값이 지정 되어 있습니다. ＊ G76에 있어서 최소 절입량이 나사산의 높이 보다 큰값으로 되어 있습니다. ＊ G76에 있어서 인선의 각도가 사용되지 않은 값으로 되어 있습니다.
063	G70, G71, G72, G73에 있어서 P에 지정된 시퀀스번호가 보이지 않습니다. (T경우만)
065	＊ G71, G72, G73에 있어서 P로 지정된 시퀀스번호의 블록에 G00또는 G01이 지령되어 있지 않습니다. (T경우만) ＊ G71, G72에 있어서 P에 지정된 블록에 Z(W)가 지령되어 있습니다. G71또는 X(U)가 지령되어 있습니다. G72
066	G71, G72, G73의 P, Q에 지령된 블록사이에 허용되지 않은 "G"code를 지령하고 있습니다. (T경우만)
067	MDI Mode에 P, Q를 포함한 G70, G71, G72, G73을 지령하고 있습니다. (T경우)
069	G70, G71, G72, G73의 P, Q로 지령된 블록의 최후의 이동지령이 챔퍼또는 코너 R에서 끝나 있습니다. (T경우만)
070	Memory의 기억용량이 부족합니다.

번호	내 용
071	찾기하는 어드레스가 보이지 않습니다. 또는 프로그램번호 찾기에 있어서 지정된 번호의 프로그램이 보이지 않습니다.
072	등록한 프로그램의 수가 63또는 125(옵션)개를 넘었습니다.
073	미리 등록된 프로그램번호와 같은 프로그램번호를 등록하고 있습니다.
074	프로그램번호가 1~9999 이외로 되어 있습니다.
076	M98, G66의 블록에 P가 설정되어 있지 않았습니다.
077	보조 프로그램을 3중 또는 5중 으로 호출하고 있습니다.
078	M98, M99, G65의 블록에서 어드레스 P에 의해 지정된 프로그램번호 또는 시퀀스번호가 보이지 않습니다.
079	메모리에 기억된 프로그램과 테이프의 내용이 일치하지 않습니다.
080	파라메타에 지정된 영역내에서 측정위치 도달 신호가 ON으로 되지 않았습니다. (자동 공구보정기능)(T경우만)
081	T 코드가 지령되지 않고 자동공구 보정이 지령되어 있습니다. (자동 공구보정기능)(T경우만)
082	T 코드와 자동공구보정이 동일한 블록에서 지령되어 있습니다. (자동 공구보정기능)(T경우만)
083	자동공구 보정에 있어서 축 지정이 다르게 지령되어 있습니다. 또는 지령이 상대지령으로 되어 있습니다. (자동 공구보정기능)(T경우만)
085	ASR또는 Reader/Puncher Interface에 의해 Read도중 Overrun, Parity 또는 Frame error가 발생했습니다. 입력된 Data의 비트수가 맞지 않던가 Baud Rate의 설정이 바르지 않습니다.

번 호	내 용
086	Reader/Puncher Interface에 의한 입출에서 I/O기기의 동작 준비 신호 (DR)가 OFF입니다.
087	RS232C Interface에 의한 Read정지를 지정하고 있는데 10 Character를 넘어도 입력이 멈추지 않습니다.
090	원점복귀에 있어서 개시점이 기준점에 너무 가까이 있던가, 속도가 너무 늦기때문에 원점복귀 정상으로 실행되지 않았습니다.
092	원점복귀 체크(G27)에 있어서 지령된 축이 원점으로 돌아가지 않았습니다.
094	프로그램 재개에서 P 타입은 지령할 수 없습니다. (프로그램 중단후 좌표계설정의 조작이 되었습니다.)
096	프로그램 재개에서 P 타입은 지령할 수 없습니다. (전원 투입후, 비상정지후, Work offset량이 변하였습니다.)
097	프로그램 재개에서 P 타입은 지령할 수 없습니다. (전원 투입후, 비상정후, 혹은 P/S 94~97 Reset후에 한번도 자동운전을 행하지 않았습니다.)
098	전원투입, 비상정지후 원점복귀를 한번도 행하지 않고 프로그램 재개를 하여, 찾기중 G28이 보입니다.
099	프로그램 재개에서 찾기 종료후 MDI에서 이동지령을 하고 있습니다.
100	Setting data PWE가 1 로되어 있습니다. CAN보턴과 RESET보턴을 동시에 눌러 주십시오.
101	프로그램 편집 조작에서 메모리의 변경중에 전원이 OFF로 되었습니다. 이 알람이 발생한 때는 DELET보턴을 누르면서 전원을 재 투입하여 주십시오. 메모리 영역을 클리어할 필요가 있습니다.

번 호	내 용
110	고정 소수점표시 Data의 절대치 허용 범위를 넘었습니다.
111	마크로 명령의 연산 결과가 허용범위($-2^{32} \sim 2^{32} -1$)을 넘고 있습니다.
112	제수가 "0"으로 되어 있습니다. (Tan90도 포함합니다.)
114	G65의 블록에서 미정의 H Code를 지정하고 있습니다.
	〈식〉 이외의 포멧에 잘못이 있습니다. Custom macro B 용
115	변수번호로서 정의되어 있지 않은 값을 지정하고 있습니다. 헤드 내용이 부적당 합니다. 이 알람이 되는것은 아래의 경우입니다. 1. 지령된 호출가공 싸이클번호에 대응하는 헤드가 없습니다. 2. 싸이클 접속정보의 값이 허용범위(0~999)밖입니다. 3. 헤드중의 Data수가 허용범위(1~32767)밖 입니다. 4. 실행형식의 격납개시 Data변수번호가 허용범위(#20000~8535)밖 입니다. 5. 실행형식 Data의 격납개시 Data변수번호가 허용범위(#85535)를 넘고 있습니다. 6. 실행형식 Data의 격납개시 Data변수번호와 헤드에서 사용하고 있는 변수번호와 중복되어 있습니다.
116	P로 지정한 변수번호는 대입이 금지되어 있는 변수 입니다.
	대입문의 좌변이 대입을 금지되어 있는 변수로 되어 있습니다 Custom macro B 용
118	괄호의 다중도가 상한(5중)을 넘었습니다.
119	SQRT또는 BCD의 인수가 부의 값으로 되어 있습니다.
	SQRT의 인수가 부의 값으로 되어 있습니다. 또는 BCD의 인수가 부의 값이거나 BIN의 인수 각행에 0-9 이외의 값입니다. Custom macro B 용

번 호	내 용
122	마크로 모달호출이 2중으로 설정 되어 있습이다. (M경우만)
123	DNC운전에서 마크로 제어지령을 사용하고 있습니다.
124	DO-END가 1대 1로 대응되어 있지않습니다.
125	G65의 블록에서 사용할 수 없는 어드레스를 지령하고 있습니다. 〈식〉의 형식에 잘못이 있습니다. Custom macro B 용
126	DO n에서 1≤n≤3으로 되어 있지 않습니다.
127	NC지령과 마크로지령이 혼재하고 있습니다.
128	분기명령으로 분기할 곳의 시퀀스번호가 0~9999로 되어 있지 않습니다 또는 분기할 곳의 시퀀스번호가 발견되지 않습니다.
129	〈인수지정〉에 사용할 수 없는 어드레스를 사용하고 있습니다.
130	PMC로 제어하고 있는 축을 CNC측으로 제어중에 PMC에 의한 축 제어지령 이 되었습니다. 또 역으로 PMC에서의 축 제어중에서 CNC측에서 지령이 되었습니다.
131	외부 알람 메세지에 있어서 5개 이상의 알람이 발생했습니다.
132	외부 알람 메세지의 클리어에 있어서 응하는 알람번호가 없습니다.
133	외부 알람 메세지및 외부 오퍼레이터 메세지에 구분 Data에 잘못이 있 습니다.
135	한번도 주축 오리엔테이션을 하지 않고 주축인덱스를 사용 하였습니다. (T경우만)
136	주축인덱스의 어드레스 C,H와 동일한 블록에 다른 축 이동지령을 하였 습니다. (T경우만)

번 호	내 용
137	주축 인덱스에 관한 M코드와 동일블록에 다른 축의 이동지령을 하였습니다. (T경우만)
139	PMC축 제어에서 지령중에 축 선택을 했다.
141	공구보정 실행중에 G51(Scaling ON)을 지령하고 있습니다. (T경우만)
142	Scaling 배율을 1~999999이외의 지령을 하고 있습니다. (M경우만)
143	Scaling을 한 결과 이동량, 좌표량, 원호의 반경등이 최대지령치를 넘
144	좌표, 회전평면과 원호 또는 공구경보정C의 평면이 틀립니다. (M경우만)
145	극좌표보간 개시 또는 무시 시의 조건이 바르지 않다. (T경우만) * G40 이외의 Mode에서 G112/G113이 지령 되었습니다. * 평면선택에 잘못이 있다. (파라메타의 설정이 잘못)
146	극좌표보간 Mode중에 지령할 수 없는 G Code가 지령되어 있습니다.
148	자동 코너오브라이드의 감속비및 반경각도가 설정가능 범위외의 값으로 되어 있습니다. (M경우만)
150	공구 그룹번호가 허용하는 최대치를 넘었습니다. (M경우만)
151	가공 프로그램중에 지령된 공구 그룹의 설정이 되어 있지 않습니다. (M경우만)
152	한 그룹내의 공구 개수가 등록가능한 최대치를 넘었습니다. (M경우만)
153	T Code를 격납해야 되는 블록에 T Code가 들어 있지않습니다. (M경우만)
154	그룹지령이 되어있지 않는데 H99또는 D99가 지령 되었습니다. (M경우만)

번 호	내 용
155	가공 프로그램중에 M06과 동일 블록의 T Code가 사용중의 그룹과 대응 하지 않습니다. (M경우만)
156	공구 그룹을 설정하는프로그램의 선두 P, L지령이 빠져있습니다. (M경우만)
157	설정하려고 하는 공구 그룹수가 허용최대치를 넘었습니다. (M경우만)
158	설정하려고 하는 수명값이 너무 큽니다. (M경우만)
159	설정용 프로그램 실행중에 전원이 OFF되었습니다. (M경우만)
160	대기용 M Code인 HEAD1과 HEAD2에 다른 M Code를 지령 하였습니다. (OTT경우만)
165	HEAD1에 짝수 HEAD2에 홀수의 프로그램을 실행 하였습니다. (OTT경우만)
178	G41/G42 Mode중에 지령 하였습니다.
179	파라메타 597에 지령된 제어축이 최대제어수를 넘었습니다.
190	주속일정제어 있어서 축지정이 틀립니다. (M경우만)
197	COFF 신호가 ON시에 프로그램에서 CF축에 대한 이동지령을 하고 있습니다. (T경우만)
200	Rigid Tap에서 S의 값이 범위외 이거나 지령되지 않았습니다.
201	Rigid Tap에서 F가 지령되지 않았습니다.
202	Rigid Tap에서 주축의 분기량이 너무 많습니다.
203	Rigid Tap에서 M29또는 S의 지령위치가 부정확합니다.

번 호	내 용
204	Rigid Tap에서 M29와 G48(G74)블록 사이에 축이동이 지령되어 있습니다
205	Rigid Tap에서 M29가 지령되어 있는 곳에 G84(G74)의 블록 실행시에 Rigid Tap Mode DI신호가 ON되지 않았습니다. (PMC이상)
210	스케쥴 운전에서 M198, M099을 실행했습니다. DNC운전중에 M198을 실행 했습니다.
211	고속 스킵 옵션이 있는 경우에 매회전 지령에서 G31을 지령했습니다.
212	부가축을 포함한 평면에 도면치수 직접입력을 행하였습니다. (M경우만) 평면 이외에서 도면치수 직접입력 지령을 행하였습니다. (T경우만)
213	동기 제어되는 축에 이동이 있습니다. (T경우만)
214	동기 제어중에 좌표계설정 또는 Shift Type의 공구보정이 실행되었습니다. (T경우만)
217	G251 Mode중에 다시한번 G251이 지령 되었습니다. (T경우만)
218	G251의 블록에 P또는 Q가 지령되어 있지 않았든지 지령치가 범위밖입니다. (T경우만)
219	G251, G250이 단독 블록이 아닙니다. (T경우만)
220	동기운전중에 NC프로그램 또는 PMC축 제어 Interface에 의해 동기축에 대하여 이동지령을 하였습니다. (T경우만)
221	다각형가공 동기운전과 C축제어 또는 바란스 가공을 동시에 행하고 있니다. (M경우만)
222	백그라운드 편집중에 입출력동시 운전을 실행하고 있습니다. (M경우만)

(2) Absolute Pulse Code(APC) 알람

번 호	내 용
310	X축 APC 통신이상 Data 전송이상
312	X축 APC 오버타임 이상 Data 전송이상
313	X축 APC Framing error Data 전송이상
314	X축 APC Parity error Data 전송이상
315	X축 APC Pulse Miss 알람
316	X축 APC용 밧데리 전압이 Data를 보존할 수 없는 Level까지 저하되어 있습니다. APC 알람
317	X축 APC용 밧데리 전압이 현재 밧데리 교환이 필요한 전압 Level로 되어 있습니다. APC 알람
318	X축 APC 밧데리 전압 저하 알람 (LATCH) APC 알람
320	X축(M) 또는 Z축(T)에 있어서 수동 기계원점복귀가 필요합니다.
321	Y축(M) 또는 Z축(T) APC 통신 이상 Data 전송이상
322	Y축(M) 또는 Z축(T) APC Over time이상 Data 전송이상
323	Y축(M) 또는 Z축(T) APC Framing이상 Data 전송이상
324	X축(M) 또는 Z축(T) APC Parity이상 Data 전송이상
325	Y축(M) 또는 Z축(T) APC Pulse miss이상 APC 알람

번 호	내 용
326	Y축(M) 또는 Z축(T) APC Battary전압 제로 알람 APC 알람
327	Y축 APC용 밧데리 전압이 현재 밧데리 교환이 필요한 전압 Level로 되어 있습니다. APC 알람
328	X축 APC용 밧데리 전압이 과거(전원 OFF시도 포함)밧데리 교환이 필요한 전압 Level로 되어 있습니다. APC 알람
330	Z축에 있어서 수동 기계원점복귀가 필요합니다. (M경우만)
331	Z축 APC 통신이상 Data 전송이상
332	Z축 APC 오버타임 이상 Data 전송이상
333	Z축 APC Framing error Data 전송이상
334	Z축 APC Parity error Data 전송이상
335	Z축 APC Pulse Miss 알람 (M경우만)
336	Z축 APC용 밧데리 전압이 Data를 보존할 수 없는 Level까지 저하되어 있습니다. APC 알람 (M경우만)
337	Z축 APC용 밧데리 전압이 현재 밧데리 교환이 필요한 전압 Level로 되어 있습니다. APC 알람 (M경우만)
338	Z축 APC용 밧데리 전압이 과거(전원 OFF시도 포함)밧데리 교환이 필요한 전압 Level로 되어 있습니다. APC 알람 (M경우만)
340	제4축에 있어서 수동 기계원점복귀가 필요합니다. (M경우만)

번 호	내 용
341	제4축 APC 통신이상 Data 전송이상
342	제4축 APC 오버타임 이상 Data 전송이상
343	제4축 APC Framing error Data 전송이상
344	제4축 APC Parity error Data 전송이상
345	제4축 APC Pulse Miss 알람 (M경우만)
346	제4축 APC용 밧데리 전압이 Data를 보존할 수 없는 Level까지 저하되어 있습니다. APC 알람 (M경우만)
347	제4축 APC용 밧데리 전압이 잘못(전원 OFF시도 포함)밧데리 교환이 필요한 전압 Level로 되어 있습니다. APC 알람 (M경우만)
348	제4축 APC용 밧데리 교환이 필요한 전압 Level로 되어 있습니다. APC 알람 (M경우만)

(3) Servo 알람

번 호	내 용
400	Over Load 신호가 ON입니다.
401	속도제어의 Ready 신호 (VRDY)가 OFF 되었습니다.
402	제4축의 Over Load 신호가 ON입니다.
403	제4축의 속도제어 Ready(VRDY) 신호가 OFF되어 있습니다.

번 호	내 용
404	위치제어 Ready 신호(PRDY)가 OFF되어 있는데 속도제어의 Ready 신호 (VRDY)가 OFF로 되어있지 않습니다. 또는 전원투입시 Ready신호(PRDY)는 아직 ON되어 있지 않는데 속도제어의 Ready신호(VRDY)가 ON으로 되어 있습니다.
405	위치제어계의 이상입니다. 기계원점복귀에 있어서 CNC내부 또는 Servo 계에 이상이 있어 기계원점복귀가 바르게 행해지지 않았을 가능성이 있습니다. 수동원점복귀부터 하여 바르게 하십시오.(T경우만)
410	X축에 있어서 정지중의 위치편차량의 값이 설정치보다 큽니다. (T경우만)
	X축에 있어서 정지중의 위치편차량의 값이 설정치보다 큽니다. (M경우만)
411	X축에 있어서 이동중 또는 정지중 위치편차량의 값이 설정치보다 큽니다.
413	X축의 오차 Resistor의 내용이 ±32767을 넘었던지 DA변환기의 속도지령치가 -8192~+8191의 범위 밖입니다. 이 알람이 되면 통상 각종설정의 Miss입니다.
414	X축의 Digital Servo계의 이상입니다. 내용의 상세는 Dgnos의 720번에 입력됩니다. Digital Servo계 알람
415	X축에 있어서 511875 검출단위 /sec이상의 속도로 될 가능성이 있습니다. 알람이 되면 CMR의 설정 Miss입니다.
416	X축 Pulse Coder의 위치 검출계의 이상입니다.(단선 알람)

번 호	내 용
417	X축이 이하의 조건 어느것으로 되면 본 알람으로 됩니다. * Digital Servo계 알람 1) 파라메타 8120의 모타형식에 지정범위 외의 값이 설정되어 있습니다. 2) 파라메타 8122의 모타 회전방향에 바른 값(111 또는 -111)이 설정되어 있지 않습니다. 3) 파라메타 8123의 모타 1회전당의 속도 Feed-Back Pulse수에 0이하등의 틀린 값이 설정되어 있습니다. 4) 파라메타 8124의 모타 1회전당의 위치 Feed-Back Pulse수에 0이하등의 틀린 값이 설정되어 있습니다.
420	Z축에 있어서 정지중의 위치편차량의 값이 설정치보다 큽니다. (T경우만) Z축에 있어서 정지중의 위치편차량의 값이 설정치보다 큽니다. (M경우만)
421	Y축(M) 또는 Z축(T)에 있어서 이동중의 위치편차량의 값이 설정치보다 큽니다.
423	Y축(M) 또는 Z축(T)의 위치편차량의 값이 ±32767을 넘었던지 DA변환기의 속도지령치가 -8192~+8191의 범위 외의 값입나다, 이 알람이 되면 통상 각종설정의 Miss입니다.
424	Y축(M) 또는 Z축(T)의 Digital Servo계의 이상입니다. 내용의 상세는 Dgnos의 721번에 출력됩니다. Digital Servo계 알람
425	Y축(M) 또는 Z축(T)에 있어서 511875 검출단위 /sec이상의 속도로 될 가능성이 있습니다. 알람이 되면 CMR의 설정 Miss입니다.
426	Y축(M) 또는 Z축(T)에 있어서 Pulse Coder의 위치 검출계의 이상입니다.(단선 알람)

번 호	내 용
427	Y축(M) 또는 Z축(T)이 이하의 조건 어느것으로 되면 본 알람으로 됩니다. * Digital Servo계 알람 1) 파라메타 8220의 모타형식에 지정범위 외의 값이 설정되어 있습니다. 2) 파라메타 8222의 모타 회전방향에 바른 값(111 또는 -111)이 설정되어 있지 않습니다. 3) 파라메타 8223의 모타 1회전당의 속도 Feed-Back Pulse수에 0이하등의 틀린 값이 설정되어 있습니다. 4) 파라메타 8224의 모타 1회전당의 위치 Feed-Back Pulse수에 0이하등의 틀린 값이 설정되어 있습니다.
430	제3축에 있어서 정지중의 위치편차량의 값이 설정치보다 큽니다. (T경우만) Z축에 있어서 정지중의 위치편차량의 값이 설정치보다 큽니다. (M경우만)
431	Z축에 있어서 이동 중또는 정지중의 값이 설정치 보다 큽니다. (M경우만
433	Z축의 위치편차량의 값이 ±32767을 넘었던지 DA변환기의 속도지령치가 -8192~+8191의 범위 외의 값입나다, 이 알람이 되면통상 각종설정의 Miss입니다.
434	Z축(M) 또는 제3축(T)의 Digital Servo계의 이상입니다. 내용의 상세는 Dgnos의 722번에 출력됩니다. Digital Servo계 알람
435	Z축에 있어서 511875 검출단위 /sec이상의 속도로 될 가능성이 있습니다. 이 알람이 되면 CMR의 설정 Miss입니다.(M경우만)
436	Z축의 Pulse Coder의 위치 검출계의 이상입니다.(단선 알람) (M경우만)

번 호	내 용
437	Y축(M) 또는 제3축(T)이 이하의 조건 어느것으로 되면 본 알람으로 됩니다. * Digital Servo계 알람 1) 파라메타 8320의 모타형식에 지정범위 외의 값이 설정되어 있습니다. 2) 파라메타 8322의 모타 회전방향에 바른 값(111 또는 -111)이 설정되어 있지 않습니다. 3) 파라메타 8323의 모타 1회전당의 속도 Feed-Back Pulse수에 0이하등의 틀린 값이 설정되어 있습니다. 4) 파라메타 8324의 모타 1회전당의 위치 Feed-Back Pulse수에 0이하등의 틀린 값이 설정되어 있습니다.
440	제4축에 있어서 정지중의 위치편차량의 값이 설정치보다 큽니다. (T경우만) 제4축에 있어서 정지중의 위치편차량의 값이 설정치보다 큽니다. (M경우만)
441	제4축에 있어서 이동중 또는 정지중의 값이 설정치보다 큽니다. (M경우만)
443	제4축의 위치편차량의 값이 ±32767을 넘었던지 DA변환기의 속도지령치가 -8192~+8191의 범위 외의 값입나다, 이 알람이 되면 통상 각종설정의 Miss입니다. (M경우만)
444	제4축의 Digital Servo계의 이상입니다. 내용의 상세는 Dgnos의 723번에 출력됩니다. Digital Servo계 알람
445	제4축에 있어서 511875 검출단위 /sec이상의 속도로 될 가능성이 있습니다. 이 알람이 되면 CMR의 설정 Miss입니다. (M경우만)
446	제4축의 Pulse Coder의 위치 검출계의 이상입니다. (단선 알람) (M경우만)

번 호	내 용
447	제4축이 이하의 조건 어느것으로 되면 본 알람으로 됩니다. * Digital Servo계 알람 1) 파라메타 8420의 모타형식에 지정범위 외의 값이 설정되어 있습니다. 2) 파라메타 8422의 모타 회전방향에 바른 값(111 또는 -111)이 설정되어 있지 않습니다. 3) 파라메타 8423의 모타 1회전당의 속도 Feed-Back Pulse수에 0이하등의 틀린 값이 설정되어 있습니다. 4) 파라메타 8424의 모타 1회전당의 위치 Feed-Back Pulse수에 0이하등의 틀린 값이 설정되어 있습니다.

* Digital Servo계 알람이 No4□4의 자세한 내용은 X축, Y(Z)축, Z(C,PMC)축
  제4축(Y,PMC)축의 순서로 DGN번호의 720, 721, 722, 723에 표시 됩니다.

DGNOS No

721 ~ 723							
OVL	LV	OVC	HCAL	HVAL	DCAL	FBAL	OFAL
7	6	5	4	3	2	1	0

OFAL : Overflow 알람이 발생되고 있습니다.
FBAL : 단선 알람이 발생되고 있습니다.
DCAL : 회생 방전회로 알람이 발생되고 있습니다.
HVAL : 과 전압 알람이 발생되고 있습니다.
HCAL : 이상 전류 알람이 발생되고 있습니다.
OVC : 과 전류 알람이 발생되고 있습니다.
LA   : 전압 부족 알람이 발생되고 있습니다.
OVL : Over Load 알람이 발생되고 있습니다.

(4) Over Travel 알람

번 호	내 용
510	X축 +축의 Stroke Limit를 넘었습니다.
511	X축 -축의 Stroke Limit를 넘었습니다.
512	X축 +축의 제2 Stroke Limit를 넘었습니다.
513	X축 -축의 제2 Stroke Limit를 넘었습니다.
514	X축 +축의 Hard OT을 넘었습니다. (M경우만)
515	X축 -축의 Hard OT을 넘었습니다. (M경우만)
520	Y축(M) 또는 Z축(T)의 +축 Stroke limit를 넘었습니다.
521	Y축(M) 또는 Z축(T)의 -축 Stroke limit를 넘었습니다.
522	Y축(M) 또는 Z축(T)의 +축의 제2 Stroke limit를 넘었습니다.
523	Y축(M) 또는 Z축(T)의 -축의 제2 Stroke limit를 넘었습니다.
524	Y축 +축의 Hard OT을 넘었습니다. (M경우만)
525	Y축 -축의 Hard OT을 넘었습니다. (M경우만)
530	X축 +축의 Stroke Limit를 넘었습니다. (M경우만)
531	X축 -축의 Stroke Limit를 넘었습니다. (M경우만)
532	Z축 +축의 제2 Stroke Limit를 넘었습니다. (M경우만)
533	Z축 -축의 제2 Stroke Limit를 넘었습니다. (M경우만)

번 호	내 용
534	Z축 +축의 Hard OT을 넘었습니다.(M경우만)
535	X축 -축의 Hard OT을 넘었습니다.(M경우만)
540	제4축의 +축 Stroke Limit를 넘었습니다.(M경우만)
541	제4축의 -축 Stroke Limit를 넘었습니다.(M경우만)
570	제7축의 +축 Stroke Limit를 넘었습니다.
571	제7축의 -축 Stroke Limit를 넘었습니다.
580	제8축의 +축 Stroke Limit를 넘었습니다.
581	제8축의 +축 Stroke Limit를 넘었습니다.

(5) Over Heat 알람

번 호	내 용
700	Master P.C.B판의 Over Heat입니다.
701	주축 변동검출에 의한 Spindle의 Over Heat입니다.

(6) PMC 알람

번 호	내 용
600	PMC내에서 위법 명령에 의한 Interrupt가 발생 하였습니다.
601	PMC의 RAM Parity Error가 발생 하였습니다.
602	PMC의 Serial 송출 Error가 발생 하였습니다.
603	PMC의 Watch Dog Error가 발생 하였습니다.
604	PMC의 ROM Parity Error가 발생 하였습니다.
605	PMC내에 격납할수 있는 Ladder의 용량을 초과 하였습니다.

(7) System 알람

번 호	내 용
910	RAM Parity Error(Low Byte)입니다. Master Print판을 교환하여 주십시오.
911	RAM Parity Error(High Byte)입니다. Master Print판을 교환하여 주십시오.
912	Digital Servo와의 공유 RAM Parity (Low)
913	Digital Servo와의 공유 RAM Parity (High)
914	Digital Servo와의 Local RAM Parity
920	Watch Dog Alarm입니다. Master Print판을 교환하여 주십시오.

번 호	내 용
930	CPU Error(Abnormal interrupt 발생)입니다. Master Print판을 교환하여 주십시오.
940	이하의 조건중 하나만 만족해도 본 알람으로 됩니다. 1) Digital Servo계의 Print판의 불량 입니다. 2) 제어축이 3축 이상인 경우, 제3축(제3, 제4축)제어 Print판이 붙어 있지 않습니다. 예) 0M의 Z축이 3축째로 됩니다. 3) Analog Servo용의 Master P.C.B판이 사용되고 있습니다.
950	Fuse 단선 알람 입니다. +24E;FX14의 Fuse를 교환하여 주십시오.
998	ROM Parity Error입니다.

(8) Back Ground 편집 알람(BP/S)

번 호	내 용
???	통상의 프로그램 편집에서 발생하는 P/S알람과 같은 번호로 BP/S알람이 발생합니다. T,M(070, 071, 072, 073, 074등)
140	Fore Ground에서 선택중위 프로그램을 Back Ground에서 선택 또는 삭제 하려고 합니다.

주) Back Ground 편집 에서의 알람은 통상의 알람 화면이 아니라 Back Ground 편
집 화면의 KEY 입력행에 표시되고 MDI Soft Key 조작으로 Reset할 수 있습니
다.

찾아보기

【 A 】

AUX, F, Lock 238

【 B 】

Backlash 보정 104
Ball Screw 19
Block 50

【 C 】

CAD(Computer Aided Design) 32
CAM(Computer Daied Manufacturing)
　　　　　　　　　　　　　　32
CNC(Computer Numerical Control) 10
CPU(Central Processing Unit) 11
Cycle Start 236
Cycle Time 300

【 D 】

DNC(Direct Numerical Control) 30
Dry Run 238
Dwell Time 76

【 E 】

EIA Code 27
Encoder 18

【 F 】

Feed Hold 236
FMS(Flexible Manufactring System)
　　　　　　　　　　　　　　31

【 G 】

G-Code 일람표 55
G00 58
G01 61
G02, G03 65
G04 76
G10 103
G20, G21 87
G22, G23 106
G27 79
G28 78
G30 80
G31 150
G32 70
G36, G37 151
G40, G41, G42 94
G50 84
G68, G69 152
G70 132
G71 123
G72 128
G73 130

G74 136
G75 140
G76 144
G90 110
G92 116
G94 121
G96, G97 88
G98, G99 73

【 I 】

Inch 변환 87
Inposition Check 60
ISO Code 28

【 L 】

Leading Zero 92

【 M 】

M01 239
Machine Lock 238
Metric 변환 87
Mirror Image 152

【 N 】

NC Programming 42
NC 공작기계 13
NC 사양 36
NC 역사 22
NC(Numerical Control) 10

【 O 】

Override Cancel 238

【 P 】

Parameter 81
Pitch Error 보정 104
Position Coder 73
Pulse 선택 236
RAM 30
ROM 30

【 S 】

Sequence 번호 83
Servo Motor 18
Single Block 238
Skip 기능 150
Start-Up 98
Sub Program 53
Tooling 293

【 W 】

Word 50

【 가 】

가공시간(Cycle Time) 300
가상인선 96
개방회로 제어방식 14

고정 Cycle 110

공구 Offset 방법 246

공구 위치보정 93

공구기능 91

공구선택 237

공구선택(Tooling) 293

공작물 좌표계 설정 241

금지영역 설정 105

금지영역 설정 Off 106

금지영역 설정 On 106

급속 오버라이드 235

급속 위치결정 58

급속속도 59

기계 원점복귀 77

기계 좌표계 44

기계원점 77

【 나 】

나사절삭 70

【 다 】

다줄나사 119

단일형고정 Cycle 110

드라이런(Dry Run) 238

【 라 】

램(Ram) 30

롬(Rom) 30

【 마 】

머신록(Machine Lock) 238

모드 스위치 234

【 바 】

반 폐쇄회로 제어방식 15

반경지령 49

백레쉬(Backlash) 19

보간기능 58

보정기능 93

보조 프로그램(Sub Program) 52

보조기능 154

보조기능 록(AUX, F, Lock) 238

복합 제어방식 17

복합형 고정 Cycle 123

볼스크류(Ball Screw) 19

분당이송 74

비상정지 236

【 사 】

상대 좌표계 45

서보기구(Servo Motor) 18

소숫점 사용 60

수동 원점복귀 77

수동 프로그래밍 34

싱글블록(Single Block) 238

【 아 】

연속절삭 NC 12

옵쇼날블록 스킵 239

원점복귀 Check 79

원호보간 65

위치결정 NC 12

이론 조도 304

이송 기능 73

이송속도 오버라이드 235

이송정지(Feed Hold) 236

인선 R보정 94

【 자 】

자동 공구보정 151

자동 원점복귀 78

자동 좌표계 86

자동 프로그래밍 35

자동가감속 59

자동개시(Cycle Start) 236

자동코너 R기능 69

절대 좌표계 44

절대지령(Absolute) 47

절삭 조건표 298

제2 원점 설정 244

제2 원점복귀 80

조작 일람표 224

좌표계 43

주속 일정제어 OFF 89

주속 일정제어 ON 88

주역부 109

주축 최고회전수 지정 90

주축기능 88

주축속도 오버라이드 235

주축회전 237

준비기능 55

증분지령(Incremental) 48

지령치 범위 54

직경지령 49

직선보간 62

직선절삭 NC 12

【 차 】

천공 테이프 27

측정기능 150

칩 브레이크 299

【 파 】

파라메타 설정 245

파라메타(Parameter) 81

폐쇄회로 제어방식 16

【 하 】

핸들(MPG) 237

행정오버 해제 240

회전당이송 73

■ 도서 A/S 안내

저자 e-mail : cncbae@cncbank.co.kr

본서 기획자 e-mail : coh@cyber.co.kr(최옥현)

홈페이지 : http://www.cyber.co.kr   전화 : 031) 950-6300

CNC 선반
프로그램과 가공

2003. 3. 14. 초 판 1쇄 발행
2022. 8. 10. 초 판 15쇄 발행
2024. 1. 10. 초 판 16쇄 발행

지은이 | 배종외 외
펴낸이 | 이종춘
펴낸곳 | **BM** ㈜도서출판 **성안당**

주소 | 04032 서울시 마포구 양화로 127 첨단빌딩 3층(출판기획 R&D 센터)
　　　10881 경기도 파주시 문발로 112 파주 출판 문화도시(제작 및 물류)

전화 | 02) 3142-0036
　　　031) 950-6300
팩스 | 031) 955-0510
등록 | 1973. 2. 1. 제406-2005-000046호
출판사 홈페이지 | **www.cyber.co.kr**
ISBN | 978-89-315-1864-1 (93550)
정가 | 25,000원

이 책을 만든 사람들
기획 | 최옥현
진행 | 이희영
교정·교열 | 류지은
전산편집 | 이지연
표지 디자인 | 박원석
홍보 | 김계향, 유미나, 정단비, 김주승
국제부 | 이선민, 조혜란
마케팅 | 구본철, 차정욱, 오영일, 나진호, 강호묵
마케팅 지원 | 장상범
제작 | 김유석

G-코드	그룹	기 능	지 령 방 법	관련기능	비 고
☆ G00	01	급속위치 결정	G00 X(U)__ Z(W)__ ;		
☆ G01		직선보간(절삭)	G01 X(U)__ Z(W)__ F__ ;	G98, G99	
G02		원호보간(시계방향)	G02 X(U)__ Z(W)__ R__ / I__ K__ F__ ;	"	R : 원호반경 I, K : 원호 시점에서중심 까지의 거리
G03		원호보간(반 시계방향)	G03 X(U)__ Z(W)__ R__ / I__ K__ F__ ;	"	"
G04	00	드웰(정지시계 지령)	G04 X__ ; U__ ; P__ ;		P=소수점 사용 불가
G10		데이타 설정	G10 P__ X__ Z__ R__ Q__ ; P__ U__ W__ C__ Q__ ;	보정량 입력	P : 보정번호 X, Z, U, W : 보정량 R, C : 인선 R값 Q : 가상인선 번호
G20	06	Inch 입력	G20 ;		단독블록으로 지령
G21		Metric 입력	G21 ;		
G22	09	금지영역 설정	G22 X__ Z__ I__ K__ ;	파라메타	기계 좌표계 이용
☆ G23		금지영역 설정 무시	G23 ;		
G25	08	주축 변동 검출 OFF	G25 ;		
G26		주축 변동 검출 ON	G26 ;		
G27	00	원점복귀 Check	G27 X(U)__ Z(W)__ ;	G28	
G28		기계원점 복귀	G28 X(U)__ Z(W)__ ;		
G30		제2, 3, 4 원점 복귀	G30 P__ X(U)__ Z(W)__ ;	파라메타	P3 : 제3원점 P4 : 제4원점
G31		Skip 기능	G31 P__ X(U)__ Z(W)__ F__ ;	G01	
G32	01	나사절삭	G32 X(U)__ Z(W)__ F__ ;		
G36	00	자동공구 보정(X)	G36 X__ ;	공구보정	
G37		자동공구 보정(Z)	G37 Z__ ;	"	
☆ G40	07	인선 R보정 무시	G40	G00, G01	
G41		인선 R보정 좌측	G41 급속 또는 직선보간 ;	"	인선 R, 가상인선 번호
G42		인선 R보정 우측	G42 급속 또는 직선보간 ;	"	"
☆ G50	00	공작물 좌표계 설정 주축 최고회전수 지정	G50 X__ Z__ S__ ;		S : 주축최고 회전수
G68	04	대향공구대 좌표 ON	G68 ;		단독블록으로 지령
☆ G69		대향공구대 좌표 OFF	G69 ;		
G70	00	정삭 싸이클	G70 P__ Q__ F__ ;	G71, G72, G73	P : 싸이클 시작 시퀜스 번호 Q : 싸이클 종료 시퀜스 번호
G71		내외경황삭 싸이클	G71 U__ R__ ; G71 P__ Q__ U__ W__ F__ ;	G70	U : 1회 절입량 R : X축 도피량 P : 싸이클 시작 시퀜스 번호 Q : 싸이클 종료 시퀜스 번호 U : X축 방향 정삭여유 W : Z축 방향 정삭여유
G72		단면황삭 싸이클	G72 W__ R__ ; G72 P__ Q__ U__ W__ F__ ;	G70	W : 1회 절입량 R : Z축 도피량 P : 싸이클 시작 시퀜스 번호 Q : 싸이클 종료 시퀜스 번호 U : X축 방향 정삭여유 W : Z축 방향 정삭여유

G-코드	그룹	기 능	지 령 방 법	관련기능	비 고
G73	00	모방 싸이클	G73 U__ W__ R__ ; G73 P__ Q__ U__ W__ F__ ;	G70	U : X축 방향 가공여유 W : Z축 방향 가공여유 R : 반복 횟수 P : 싸이클 시작 시퀜스 번호 Q : 싸이클 종료 시퀜스 번호 U : X축 방향 가공여유 W : Z축 방향 정삭여유
G74		단면홈가공 싸이클	G74 R__ ; G74 X__ Z__ P__ Q__ R__ F__ ;		R : Z축 방향 후퇴량 P : X축 방향 이동량 Q : Z축 방향 1회 절입량 R : X축 방향 후퇴량
G75		내외경홈가공 싸이클	G75 R__ ; G75 X__ Z__ P__ Q__ R__ F__ ;		R : Z축 방향 후퇴량 P : X축 방향 1회 절입량 Q : Z축 방향 이동량 R : X축 방향 후퇴량
G76		자동나사가공 싸이클	G76 R__ __ __ Q__ R__ ; G76 X__ Z__ P__ Q__ R__ F__ ;		P : 정삭횟수 　　Chamfering량 　　나사산(절입) 각도 Q : 최소 절입량 R : 정삭량 P : 나사산의 높이 Q : 최초 절입량 R : 테이퍼나사의 기울기량
G90	01	내외경 절삭 싸이클	G90 X__ Z__ R__ F__ ;		R : 기울기량
G92		나사 절삭 싸이클	G92 X__ Z__ R__ F__ ;		
G94		단면 절삭 싸이클	G94 X__ Z__ R__ F__ ;		
G96	02	주속일정제어	G96 S__ ;	M03, M04	S : 절삭속도
☆ G97		주속일정제어 무시	G97 S__ ;		S : 회전수
G98	05	분당 이송	G98 F__ ;	절삭가공 기능	F : 이송속도
☆ G99		회전당 이송	G99 F__ ;		

(☆ 전원 투입시 자동으로 설정)

◆ **M-코드 일람표** (기타 기능은 취급설명서를 참고하십시오.)

M-코드	기 능	M-코드	기 능
M00	◇ 프로그램 정지 (실행중 프로그램을 일시정지 시킨다.)	M14	◇ 심압대 스핀들 전진
M01	◇ 선택 프로그램 정지 (조작판의 M01 스위치가 ON 인경우 정지)	M15	◇ 심압대 스핀들 후진
M02	◇ 프로그램 끝	M30	◇ 프로그램 끝 & Rewind (프로그램 선두에서 정지하는 경우와 재실행을 파라 메타로 결정한다.)
M03	◇ 주축 정회전		
M04	◇ 주축 역회전	M98	◇ 보조 프로그램 호출 지령방법 예) 　M98 P▲▲▲▲▽▽▽▽ 　　　　　　　　└─ 보조 프로그램 번호 　　　　　　└─ 반복회수
M05	◇ 주축 정지		
M08	◇ 절삭유 ON		
M09	◇ 절삭유 OFF		
M12	◇ 척 물림	M99	◇ 주 프로그램 호출 (보조 프로그램에서 주 프로그램으로 되돌아 간다.)
M13	◇ 척 풀림		

〈CNC선반 프로그램과 가공〉